国防电子信息技术丛书

EW104

应对新一代威胁的电子战

EW104: EW Against a New Generation of Threats

[美] David L. Adamy 著

朱 松 王 燕 常晋聃 王晓东 译

姜道安 何 涛 审校

U0268341

电子工業出版社

Publishing House of Electronics Industry

北京 · BEIJING

内 容 简 介

本书重点介绍了当前电子战面临的新威胁以及采用的新型对抗技术。全书共 11 章，第 1 章简单介绍了本书的写作目的和背景；第 2 章探讨了电磁频谱作战域的特点以及与其他作战域的关系，阐述了与电磁频谱作战域相关的基本概念和用语；第 3 章介绍了传统的威胁雷达及雷达干扰技术；第 4 章概述了新型威胁雷达的技术改进，以及威胁的变化给电子战带来的影响；第 5 章全面论述了数字通信理论；第 6 章主要讲述了无线电传播的基本原理及其在通信电子战中的应用；第 7 章讲述了通信威胁的巨大进步以及给电子战带来的新挑战；第 8 章讲述了数字射频存储器的工作原理及其在电子战中的应用；第 9 章讲述了与红外武器和传感器以及红外对抗相关的原理、技术、发展现状；第 10 章讲述了雷达诱饵的作战任务、工作原理及部署方式等；第 11 章讨论了电子支援系统与信号情报系统之间的差异。

全书综述了威胁及其对抗措施的最新发展，内容全面、新颖，是近年来电子战领域不可多得的一本教科书式技术专著，适合电子战、雷达、通信等领域的工程技术、作战及管理人员阅读，并可作为高等院校或培训的教材或参考资料。

Authorized translation from English Language Edition entitled EW014：EW Against a New Generation of Threats, by David L. Adamy, ISBN-13: 978-1-60807-869-1, published by Artech House, Copyright ©2015 Artech House

Simplifed Chinese Edition Copyright © 2017 by Publishing House of Electronics Industry.

All rights reserved.

本书中文翻译版专有出版权由 Artech House, Inc. 授予电子工业出版社，专有出版权受法律保护。

版权贸易合同登记号图字：01-2015-7330

图书在版编目(CIP)数据

EW104：应对新一代威胁的电子战 /（美）戴维·阿达米（David L. Adamy）著；朱松等译.

北京：电子工业出版社，2017.9

（国防电子信息技术丛书）

书名原文：EW 104: EW Against a New Generation of Threats

ISBN 978-7-121-32560-1

I. ①E…　II. ①戴… ②朱…　III. ①电子对抗　IV. ①E866

中国版本图书馆 CIP 数据核字（2017）第 206224 号

责任编辑：竺南直

印　　刷：涿州市般润文化传播有限公司

装　　订：涿州市般润文化传播有限公司

出版发行：电子工业出版社

　　　　　北京市海淀区万寿路 173 信箱　　邮编：100036

开　　本：787×1092　1/16　　印张：17.5　字数：470 千字

版　　次：2017 年 9 月第 1 版

印　　次：2024 年 11 月第 5 次印刷

定　　价：89.00 元

谨以此书献给身着戎装的青年们！
你们将深入险境，应用电子战之科技，展现电子战之艺术。
直面新威胁，尽你们所能，于危险中保护世人之安全。

作 者 简 介

戴维·阿达米（David L. Adamy）是一位国际公认的电子战专家，在电子战领域从业50多年，先后在军方和工业部门工作，曾担任"老乌鸦"协会主席和董事会成员，在业界享有很高的声望。作为系统工程师、技术负责人或项目经理，阿达米直接参与或管理过大量陆海空天平台的电子战项目，具有丰富的实践工程经验。

阿达米先生先后毕业于亚利桑那州立大学和圣克拉拉大学，拥有电子工程学士和硕士学位，理论基础扎实，学术造诣深厚，在电子战及相关领域发表了大量技术文章，在"老乌鸦"协会会刊《电子防御杂志》上撰写 EW101 技术专栏已超过 20 年，出版专著 14 本。所著的 EW100 系列（《EW101：电子战基础》、《EW102：电子战进阶》和《EW103：通信电子战》）名列"老乌鸦"协会公布的"十大最受欢迎的专业读物"之首，赢得业界广泛好评。

目前，阿达米先生在多个军方机构和电子战公司担任顾问，负责提供战略和业务咨询，并在全球范围内举办电子战讲座，传授电子战知识。

译 者 序

随着电磁频谱在现代战争中的作用和地位日益重要和突出，电磁频谱正逐步演进成为独立的作战域，电子战也加速向电磁频谱战转型发展。在电子信息技术日新月异的时代背景中，电子战作为一门对抗性的学科，其发展充满了新的机遇，更面临着巨大的挑战。以往对传统威胁行之有效的电子战技术在面对新的威胁时有可能不再有效，亟需开发新的对抗技术和作战模式。如何尽快找到新的对抗措施，开发出有效甚至是颠覆性的新技术，已成为全球电子战界密切关注的焦点，也是电子战技术人员面临的最重要的课题。

相对于雷达、通信等领域的技术发展，电子战技术的发展更加隐秘，在公开的文献和讨论中，几乎看不到其工程应用研究报道，即使是理论性探讨也不多见，权威的经典电子战专著就更少。本书集中探讨了电子战面临的新威胁和对抗技术的新发展，弥足珍贵。

本书是EW100系列畅销书中的第4本（前3本分别是《EW101：电子战基础》、《EW102：电子战进阶》和《EW103：通信电子战》）。书中用大量篇幅对传统威胁进行了综述，探讨了本世纪以来雷达、通信和红外领域所出现的新威胁，以及对抗技术的新发展，是一本内容丰富的教科书式读物。本书内容全面、新颖，包括了频谱战、传统雷达威胁、新型雷达威胁、传统通信威胁、现代通信威胁、数字射频存储器、红外威胁及相应的对抗技术、雷达诱饵及电子支援与信号情报等，是近年来电子战领域不可多得的一本技术专著。通过本书，读者可以从技术的角度了解传统威胁的发展，同时能深刻地理解新一代威胁所带来的挑战。

本书的翻译出版，得到了中国电子科技集团公司第二十九研究所和电子信息控制重点实验室领导的大力支持，在此表示衷心感谢。在翻译过程中，也得到国内广大同行的关心和帮助，对此致以感谢。

本书覆盖面广，技术内容新，由于译者技术水平和翻译水平所限，对原著的一些意思把握不准，译著中难免存在错误，敬请读者指正。

译　者

2017 年 6 月

前　言

这是 EW100 系列的第 4 本书。前两本书——《EW101：电子战基础》和《EW102：电子战进阶》讲述了电子战的基础知识。第 3 本书即《EW103：通信电子战》重点讲述通信电子战，主要是针对中东形势而写的。当时，地面电子战重新获得关注，《EW103：通信电子战》就是为了帮助地面部队应对敌方陆上通信，包括那些用于引爆简易爆炸装置的链路，而简易爆炸装置是造成美军伤亡的主要原因。

现在，整个电子战领域都在不断改变，出现了难以对付的新型威胁雷达和通信链路。在电子战界，最令人担忧的可能是，那些曾经有效的电子战功在很多方面将不再能发挥作用，需要采用新的方法。本书旨在帮助军内外的人士应对这种可能让他们付出生命代价的新现实。

与《EW101：电子战基础》、《EW102：电子战进阶》和《EW103：通信电子战》一样，本书是非涉密的，但涉及的某些话题要从保密渠道获取信息。为了不涉密，我们采取的处理方法就是，对天线增益、有效辐射功率（EPR）等进行合理估算。其数值可能不对，但这并不会影响分析结果。如果在公开文献中没有提供相关数值，我们就进行合理估值，并给出这样估计的逻辑。然后在公式中插入这些估值并举例说明来讨论问题。来源不同，给出的数值也会不同，所以其中一些必定是错的。我们不判断数值的对错，只选取一个值并用于解决实际问题，目的是提供使用信息的方式，如果以后在工作中要使用该信息，即可在获得授权的保密资料中查阅真实的数值，并将其插入我们所讨论的公式中。

戴维·阿达米

目　　录

第 1 章　引言 ···································· 1

第 2 章　频谱战 ································ 3

2.1　战争的变化 ···························· 3

2.2　与传播相关的特定问题 ·········· 4

2.3　连通 ·· 4

2.3.1　最基本的连通 ················ 5

2.3.2　连通需求 ······················ 5

2.3.3　远程信息传输 ················ 6

2.3.4　信息保真度 ··················· 7

2.4　干扰抑制 ································ 9

2.4.1　扩展发射频谱 ················ 9

2.4.2　商用调频广播 ················ 9

2.4.3　军用扩频信号 ··············· 10

2.5　信息传递的带宽需求 ·········· 12

2.5.1　无链路的数据传递 ········ 12

2.5.2　链路数据传输 ··············· 13

2.5.3　软件的位置 ··················· 13

2.6　分布式军事能力 ···················· 13

2.6.1　网络中心战 ··················· 14

2.7　传输安全与信息安全 ·········· 14

2.7.1　传输安全与传输带宽 ····· 16

2.7.2　带宽限制 ······················ 16

2.8　赛博与电子战 ························ 17

2.8.1　赛博战 ························· 17

2.8.2　赛博攻击 ······················ 17

2.8.3　赛博与电子战之间的
相似之处 ·················· 18

2.8.4　赛博战与电子战之间的
区别 ························· 19

2.9　带宽折中 ······························ 19

2.9.1　对误码敏感的应用场景 ·· 20

2.10　纠错方法 ···························· 20

2.10.1　检错码与纠错码 ········· 21

2.10.2　分组码的例子 ············· 22

2.10.3　纠错与带宽 ··············· 22

2.11　电磁频谱战实践 ················ 22

2.11.1　作战域 ····················· 23

2.12　密写 ·································· 24

2.12.1　密写与加密 ··············· 24

2.12.2　早期的密写技术 ········· 25

2.12.3　数字技术 ··················· 25

2.12.4　密写与电磁频谱战的
关系 ······················· 26

2.12.5　如何对密写进行探测 ·· 26

2.13　链路干扰 ··························· 26

2.13.1　通信干扰 ··················· 26

2.13.2　干扰数字信号所需的
干信比 ···················· 27

2.13.3　对链路干扰的防护 ····· 27

2.13.4　链路干扰的效应 ········· 28

第 3 章　传统雷达 ·························· 30

3.1　威胁参数 ····························· 30

3.1.1　典型的传统地空导弹 ···· 31

3.1.2　典型的传统截获雷达 ···· 32

3.1.3　典型的高炮 ················· 32

3.2　电子战技术 ························· 33

3.3　雷达干扰 ····························· 33

3.3.1　干信比 ························· 34

3.3.2　自卫干扰 ···················· 34

3.3.3　远距离干扰 ················· 35

3.3.4　烧穿距离 ···················· 37

3.4　雷达干扰技术 ······················ 39

3.4.1　压制干扰 ···················· 39

3.4.2　阻塞干扰 ···················· 39

3.4.3　瞄准式干扰 ················· 39

3.4.4　扫频瞄准式干扰 ·········· 40

3.4.5　欺骗干扰 ···················· 40

3.4.6　距离欺骗技术 ············· 40

3.4.7　角度欺骗干扰 ················41
3.4.8　频率波门拖离 ················43
3.4.9　干扰单脉冲雷达 ············44
3.4.10　编队干扰 ·····················45
3.4.11　距离抑制编队干扰 ········45
3.4.12　闪烁 ···························46
3.4.13　地形弹射 ·····················46
3.4.14　交叉极化干扰 ··············47
3.4.15　交叉眼干扰 ·················47
参考文献 ·································49

第4章　下一代威胁雷达 ········50
4.1　威胁雷达升级 ···················50
4.2　雷达电子防护技术 ·············51
4.2.1　推荐资料 ·····················51
4.2.2　超低旁瓣 ·····················51
4.2.3　降低旁瓣电平对电子战的
　　　　影响 ·························52
4.2.4　旁瓣对消 ·····················53
4.2.5　旁瓣消隐 ·····················54
4.2.6　单脉冲雷达 ·················55
4.2.7　交叉极化干扰 ··············55
4.2.8　抗交叉极化 ·················56
4.2.9　线性调频雷达 ··············56
4.2.10　巴克码 ·······················58
4.2.11　距离波门拖离 ··············59
4.2.12　AGC 干扰 ···················60
4.2.13　噪声干扰质量 ··············61
4.2.14　脉冲多普勒雷达的电子
　　　　　防护特性 ················61
4.2.15　脉冲多普勒雷达构成 ·····61
4.2.16　分离的目标 ·················62
4.2.17　相干干扰 ·····················63
4.2.18　PD 雷达中的模糊 ·········63
4.2.19　低、高、中 PRF 脉冲
　　　　　多普勒雷达 ··············65
4.2.20　干扰检测 ·····················66
4.2.21　频率分集 ·····················66
4.2.22　PRF 抖动 ···················66
4.2.23　干扰寻的 ·····················68

4.3　地空导弹升级 ···················68
4.3.1　S-300 系列 ···················69
4.3.2　SA-10 及其改型 ·············69
4.3.3　SA-12 及其改型 ·············71
4.3.4　SA-6 升级 ···················71
4.3.5　SA-8 升级 ···················71
4.3.6　MANPADS 改型 ············72
4.4　SAM 截获雷达改型 ············72
4.5　AAA 改型 ························72
4.6　对电子战的影响 ················73
4.6.1　增大杀伤距离 ··············73
4.6.2　超低旁瓣 ·····················73
4.6.3　相干旁瓣对消 ··············74
4.6.4　旁瓣消隐 ·····················74
4.6.5　抗交叉极化 ·················74
4.6.6　脉冲压缩 ·····················74
4.6.7　单脉冲雷达 ·················74
4.6.8　脉冲多普勒雷达 ············74
4.6.9　前沿跟踪 ·····················75
4.6.10　宽限窄电路 ·················75
4.6.11　烧穿模式 ·····················75
4.6.12　频率捷变 ·····················75
4.6.13　PRF 抖动 ···················75
4.6.14　干扰寻的能力 ··············76
4.6.15　改进型 MANPADS ········76
4.6.16　改进型 AAA ················76
参考文献 ·································76

第5章　数字通信 ··················77
5.1　引言 ·······························77
5.2　传输比特流 ······················77
5.2.1　传输比特率和信息比特率 ···77
5.2.2　同步 ···························78
5.2.3　带宽需求 ·····················79
5.2.4　奇偶校验和检错纠错 ······80
5.3　内容保真 ··························80
5.3.1　基本的保真技术 ············80
5.3.2　奇偶校验比特 ··············82
5.3.3　EDC ···························82
5.3.4　交织 ···························83

5.3.5　保护内容的保真度 ··········83
5.4　数字信号调制 ··················83
　　5.4.1　每个波特携带一个比特的
　　　　　 调制 ····················83
　　5.4.2　误码率 ··················85
　　5.4.3　m 元 PSK ··············86
　　5.4.4　I&Q 调制 ···············87
　　5.4.5　不同调制方式下 BER 与
　　　　　 E_b/N_0 的关系 ········87
　　5.4.6　高效的比特转移调制 ····88
5.5　数字链路规范 ··················89
　　5.5.1　链路规范 ················89
　　5.5.2　链路余量 ················89
　　5.5.3　灵敏度 ··················90
　　5.5.4　E_b/N_0 与 RFSNR ·····91
　　5.5.5　最大通信距离 ············91
　　5.5.6　最小通信距离 ············92
　　5.5.7　数据率 ··················92
　　5.5.8　误码率 ··················93
　　5.5.9　角跟踪速度 ··············93
　　5.5.10　链路带宽和天线类型 ····93
　　5.5.11　气象因素 ··············94
　　5.5.12　抗欺骗保护 ············96
5.6　抗干扰余量 ····················96
5.7　链路余量的具体计算 ··········97
5.8　天线对准损耗 ··················98
5.9　数字化图像 ····················98
　　5.9.1　视频压缩 ················99
　　5.9.2　前向纠错 ···············100
5.10　码 ····························100
参考文献 ····························103

第 6 章　传统的通信威胁 ··········104
6.1　引言 ···························104
6.2　通信电子战 ···················104
6.3　单向链路 ······················104
6.4　传播损耗模型 ·················107
　　6.4.1　视距传播 ···············107
　　6.4.2　双径传播 ···············108
　　6.4.3　双径传播的最小天线高度 ·····110

6.4.4　天线很低的情况 ············111
6.4.5　菲涅耳区 ··················111
6.4.6　复杂反射环境 ··············112
6.4.7　峰刃绕射 ··················112
6.4.8　KED 的计算 ···············114
6.5　对敌方通信信号的截获 ········115
　　6.5.1　对定向传输的截获 ·······115
　　6.5.2　对非定向传输的截获 ·····116
　　6.5.3　机载截获系统 ···········117
　　6.5.4　非 LOS 截获 ············117
　　6.5.5　强信号环境下对弱信号的
　　　　　 截获 ···················119
　　6.5.6　搜索通信辐射源 ·········120
　　6.5.7　战场通信环境 ···········121
　　6.5.8　一种有用的搜索工具 ·····121
　　6.5.9　技术因素 ···············122
　　6.5.10　数字调谐接收机 ········122
　　6.5.11　影响搜索速度的实际
　　　　　　 因素 ·················124
　　6.5.12　窄带搜索举例 ··········124
　　6.5.13　增加接收机带宽 ········126
　　6.5.14　增加测向仪 ············126
　　6.5.15　用数字化接收机搜索 ····127
6.6　通信辐射源定位 ···············128
　　6.6.1　三角定位 ···············128
　　6.6.2　单站定位 ···············130
　　6.6.3　其他定位方法 ···········131
　　6.6.4　均方根误差 ·············131
　　6.6.5　校准 ···················132
　　6.6.6　圆概率误差 ·············132
　　6.6.7　椭圆概率误差 ···········133
　　6.6.8　站址和对北 ·············134
　　6.6.9　中等精度的辐射源定位
　　　　　 方法 ···················136
　　6.6.10　沃特森-瓦特测向方法 ···137
　　6.6.11　多普勒测向方法 ········138
　　6.6.12　定位精度 ··············139
　　6.6.13　高精度的方法 ··········140
　　6.6.14　单基线干涉仪 ··········140
　　6.6.15　多基线精确干涉仪 ······143

6.6.16　相关干涉仪 ················ 143

6.6.17　精确的辐射源定位方法 ······ 144

6.6.18　TDOA ······················ 144

6.6.19　等时线 ···················· 146

6.6.20　FDOA ······················ 147

6.6.21　频率差的测量 ·············· 149

6.6.22　TDOA 和 FDOA 的结合 ······ 149

6.6.23　TDOA 和 FDOA 辐射源
定位系统的 CEP 计算 ······ 150

6.6.24　TDOA 和 FDOA 精度的
闭定表达式 ············ 150

6.6.25　散点图 ···················· 151

6.6.26　对 LPI 辐射源的精确定位 ···· 152

6.7　通信干扰 ························ 152

6.7.1　对接收机的干扰 ············ 153

6.7.2　对网络的干扰 ·············· 153

6.7.3　干信比 ···················· 154

6.7.4　传播模型 ·················· 154

6.7.5　地基通信干扰 ·············· 155

6.7.6　公式简化 ·················· 156

6.7.7　机载通信干扰 ·············· 157

6.7.8　高空通信干扰机 ············ 157

6.7.9　防区内干扰 ················ 158

6.7.10　干扰微波频段的无人机
链路 ················ 159

参考文献 ························ 161

第 7 章　现代通信威胁 ············ 162

7.1　引言 ·························· 162

7.2　低截获概率通信信号 ············ 162

7.2.1　处理增益 ·················· 163

7.2.2　抗干扰优势 ················ 163

7.2.3　LPI 信号必须是数字信号 ······ 164

7.3　跳频信号 ······················ 164

7.3.1　慢速跳频和快速跳频 ········ 165

7.3.2　慢速跳频 ·················· 166

7.3.3　快速跳频 ·················· 167

7.3.4　抗干扰优势 ················ 167

7.3.5　阻塞干扰 ·················· 168

7.3.6　部分带宽干扰 ·············· 169

7.3.7　扫频干扰 ·················· 170

7.3.8　跟踪式干扰机 ·············· 170

7.3.9　FFT 时间 ·················· 171

7.3.10　跟踪干扰的传播延迟 ········ 172

7.3.11　可用的干扰时间 ············ 172

7.3.12　慢速跳频和快速跳频 ········ 173

7.4　线性调频信号 ·················· 173

7.4.1　宽带线性扫描 ·············· 173

7.4.2　对每个比特进行线性调频 ···· 174

7.4.3　并行二进制通道 ············ 175

7.4.4　脉冲位置多样化的单通道 ···· 176

7.5　直接序列扩频信号 ·············· 177

7.5.1　对 DSSS 接收机进行干扰 ····· 178

7.5.2　压制干扰 ·················· 178

7.5.3　脉冲干扰 ·················· 179

7.5.4　抵近干扰 ·················· 179

7.6　DSSS 和跳频 ·················· 179

7.7　对己方的误伤 ·················· 180

7.7.1　误伤链路 ·················· 180

7.7.2　误伤最小化 ················ 181

7.8　对 LPI 发射机的精确定位 ········ 183

7.9　对手机进行干扰 ················ 183

7.9.1　手机系统 ·················· 183

7.9.2　模拟系统 ·················· 184

7.9.3　GSM 系统 ·················· 185

7.9.4　CDMA 系统 ················ 185

7.9.5　对手机进行干扰 ············ 186

7.9.6　从地面对上行链路
进行干扰 ············ 186

7.9.7　从空中对上行链路
进行干扰 ············ 187

7.9.8　从地面对下行数据链
进行干扰 ············ 188

7.9.9　从空中对下行链路
进行干扰 ············ 189

参考文献 ························ 189

第 8 章　数字射频存储器 ·········· 190

8.1　DRFM 结构框图 ·············· 190

8.2　宽带 DRFM ·················· 191

8.3　窄带 DRFM ················· 192
8.4　DRFM 的功能 ············· 192
8.5　相干干扰 ··················· 193
　　8.5.1　提升有效 *J/S* ········· 193
　　8.5.2　箔条 ··············· 194
　　8.5.3　距离门拖引干扰 ······· 194
　　8.5.4　雷达积累时间 ········· 195
　　8.5.5　连续波信号 ········· 195
8.6　对威胁信号的分析 ········· 196
　　8.6.1　频率多样性 ········· 196
　　8.6.2　脉间跳频 ··········· 196
8.7　非相干干扰方法 ··········· 197
8.8　跟随干扰 ··················· 198
8.9　雷达分辨单元 ············· 198
　　8.9.1　脉冲压缩雷达 ········· 199
　　8.9.2　Chirp 调制 ········· 199
　　8.9.3　DRFM 的作用 ········· 200
　　8.9.4　Barker（巴克）码调制 ······ 201
　　8.9.5　对 Barker 码雷达进行干扰 ··· 203
　　8.9.6　对干扰效率的影响 ······· 204
8.10　复杂假目标 ··············· 204
　　8.10.1　雷达截面积 ········· 204
　　8.10.2　RCS 数据的生成 ········· 205
　　8.10.3　通过计算获得 RCS 数据 ··· 205
8.11　DRFM 使能技术 ········· 206
　　8.11.1　捕获复杂目标 ········· 206
　　8.11.2　DRFM 架构 ········· 207
8.12　干扰和雷达测试 ········· 208
8.13　DRFM 的反应时间 ········· 208
　　8.13.1　相同的脉冲 ········· 208
　　8.13.2　相同的 chirp 脉冲 ······· 208
　　8.13.3　相同的 Barker 码脉冲 ····· 209
　　8.13.4　脉间变化的脉冲 ········· 210
8.14　需要使用 DRFM 对抗措施的
　　　雷达技术 ··············· 211
　　8.14.1　相参雷达 ··········· 211
　　8.14.2　前沿跟踪 ··········· 212
　　8.14.3　跳频 ··············· 212
　　8.14.4　脉冲压缩 ··········· 212

　　8.14.5　距离变化率与多普勒
　　　　　频移相关 ········· 213
　　8.14.6　RCS 分析 ··········· 214
　　8.14.7　高占空比脉冲雷达 ······· 214
参考文献 ························· 214
第 9 章　红外威胁与对抗 ········· 215
9.1　电磁频谱 ··················· 215
9.2　红外传播 ··················· 216
　　9.2.1　传播损耗 ··········· 216
　　9.2.2　大气衰减 ··········· 216
9.3　黑体理论 ··················· 217
9.4　红外制导导弹 ············· 218
　　9.4.1　红外导弹的构成 ········· 218
　　9.4.2　红外导引头 ········· 219
　　9.4.3　调制盘 ············· 219
　　9.4.4　红外传感器 ········· 220
9.5　其他类型的跟踪调制盘 ········· 221
　　9.5.1　辐条轮调制盘 ········· 221
　　9.5.2　多频调制盘 ········· 221
　　9.5.3　弯曲辐条调制盘 ········· 222
　　9.5.4　玫瑰型跟踪器 ········· 222
　　9.5.5　交叉线性阵列跟踪器 ······· 223
　　9.5.6　成像跟踪器 ········· 223
9.6　红外传感器 ··············· 224
　　9.6.1　飞机的温度特征 ········· 224
9.7　大气窗口 ··················· 225
9.8　传感器材料 ··············· 225
9.9　单色与双色传感器 ········· 226
9.10　曳光弹 ··················· 227
　　9.10.1　引诱 ··············· 227
　　9.10.2　迷惑 ··············· 227
　　9.10.3　冲淡 ··············· 227
　　9.10.4　时机问题 ··········· 228
　　9.10.5　频谱和温度问题 ········· 229
　　9.10.6　温度感应跟踪器 ········· 229
　　9.10.7　时间相关的防御手段 ······· 230
　　9.10.8　位置相关的防御手段 ······· 231
　　9.10.9　曳光弹的操作安全问题 ······ 232
　　9.10.10　曳光弹组合 ········· 234

9.11　成像跟踪器 …………………… 234
　　9.11.1　成像跟踪器的交战 ……… 235
　　9.11.2　目标截获 ………………… 235
　　9.11.3　中段 ……………………… 235
　　9.11.4　末段 ……………………… 236
9.12　红外干扰机 ………………… 237
　　9.12.1　热砖干扰机 ……………… 238
　　9.12.2　对跟踪器的干扰效果 …… 238
　　9.12.3　激光干扰机 ……………… 239
　　9.12.4　激光干扰机的操作问题 … 240
　　9.12.5　干扰波形 ………………… 240

第 10 章　雷达诱饵 ………………… 242
10.1　简介 ………………………… 242
　　10.1.1　诱饵的任务 ……………… 242
　　10.1.2　无源与有源雷达诱饵 …… 243
　　10.1.3　雷达诱饵的部署 ………… 244
10.2　饱和式诱饵 ………………… 244
　　10.2.1　饱和式诱饵保真度 ……… 245
　　10.2.2　机载饱和式诱饵 ………… 245
　　10.2.3　雷达分辨单元 …………… 247
　　10.2.4　舰载饱和式诱饵 ………… 247
　　10.2.5　探测式诱饵 ……………… 248
10.3　诱骗式诱饵 ………………… 249
10.4　投掷式诱饵 ………………… 250
　　10.4.1　飞行式诱饵 ……………… 251

10.4.2　天线隔离度 ……………… 252
10.4.3　机载迷惑式诱饵 ………… 252
10.4.4　机载诱骗式诱饵 ………… 252
10.5　舰船防护诱骗式诱饵 ……… 252
　　10.5.1　舰船诱骗式诱饵的雷达截
　　　　　　面积 ………………… 252
　　10.5.2　诱饵的部署 …………… 253
　　10.5.3　转移模式 ……………… 254
10.6　拖曳式诱饵 ……………… 254
　　10.6.1　分辨单元 ……………… 255
　　10.6.2　应用实例 ……………… 256

第 11 章　电子支援与信号情报 …… 257
11.1　引言 ……………………… 257
11.2　SIGINT ………………… 257
　　11.2.1　COMINT 和通信 ES … 258
　　11.2.2　ELINT 和雷达 ES …… 258
11.3　天线和距离 ……………… 259
11.4　天线 ……………………… 259
11.5　截获距离 ………………… 261
11.6　接收机 …………………… 262
11.7　频率搜索问题 …………… 264
11.8　处理问题 ………………… 265
11.9　增加一台记录仪 ………… 267
参考文献 ……………………… 267

第1章 引 言

过去几年中，电子战的特点已经发生改变并正在加速变化中。本书旨在从技术角度阐述这些变化，书中采用的有关威胁信息均来自公开文献。本书并不准备全面介绍威胁的情况，而是使用合理的估计，讨论会对对抗措施产生什么影响。

电子战发生的重大变化包括：

● 电磁环境被认为是一个独特的战斗空间；
● 研制了新型和特别危险的电子制导武器；
● 涌现出影响武器精度和杀伤力的新技术。

本书将涉及以上所有这些领域，深度可能受所使用的开源情报的限制。不过，在新技术领域，开源信息是非常丰富的，足以支持对这些技术在新武器中的作用，以及对抗这些武器的电子战措施的效能展开讨论。

在电子战的语境中，我们把与威胁有关的无线电辐射称为"威胁"。其实这并不正确，威胁实际上是指以爆炸或其他某些方式造成破坏的东西。但是，我们会以这种方式来谈论信号。在本书中，我们将讨论雷达威胁和通信威胁。雷达威胁就是指与雷达控制武器相关的雷达信号，包括：

● 搜索与截获雷达；
● 跟踪雷达；
● 雷达处理器与导弹之间用于制导和数据传输的无线电链路。

通信威胁包括：

● 指挥控制通信；
● 综合防空系统各组成部分之间的数据链；
● 连接无人机与控制站的指挥和数据链；
● 引爆简易爆炸装置的链路；
● 用于军事目的的蜂窝电话链路。

本书的重点是介绍这些信号的用途以及它们对武器和军事行动效果的影响，同时也将讨论在热寻的导弹以及挫败这些导弹的对抗措施方面的巨大进步。

简而言之，我们不能继续用以前的方式来实施电子战了，尽管在过去几十年中，这种方式取得了极大成功。世界已经改变，我们必须随之变化。

本书试图提供一些工具，以帮助实现这些转变。

本书其他部分的重点主要有三个：

（1）在第2章中将讨论新近确定的电磁战领域。除了熟悉的陆海空天之外，这是新出现的一个战斗空间。正如将要发现的，它与其他所有战斗空间很相似，电子战在其中发挥着重要的作用。有一个相关的主题虽然并不是处处合适，但依然非常重要，那就是第 11 章将讲述的电子战支援（ES）与信号情报（SIGINT）在定义上的差别。

（2）涌现了很多对电子控制武器和电子战具有重大影响的新技术和新措施。所有这些领域都将在相应的章节中进行论述，其中第 5 章介绍数字通信原理，第 8 章讲述数字射频存储器（DRFM），第 10 章介绍雷达诱饵。

（3）对现代威胁进行了讨论。雷达威胁包括两章内容：第 3 章介绍传统威胁雷达，同时也包括了雷达威胁的截获方程和干扰方程；第 4 章讲述新型威胁雷达的特点。通信威胁也包括两章内容：第 6 章介绍传统通信威胁，包括用于截获和干扰的传播公式，同时也包括辐射源定位；第 9 章介绍红外威胁及其对抗。

第 2 章 频 谱 战

战争的特点就是不断变化。作战领域过去是陆地、海洋和天空，后来太空也加了进来，现在，又出现了第五个作战域：电磁频谱。本章将讨论这个新作战域的特点以及与其他 4 个域的关系，同时也将阐述与电磁频谱域作战相关的一些基本概念和用语。

2.1 战争的变化

通信能力的提升极大地改变着战争的方式。无线电通信始于一个多世纪前。在那之前，远程通信只能通过有线的方式进行。出于实际考虑，军用通信在四五十年前大多数还是采用有线方式。舰船、飞机和地面移动装备需要无线通信，所以对无线电通信进行了大量研发。在第二次世界大战（简称二战）开始时，大多数参战方都研制出了雷达，无线电通信变得更先进了。

从一开始，对频谱的使用和控制就是一个问题。当马可尼用火花隙发射机进行首次跨大西洋传输时，占用了大量频谱，但对于当时世界上唯一的无线电传输，频谱是足够的。此后不久，研制出了调谐发射机，不过无线电链路之间的互扰依然是一个很大的问题。截获无线电通信和雷达信号以及对辐射源进行定位，对军事行动产生了巨大影响。截获、干扰、辐射源定位、信息安全以及传输安全成为了战争的基础，此后就一直如此了。

战争中使用的基本摧毁能力并没有发生太大的改变（从事这方面研究的人士可能对此有争议）。但是，这些能力的应用方式通过使用电磁频谱（EMS）发生了很大变化。现在，我们通过各种方式使用电磁频谱将武器的破坏能量制导引向预定的目标。电子战行业的人员也使用电磁频谱来阻止这些武器攻击其预定目标或阻止敌方发现目标的位置。

破坏性能量（快速运动的导弹、超高压或热能）用于杀伤敌方或摧毁其作战或生活所需的物质。有时，摧毁敌方的通信能力本身就是一个目标。这样，以前只有纬度、经度、高度和时间四维的战斗空间现在成了五维：增加了频率（见图 2.1）。

随着对破坏能的控制越来越强，我们对摧毁的重点就更加小心。我们希望将所有的破坏力都放到预定目标上。附带毁伤是对军事能力的一种浪费，即使是那些不关心无辜百姓死活的家伙也会发现这样会激怒各方面。对希望避免平民伤亡的人而言，武器的攻击焦点就成为一个更加紧迫的问题。

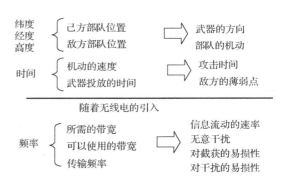

图 2.1 在无线电通信出现以前，战争在四维空间内进行。现在，频率成为另外增加的一维空间

2.2　　与传播相关的特定问题

　　距离对无线电传播影响很大。根据不同的环境，接收到的信号强度是与发射机距离的平方或四次方相关的一个函数。这样，离接收机越近，接收到的信号就越好，通常就能更精确地定位发射机。如果我们具有多个接收机，距离敌方发射机最近的接收机所接收的信息最好（见图2.2）。但是，为了利用这些信息，必须将其传送到制定决策的地方。这样，那些接收机必须成为网络的一部分。

　　一旦我们依赖来自多部接收机的输入，网络就会成为作战能力的关键。我们现在已经进入网络中心战。

　　然后考虑干扰敌方发射的问题。无论是通信干扰还是雷达干扰，必须形成足够高的干信比。通信干扰和雷达干扰两种干扰公式都包括从干扰机到被干扰的接收机之间距离的平方（或四次方）。如果我们有大量在地理上分布的干扰机，那么使用距目标最近的干扰机效果会最好。与之相关的一个问题就是它会对我们自己的电磁频谱设备形成干扰（即自扰）。如图2.3所示，距离目标接收机最近的干扰机能够用最低的功率进行干扰，这可以减小对己方通信或雷达的影响。

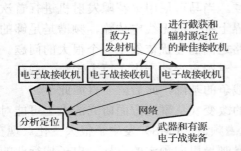

图2.2　与敌方发射机的距离对截获和
辐射源定位的性能有很大影响

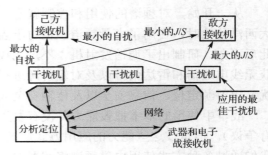

图2.3　与敌方或己方接收机的距离对
干扰效能和自扰有很大影响

　　同时，干扰机也必须是网络的一部分。当然，这个网络将成为敌方的重要目标。如果他们能从我们的网络中很好地搜集信息，就能很大程度确定我们的战术意图，如果能够摧毁我们的网路，就能降低甚至消除我们的作战能力。

2.3　连通

　　由于在日常生活和业务中，我们都依赖于互连互通，敌方通过对这种连通进行攻击就能对我们造成实质上的破坏。如果我们的银行交易系统、轨道基础设施或者航空运输系统被关闭，你可以想象其经济影响。所有这些系统以及我们的现代经济和军事能力的诸多方面都高度依赖连通，因此，一次射频或赛博攻击都可以导致重大的物理损坏，破坏其军事能力或严重扰乱其经济活动。在详细探讨对连通进行攻击之前，从技术角度讨论一下连通的特点将是有用的。

　　连通可以被认为是将信息从一个地方或一方转移至另一个地方或另一方的方式。其媒介可以是线缆、无线电传播、光传播或声传播。我们也必须考虑两个人、两台设备（比如计算机）或者设备与人员之间最基本的连通。

2.3.1 最基本的连通

最基本的连通方式可以是一个人对另一个人讲话（或是隔着一定距离大喊），或通过视觉传输信息。个人对个人视觉传输的例子包括在纸上书写让另一个人来读、举起一个标志、用一个稳定或闪烁的灯光发信号、使用信号旗（或烟）等。事实上，几乎所有最先进的军事和民用系统中都在应用这些方式。即使使用了更先进的技术传输手段，来自人类的信息输入都是通过话音或用键盘或其他接触设备输入数据的。将信息传递给另一个人只能通过听觉、视觉或触觉来完成。

所有这些最简单的技术都具有操作简单和鲁棒的优势。这种互连是很难被干扰的。敌方需要距离足够近才能截获发射的信息。也就是说，要确保安全，需要采用细致的措施，防止敌方成功地使用间谍技术，比如暗藏窃听器或照相机，或是监控从窗户反射的激光，等等。

但是，所有这些简单的互连技术都存在作用距离短的不足。增加这些互连手段的距离需要派出信使或是对信息进行中继。这两种措施都会极大地提高复杂度，降低针对截获的安全性，同时降低传输信息精度的可靠性和可信性。这样，使用专门的传输路径和技术手段来增加作用距离就变得具有优势甚至是必需的，距离的拓展可能是几千米，也可能是到地球另一端。

2.3.2 连通需求

不管使用哪种连通技术，从最简单的到最复杂的，表 2.1 示出了其必须满足的要求。首先考虑最简单的互连技术以及信息传输的特征。

表 2.1 对连通的要求

要求	水平
带宽	足以用所需的吞吐率携载信息的最高频部分
时延	足够短，能够让行动环路以所需的性能工作
吞吐率	足够以所需的速度传输信息
信息保真度	足够从接收到的传输中恢复所需的信息
信息安全	足够保护信息在其有效期间不被敌人获取
传输安全	足以防止敌方对传输进行及时的探测，使敌方无法阻止所需的传输，或无法及时定位发射机并进行有效的攻击，或无法及时确定电子战斗序列并影响军事行动
干扰抑制	足以提供作战环境中所需的信息保真度
抗干扰	足以防止具有预期干扰能力和干扰布置的敌方破坏己方的信息保真度

2.3.2.1 与人的连通

图 2.4 显示了与一个人的连通情景。

（1）话音通信

如果你听觉很好，你的耳朵能处理大约 15 kHz，但大多数信息是由 4 kHz 左右的话音携带的。事实上，电话线路只能用 300 到 3400 Hz 来携带话音信号。我们要处理接收到的数据，就必须将其组织成音节或单词。我们每分钟能听并处理最多约 240 个单词。

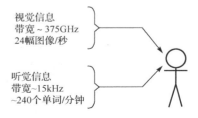

视觉信息
带宽 ~ 375GHz
24幅图像/秒

听觉信息
带宽~15kHz
~240个单词/分钟

图 2.4 人与人的互连受到物理带宽和数据格式因素的限制

（2）视觉通信

你眼睛的带宽要宽一些。如果你能看见整个彩虹，你就能算出你眼睛的带宽，从红色到紫色的频谱范围约为 375000 GHz。不过，我们通过眼睛看见并处理整个场景时，每秒只能看见 24 次新的场景（注意，我们对颜色细节变化的感知速度只有该速度的一半，而对环境光影亮度变化的感知速度要更快一些。基于有效带宽的概念，我们可以使用带宽不到 4 MHz 的彩色模拟电视信号来获得视觉数据）。

（3）触觉通信

你能觉察到的振动频率与能听到的频率相近。例如，你很容易感受到手机发出的 1000Hz 的振动。但是，触觉通信通常限于为详细的音频和视频信息提供补充。一个重要的例子就是盲文，盲人通过感知其中不同方式排列的凸点来接收信息。在一些文献中，曾有关于在盲人皮肤上（通过视觉相机）投射图像的试验性设备的讨论。

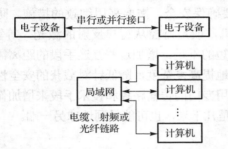

图 2.5　近距离的机器连通，可以直接连通，也可通过电缆、射频或光纤局域网连通

2.3.2.2　机器之间的连通

图 2.5 显示了机器与机器或者计算机与计算机之间的连通。因为计算机或其他受控机器不受人类连通速率的限制，这种通信可以用更宽的带宽。机器可以通过并行或串行的互连方式直接连线，或者采用局域网（LAN）互连。LAN 可以使用数字电缆、射频链路或者光缆将机器互连起来。其速率可以从几赫兹到千兆赫兹。

2.3.3　远程信息传输

现在考虑将信息从一个位置传到另一个位置（或从一台计算机传到另一台计算机）的远程连通技术。我们将考虑表 2.1 中列出的每项要求。

如图 2.6 所示，信息输入点的带宽必须足够宽以接收数据。但是，数据传输的带宽可以是不同的。如果数据流必须是连续的，传输路径就必须拥有全部输入数据带宽。但是，如果输入数据不是连续的或数据流的速率是变化的，就能够以较低的速率传输。采用这种方式的实际系统是在链路的输出端将数据数字化并输入寄存器中。然后数据以较低的速率由寄存器输出，从而可以实现较窄的传输带宽。在接收端，数据可以根据需要输入到另一个寄存器中，并以最初的数据速率输出。有两个其他因素会影响所需的传输带宽：时延和吞吐率。

图 2.6　高带宽、非连续的源数据可以用较低的速率传输，并在接收机端恢复到原始格式，但需要一定时延

时延就是接收到的数据与发射数据之间的延迟。新闻播报中，当地的一个主播与地球

另一端的记者之间的通话就很好地展示了时延的问题。主播问了一个问题，但记者站在那儿没有反应，要过几秒后才会开始回答。主播的问题通过卫星以光速行程 8.5 万千米，耗时 2.5 秒。记者的回答还要用 2.5 秒才能到达主播处。这个过程的等待时间会使人看到记者脸上有 5 秒钟没有反应。另外，主播与你看电视的地方还有一个等待时间，但是你不会察觉到这个时延，因为固定的延迟不会影响你看到持续的画面。

对于一个处理环路内部的连通，时延就很重要。如果你想远距离人工降落一架无人机，考虑到存在较大的时延，就需要额外的技能避免过度操控从而导致飞机坠落。你能够容忍的时延越短，就要使用更大的传输带宽。当然，由距离决定的传播时间也是时延的一个因素。

吞吐率是信息流动的平均速率。一般而言，带宽非常大的数据块可以通过在时间上分散而在有限的带宽上传输。但是，如果信息流动的平均速率高于传输宽带，等待时间会延长，直至整个过程崩溃。这种现象的一个简单范例就是一个人不太流利地讲外语。国外的听者通常不清楚其中所使用的一些词，他能够听懂一定速度的对话，但必须在心头回顾一下刚刚所讲的，将一些未知的词从上下文中剔除。这个回顾的过程也是信息路径的一部分，它降低了有效传输的带宽。如果那个人讲话的速率过快，听者回顾过程的延迟就会增加时延，最终造成国外的听者完全听不懂其讲话。

在计算机对计算机的通信中，相应的处理过程就是存储宽带数据，直到出现暂停或一段较低带宽的数据，让接收计算机能把整个数据流调整到便于处理的适当格式。可容许的时延取决于接收计算机可用的存储量。当存储器由于吞吐率过高而溢出时，整个过程就会崩溃。

通常，网络系统会因为所需的吞吐率而非最高数据率陷入麻烦，这将在后面讨论。

2.3.4　信息保真度

先前，我们讨论了带宽、时延和吞吐率之间的相互作用。所有这些也与信息保真度有关，这涉及数据压缩的问题。当我们讲话或写字的时候，我们以某种方式组织信息，能够让接收者用大脑工作的方式接收并处理该信息。语言、语法规则、句子结构、发音、形容词和动词都是为了让我们的意思更清楚。这也要耗费大量时间和带宽。当年轻人彼此交流时，他们以极快的速度在手机上输入，并且用年长的人不懂的缩略语和语法。他们所做的，从技术的角度上看，就是为压缩信息进行编码。因为可用的带宽限制了符号传输的速率，学术认可的语法、拼写等相关的常规开销会使关键信息的流动降低到不可接受的程度。编码是数据压缩的一种形式，以消除数据的冗余度，提高信息率对数据率的比率。数字数据压缩技术也提供同样的功能，用于话音和视频压缩。图 2.7 示出了从发出者到用户的信息流，包括数据压缩（通过任何方式）。注意，接收机接收到的信号将包括干扰信号以及噪声，同时接收机自身也会生成噪声。

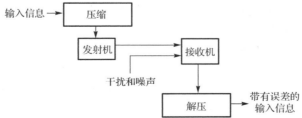

图 2.7　任何数据压缩方法都会因为干扰和噪声而在解压后产生误差

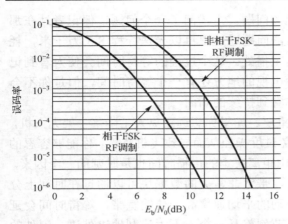

图 2.8　已解调数字信号中的误码率与 E_b/N_0 有关

当然，问题是所使用的任何编码都对信息保真度存在某种影响。理想情况是，通信方使用一种无损编码，在编码和解码过程中能保留所有的信息。但是，现在增加了从发送者到接收者之间的编码信息传输过程的影响。首先考虑数字通信媒介。随着距离增加或者（有意或无意的）干扰的发生，接收机在确定接收的是 1 还是 0 时就会产生误码。图 2.8 示出了误码率和 E_b/N_0 之间的关系。E_b/N_0 是接收到的检波前信噪比（RFSNR），是经过化简后的比特率与射频带宽之比。为了传输，数字数据必须由某种调制方式携带，这就需要解调以恢复原来的 1 和 0。图中，每种调制方式的曲线不同，但曲线形状都大致相同。在无线电传输中，系统设计通常需要 10^{-3} 到 10^{-7} 的误码率。在该范围内，大多数调制方式都对应一个误码率与 RFSNR 的比值，即误码率变化一个数量级，对应的 RFSNR 变化约为 1dB。对电缆传输（如电话网络）而言，则需要更高的 SNR，因此该曲线的斜率更陡。

在第 5 章，我们会讨论前向纠错问题。现在只考虑检错与纠错码（EDC）为传输信号增加额外信息，以便在接收机处消除一定程度的误码。

讨论的要点是可能会存在误码，这些误码会降低将编码再转换为信息基本形式的精度，从而造成传输信息的损失。例如，采用图像压缩时，每个误码都会降低重构图像的质量。

注意，只要使用编码，就会发生类似的现象。年轻人输入文字信息也是一种编码方式，一个指头按错了地方就会降低信息保真度，其程度取决于编码的性能（即数据压缩比）。这显示了表 2.1 中的前四项之间的相互依赖关系。

如果是在受到敌方攻击的网络中连通，或者是在强干扰环境中连通，网络及其使用方式必须足够鲁棒，才能在可用的带宽、可接受的时延和所需的吞吐率基础上，提供足够的信息保真度。

信息安全对于防止其他人了解你所发送的信息是非常重要的。对于军事通信，如果敌方知道了你的指挥控制通信所传输的计划和命令，就会给你带来巨大危害，这是显而易见的。二战期间，盟军由于破译了德国海军的"谜"（ENIGMA）码，能够找到（并击沉）轴心国的潜艇，从而改变了整个战争的进程。在破译该密码之前，往来于加拿大和英国之间的船只常常被击沉，损失的速度比建造的速度要快两倍。在破译了密码之后，就变成潜艇被击沉的速度比其制造速度快两倍了。对信息安全的另一显著需求就是保密金融信息的传输。我们大多数人都非常担心身份被盗，所以除非能确保传输媒介的安全性，通常我们是不传输信用卡号或社会安全号码的。

加密是提供信息安全的一个基本途径。安全加密需要采用数字形式的信息，在信息中加入一串随机比特（1+1=0 等）。接收端，在接收到的信息中加入相同的随机比特串以恢复原始信息。这通常不会增加所需的带宽或降低吞吐率。但是，当出现误码时，某些加密系统会提高误码率。（许多年前）对一个系统进行仔细测量后发现，加密会使误码率提高两个数量级（即解密器将 1 个误码转换为 100 个误码）。由图 2.8 可知，这需要增加 2 分贝以上的接收信号功率才能提供足够的信息保真度。

在图 2.9 中，信息流的途径是从压缩开始的，然后进行加密、纠错编码和传输。在接收端，接收到的信息首先进行纠错。这是非常必要的，因为加密和解压改变了数据比特，会造成与误码数量相关的问题。注意，EDC 也将把数据转换为其最初的格式。解密是在 EDC 之后和解压之前进行的，因为对加密的码必须进行解密。

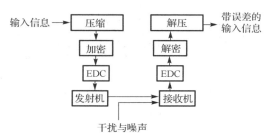

图 2.9　信息流的第一步是压缩。EDC 是在加密和解密之间进行的，这样才能在解密前尽可能多地减少误差，最后完成解压功能

一个相关的问题就是进行认证，以阻止敌人进入你的网络，插入虚假信息。高级加密提供了很好的认证，但适当使用规定的认证过程也是很重要的。

传输安全需要使敌方不能探测或定位你的发射机。这与信息安全是有很大不同的。即使你使用的传输安全措施足以在预计的战术态势中提供可接受的防护，但敌方在特定环境下还是可能知道你传输的信息内容。传输安全措施包括限制辐射能量、缩短传输路径以及扩展频谱。在本章后面的内容中，我们将讨论它们对信息流效能的影响。

干扰抑制（无意干扰）以及抗干扰（人为干扰）是同一个问题的两个方面。通信干扰就是在敌方接收机中人为制造不需要的（干扰）信号，降低信息流的质量或切断信息流。主要区别就是人为干扰可能更加复杂。

降低干扰（不管是有意干扰还是无意干扰）影响的技术一部分与接收的信号强度有关，一部分与特定调制有关。无论使用哪种方法，连接电子战设备的网络都必须提供足够的抗干扰防护能力，这样才能提供足够的信息保真度。

2.4　干扰抑制

无论是有意还是无意干扰，干扰信号都会降低接收信息的保真度。下面将讨论用调制和编码技术来降低干扰的影响。

2.4.1　扩展发射频谱

在第 5 章我们将详细讨论扩频技术。现在主要讨论信息传输与带宽的关系以及干扰环境的特性。这些信号也可以定义为低截获概率（LPI）信号，但低截获概率只涉及了这些信号一个方面的优势，故我们将其作为扩频信号来讨论。

通常，这些信号的传输频谱比携载传输信息所需的频谱宽得多。在接收机处进行的信号解扩恢复了所传输的信息，同时提供了处理增益，提高了信干比。注意，为了降低噪声/干扰，所有这些类型的系统都要增加对传输带宽的需求。一个简单的例子就是商用调频广播信号。

2.4.2　商用调频广播

调频信号是首个广泛应用的扩频技术。图 2.10 示出了这种调制方式。宽带调频通过提

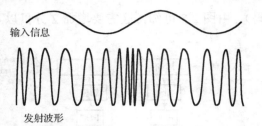

图 2.10　调频信号的发射频率随携载的信息而变化

高信噪比和信干比改善了信号质量，改善程度与传输带宽扩展倍数的平方有关。扩频比被称为调制系数，是载波最大频偏与最高调制频率之比，如图 2.11 所示。为改善 SNR 所付出的代价就是需要额外的带宽来完成传输。商用调频频率分配间隔是 100 kHz，一个地区已占用的频道间必须有多个频道间隙。对于大的调制系数，传输带宽是

$$BW=2f_m\beta$$

式中，BW 为传输带宽，f_m 为信息信号的最大频率，β 为调频调制系数。

　　输出信噪比改善公式（dB）为

$$SNR=RFSNR+5+20\log\beta$$

式中，SNR 为输出信噪比（dB），RFSNR 为检波前信噪比（dB）。

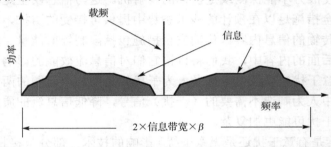

图 2.11　调频信号携载信息所用的带宽取决于所选择的调制系数

　　为了提高 SNR，RFSNR 必须大于门限电平 4 dB 或 12 dB，这取决于接收机所采用的解调器类型。对商用调频广播信号来说，最大调制频率为 15 kHz，调制系数为 5。采用最通用的解调器类型，RFSNR 门限为 12 dB。因此，广播带宽为 150 kHz（即 2×15 kHz×5）。就最常用的解调器类型来说，若来自接收天线的是最小门限信号，则输出 SNR 为 31 dB（即 12+5+20log5=12+5+14）。频率调制使输出 SNR 提高了 19 dB。

　　注意，根据通信信息的特点，发射机中的预加重（提高较高调制频率的功率）和接收机中的去加重（降低较高调制频率的功率）还能将 SNR 提高数 dB。

　　无论是有意干扰还是无意干扰，对干扰的抑制程度都取决于干扰信号的性质。如果干扰是窄带信号，那么干扰抑制程度与 SNR 的改善程度相似。若干扰是类噪声信号，比如带噪声的电源线，则干扰抑制程度大致接近 SNR 的改善程度。但是，如果干扰进行了恰当的调制，或者干扰就是另一个进行了相同调制的信号，则干扰信号将获得与有用信号相同的处理增益，也就是说抗干扰性能没有得到改善。

2.4.3　军用扩频信号

　　在强干扰环境或敌对环境中，通信可采用专用的抗干扰扩频技术。这些专用的调制方式包括伪随机功能，能确保有用信号是独特的，充分区别于干扰信号，使有用信号的处理增益远大于其他信号的处理增益。

伪随机功能在发射前被加到信号中，对所有经过认证的接收机进行同步，以便其能用同样的伪随机功能来解扩接收到的信号，从而恢复所发射的信息，见图 2.12。

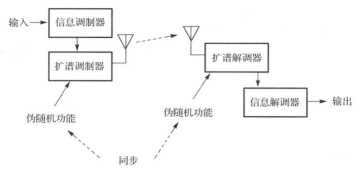

图 2.12 低截获概率通信系统扩展其频谱以适应伪随机功能，发射机和接收机之间的伪随机功能是同步的

这些军用扩频系统采用了三种调制类型：跳频、线性调频和直接序列扩频。

也有采用多种扩频调制技术的混合系统。第 5 章中将详细讨论这些调制，我们在这里的讨论将主要集中在信息传递上。

为什么每种扩频调制都必须携带数字形式的信息，这是有特定原因的。

数字信息无法直接发射，它必须置于适合无线电传输的某种调制上。在第 5 章中将讲述数字通信，但我们先在这里重点介绍信息传递。图 2.13 示出了数字信号在频谱分析仪上显示的频谱，图 2.14 示出了以功率和频率维度显示的频谱。

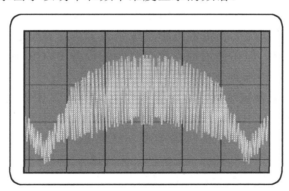

图 2.13 频谱分析仪上的数字信号显示为在载频两边具有明显零点的主瓣

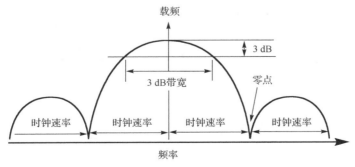

图 2.14 数字信号频谱包含一个主瓣、多个副瓣以及距载频若干倍时钟速率的零点

你会注意到，需要携载数字信号的传输带宽与数据时钟速率有关，即与发射信号中的每秒比特数有关。所需的码率与携载信息的带宽和所需信号质量有关。对大多数数字化方法来说，奈奎斯特速率是必需的。这需要采样速率是携载信息的带宽（Hz）的两倍。采样信号质量由每个样本的位数决定。有效的编码方法能降低所需的带宽。采样速率（比特率）还能够更快，以获得更高保真度的采样信息，而传输的信号几乎都需要额外的位数进行寻址、同步和检错/纠错。

2.5　信息传递的带宽需求

将信息从一处传送到另一处所用的带宽与以下几个重要方面有关：

● 链路的复杂性；
● 产生、存储或利用信息所需的复杂设备的位置；
● 链路对敌方截获或发射机定位的易损性。

在设计基于网络的军事能力时，对上述每个方面都需要进行折中。

2.5.1　无链路的数据传递

在商用分布式娱乐和个人计算中，对上节所述的每个方面都进行了折中，而且这些折中的变化很快。

考虑以电子方式传输的电影。首先是用录像机（VCR），目前大都已被数字式视频光盘（DVD）所取代。我们可以购买或租借电影录像带或光盘，在自己的视频播放器上播放。不需要用链路来传输信息，但在使用地点要有复杂的设备（VCR 或 DVD 播放器），而且电影必须通过某种介质实际传输到使用地点。

1970 年代将威胁识别表装载到雷达告警接收机（RWR）中就是与之非常类似的例子。当时，数据是存储在 RWR 中的，用通过实际运送到的数据集对其更新，这给控制、验证和确保更新数据的安全带来了很大的保障难度、复杂度，并增加了维护需求，处于这个过程中的任一部分人员都感受得到。

图 2.15 示出了采用便携式媒介的通用概念。在电子战系统中，便携式媒介能将搜集到的数据从独立系统传送到中央处理设备中以支持操作系统和数据库更新，然后将更新的结果装载到独立系统中。

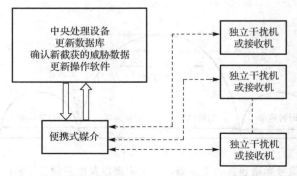

图 2.15　信息可以用便携式媒介输入到独立系统或从独立系统中提取

2.5.2 链路数据传输

现在你可以将电影传送到个人计算机中了。你可以在任何时候订购想要看的电影，传输设施能准确知道所要传送的信息（并为之付费）。你的接收设备既可以是复杂的桌上电脑，也可以是小型轻便的手机。我们基本上没有专用的电影接收设备，但你需要有一部相对复杂一些的多用途设备来接收、处理和传输信息，而且你需要有数据链。数据链带宽越大，获取信息就越快，信息的质量也就越高。视频信息必须压缩后传送，通常，传输数据的质量与压缩量成反比。

2.5.3 软件的位置

首先看看个人计算软件业务的发展。最初，我们购买软件并直接安装在个人计算机上。软件是要注册的，但难以强制实施。现在不从开发商获得授权则很难激活软件。软件开发商知道谁拥有软件，能够做到只授权给获得资格的用户使用。你也用同样的控制和安全措施下载软件。软件开发商会对授权用户的软件进行定期升级。这种软件和数据分发类型适合商业和军事应用。军用数据的安全等级和授权控制通常会更加严格。

对军用和民用两种情况，接收站都必须能存储所有软件并拥有足够的可重构存储器来运行应用程序。由于没有实时交互的需求，所以授权和数据下载可在任何可用的数据链上完成。窄带链路比宽带链路传输数据所需的时间长得多。

现在又出现了新的趋势，即软件由开发商保留。用户通过链路使用软件，上传输入数据、控制功能并下载结果，如图 2.16 所示。其好处是用户设备可以非常简单，对本地存储器容量或计算能力要求也很低。另一个好处就是由开发商进行软件维护，每个用户始终拥有经过完全升级的软件。这一过程所完成的事情就是将能力从最终用户移向中央位置。结果是降低了用户端的复杂性，但加大了对链路的依赖，同时计算机和中央设备之间的实时或近实时交互造成对链路带宽的需求更高。

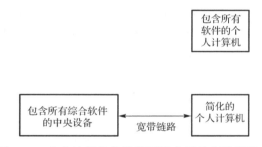

图 2.16　个人计算机的软件可以全部放在计算机中或保存在中央设备中，以在需要时使用

2.6　分布式军事能力

首先我们概述一下分布式军事系统中不同功能所处的位置。如图 2.17 所示，用户处可能拥有大量功能。在电子战应用中，用户可以是截获接收机、干扰机或其他电子战装备。这种方法的优势是在用户处能快速使用所有系统功能，不需实时依靠一个或多个链路。同样，多个用户设备能协同工作，通过窄带链路在它们之间传输所需的数据。由于存在多个用户位置，因此需要有强大的并行处理能力。除体积、重量、功率和成本外，也要重视安全问题。如果用户设备落入敌方手中，敌方则可以对其进行分析以确定其能力，同时还会提取受保护的数据库信息。

　　如图 2.18 所示，综合系统的大部分功能可以在中央位置处实现。这种情况下，整个系统的复杂性和维护工作量会有所下降。此外，用户设备通常位于靠近敌方的危险区域，因此相对于中央位置处的设备，它们更容易被敌方摧毁或截获。

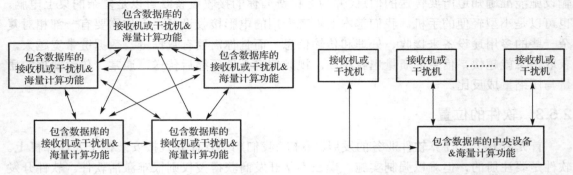

图 2.17　　分布式军事系统能使本地用户设备拥有其　　　　图 2.18　　利用宽带链路接入复杂的中央设备
　　　　　大部分功能，因而可以用窄带链路互连　　　　　　　　　　可以降低本地用户设备的复杂度

　　如果数据库和海量计算处理能力都保留在中央设备中，那么在用户位置和中央设备之间没有可靠、实时的宽带通信是不可能完成任务的。因此，数据链的安全性和鲁棒性对综合系统的功能具有决定性的作用。

2.6.1　网络中心战

　　在实施分布式（即网络中心）军事行动时，互连的链路容易被干扰，同时也需要重点关注敌方对发射机定位所带来的危险。这两个问题都可以通过加强传输的安全性来解决，这是与信息安全所不同的。

2.7　传输安全与信息安全

　　信息安全是指利用加密技术阻止敌方获取我方信号所携带的信息。高质量的加密技术要求信号是数字的，并将一伪随机比特流加到信号比特流上，如图 2.19 所示。为方便讨论，我们将此称为加密信号。总比特流本身就是伪随机的，且使信息无法恢复。在商业应用中，采用重复方式对信号进行加密是一种常用的手段，最小的重复间隔可以是 64～256 位。然而，在安全的军事加密中，加密信号有可能多年都不会重复（加密比特流越短，敌方就越容易破译）。在接收机中，最初的加密比特流被加到接收的比特流上，将信号恢复为最初的非加密形式。

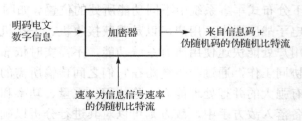

图 2.19　　信息安全可通过将一伪随机比特流加到数字输入信息上来实现

另一方面，传输安全需要以某种伪随机方法扩展发射信号的频谱，使敌方很难对信号进行探测、干扰或定位辐射源。扩展信号频谱的三种方法是跳频、线性调频和直接序列扩频。本书第 5 章将讨论这几种方法（在干扰的背景下）。这里主要从传输安全的角度来探讨这些技术。传输安全的主要作用是防止敌方对发射机进行定位，从而阻止其开火或用寻的武器实施攻击。在图 2.20 中，为从高价值设施到低价值设施的链路提供传输安全是最重要的。

跳频信号每隔几毫秒（慢速跳变）或几微秒（快速跳变）就将其全部功率转换到不同的频率上，如图 2.21 所示。这使探测信号的存在变得相当容易，很多系统能扫频进行随机截获以定位发射机。在慢速跳变时尤其如此。因此，跳频对保护发射机位置而言是最不理想的技术。

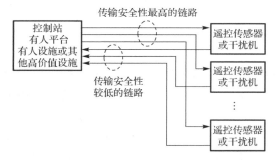

图 2.20　为来自高价值设施的链路提供
高级别传输安全是有必要的

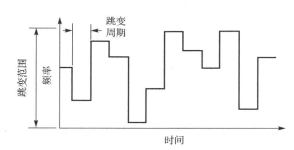

图 2.21　跳频信号在一个消息内多次将其
全部发射功率转换到新的频率上

采用宽范围线性扫描的线性调频信号在一个很宽的频率范围内快速移动，参见图 2.22。与跳频信号一样，线性调频信号将其全部信号功率一次性地转移到一个频率上。然而，由于其调谐很快，所以除非接收机带宽相当宽，否则无法检测到信号。增大接收机的带宽会降低接收机的灵敏度，但线性调频信号还是很容易被探测。因此，发射机的位置还是相当容易暴露的。

通过增加使用高速伪随机比特流的二次数字调制，直接序列扩频信号将信号能量扩展到很宽的频率范围内，如图 2.23 所示。注意，高速数字化的比特被称为码片。数字信号的频谱将在 2.4 节中介绍。输入信息信号的零点至零点的带宽等于比特率的两倍，而扩频信号的带宽等于码片速率的两倍。信号功率被分布在相当宽的频谱范围内，这就产生了类噪声信号，其能量会实时扩展到宽频范围内。在单个频率上无法收到全部功率，则很难确定信号是否存在。探测该信号需要采用能量检测的方法，或采用先进处理技术将高速比特流码片进行时间折叠以形成一个确定的窄频输出。因此，这种技术是提供传输安全的有效方法。而且正如后面要讨论的，信号扩展得越宽，传输安全性就越高。

意识到传输安全技术并不能提供可靠的信息安全，这是很重要的。通常情况下，采用的每一种扩频技术都将使敌方难以恢复发射的信息。然而，对于每种技术，也存在高明的敌方可以不用解扩频信号就能读取信息内容的情况，其中包括短程接收机或采用高灵敏度接收机与先进信号处理的情况。

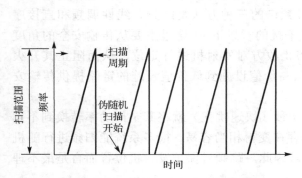

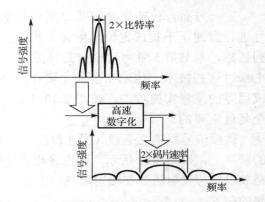

图 2.22 线性调频信号在很大的频率范围
内很快地扫描其全部发射功率

图 2.23 直接序列扩频调制将信号扩展到一宽频
率范围内,降低了在任一单频处的功率

2.7.1 传输安全与传输带宽

接收机中的信噪比与系统带宽成反比。这意味着接收机检测扩频信号能力的下降程度等于信号频谱的扩展程度。没有传输安全时,信号可在与基本信息调制相匹配的宽带内被接收。然而,若信号扩展了 1000 倍,则接收机带宽必须扩大 1000 倍才能截获全部信号功率,如图 2.24 所示。这将导致接收机灵敏度下降 30 dB: {10 lg[带宽宽因子]}。接收机灵敏度的下降与信号到达方向的测量精度成线性关系。必须注意这一特征,因为与各种辐射源定位方法有关的处理增益都依赖于信号的调制特性。但是,通用原则是存在的,即传输安全的等级与信号扩展因子直接相关。

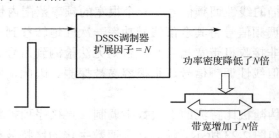

图 2.24 扩展信号的频谱将会降低对该信号的探测能力和定位能力,下降程度与扩展因子成正比

2.7.2 带宽限制

现在讨论信号可被扩展多少的问题。这取决于未扩展信号的带宽。窄带发射机(如通信链路中的发射机)可能只有几千赫兹宽。例如,指挥信号可能是每秒 10000 比特。基于所采用的调制,指挥链路带宽为 10 kHz。若扩展因子为 1000,指挥链路依然只有 10 MHz宽。此外,实时的数字图像数据链路为 50 MHz 宽。即使采用视频压缩,它可能仍为约 2 MHz宽。如果将其扩展 1000 倍,则最终的信号将有 2 GHz 宽。

不仅所需的发射机功率与链路带宽有关,而且放大器及天线在接近 10%带宽时其效率开始急剧下降。在 5 GHz 处,10%宽带是 500 MHz。注意,微波链路通常要用定向天线获得良好的性能。高度机动的战术平台很容易与采用非定向天线的链路相连,因此 UHF 频段

（500～1000 MHz）的链路更令人满意。对 500 MHz 的链路来说，10%宽带只有 50 MHz。关键是很难为高数据率链路提供高度的传输安全。高数据率链路需要低扩展因子以适应实际的链路带宽。

2.8 赛博与电子战

在本书写作的过程中，在防御相关的文献中，对赛博战进行了大量讨论。作为一个引人注目的新领域，对赛博战的定义讨论得很激烈，同时有些人以不同的方式将赛博战和电子战混淆在一起。本文将研究这些定义。像所有其他讨论一样，这个讨论最终会平息。由于本书的重点是在技术上，我们将关注重点的基本原理，而让其他的讨论来解决用语上的分歧。

我们已经讨论了用于军事目的的数字信息的各种传输。这种背景信息是理解和研究网络中心战以及传统指挥控制所面临的挑战与平衡的关键。本节尝试将这种信息流与赛博和电子战应用关联起来。

2.8.1 赛博战

互联网上对赛博的定义很多。其中大多认为，赛博是指在互联网上计算机间流动的信息，也即在包括互联网在内的计算机网络中移动的信息。赛博战则被定义为利用信息高速公路，通过搜集敌方重大军事情报、干扰敌方利用互联网或其他网络传送信息或用计算机处理信息，获取军事优势的措施。

2.8.2 赛博攻击

在许多文献的描述中，赛博战都是通过使用恶意代码，即以造成破坏为目的的软件而实施的。恶意代码包括：

- **病毒（Viruse）**：可自我复制并在计算机间传播的软件。病毒通常在计算机中加载很多信息，从而使计算机没有足够的内存来完成预定的功能。病毒也会导致有用信息被删除，或以极为有害的方式修改程序。
- **计算机蠕虫（Computer worm）**：利用安全漏洞通过网络自动扩散到其他计算机的软件。
- **特洛伊木马（Trojan horse）**：看起来无害但能对计算机数据或功能实施攻击的软件。这种恶意软件涉及将敌方编码引入计算机或网络的方式。如果应用得好，特洛伊木马程序被认为能提供一些有价值的用处。不过隐藏在下载软件中则是不需要的其他程序。
- **间谍软件（Spyware）**：出于敌对目的而收集和输出计算机数据的软件。

有许多术语都可描述用互联网作为进入被攻击计算机的通道，攻击计算机完成其功能的各种技术。

使用互联网的每个人都关注黑客，这就是我们要采用复杂难记的密码并耗资构建防火墙的原因。但是，在赛博战中，这些攻击都是专业人员为达成重要军事目的而计划和实施的。他们非常擅长这些技术，简单的防御很快就能攻克，必须采用持续和先进的防御手段。

2.8.3 赛博与电子战之间的相似之处

电子战具有三个主要组成部分和一个密切相关的领域：

电子战支援（ES）：包括对敌方辐射源的截获。

电子攻击（EA）：通过有目的地辐射信号以暂时或永久地破坏敌方的电子传感器（雷达和通信接收机）。电子攻击包括干扰和诱饵。

电子防护（EP）：旨在保护友方传感器免受敌电子攻击行动影响的一系列措施。

诱饵：诱饵并没有正式作为电子战的一部分，但它通常与电子战一起考虑，因为它们会引起敌方导弹和火炮系统去捕获和跟踪无效的目标。

赛博战的组成与电子战的组成类似。如表 2.2 所示，电子战的每个组成在赛博战中都有相应的技术：

ES 可比喻为间谍软件。实际上，间谍软件还与信号情报（SIGINT）相似。ES 和 SIGINT 都搜集敌方情报。在第 10 章将讨论 ES 和 SIGINT 这两个领域的区别。

EA 通过向敌接收机发射干扰信号来抑制敌信息。如果目标接收机是一部雷达，则干扰信号要么覆盖雷达接收机必须接收的信号（即目标的反射信号），要么用波形欺骗雷达从而导致其处理子系统确定目标处于一个虚假的位置。

- 覆盖性雷达干扰非常类似于耗尽计算机有效内存的某些计算机病毒类型。它使计算能力饱和从而有效覆盖了所需的信息。
- 欺骗性雷达干扰发射能导致计算机处理得出错误结论的信号，如同病毒修改目标计算机的代码以使其给出错误或无意义的结果。
- 通信干扰覆盖目标接收机试图从中提取信息的信号。欺骗包括发射看上去正确但包含错误信息的虚假信号。这两种电子战功能尽管在本质上与赛博攻击不同，但其作用与修改目标计算机数据的计算机病毒类似。

EP 包括友方传感器（雷达接收机/处理器或通信接收机）为降低/消除信息或功能的损失所采取的一系列措施，类似于旨在阻止计算机遭受恶意软件破坏的密码及防火墙的功能。

诱饵是反射雷达信号的物理装置。在某些方面，诱饵类似于特洛伊木马的功能。两者都用于欺骗敌方系统，导致它们进行不利于系统工作的行动。

表 2.2　电子战与赛博战功能的比较

作用功能	电子战	赛博战
从敌方搜集情报	电子战支援：监听敌方信号以确定敌方的能力和工作模式	间谍软件：将信息输出到敌方位置
以电子方式干扰敌作战能力	电子攻击：覆盖接收的信息或使处理给出不正确的结果	病毒：降低可用的工作内存或修改程序以阻止给出正确的处理结果
保护己方的能力不受敌电子干扰的影响	电子防护：阻止敌干扰影响己方的作战能力	密码和防火墙：防止恶意软件入侵计算机
促使敌方系统进行不希望的行动	诱饵：看起来像有效目标，引诱敌导弹或火炮系统对其进行捕获	特洛伊木马：因为看上去有效有用而被敌计算机接受的恶意软件

2.8.4 赛博战与电子战之间的区别

赛博战与电子战之间的区别在于其将破坏功能引入敌方系统的方式不同。如图 2.25 所示，赛博攻击需要恶意代码以软件形式进入敌系统，也就是说，从互联网、计算机网络、软盘或 U 盘进入系统。如图 2.26 所示，电子战则是以电磁方式进入敌系统功能部分的。ES 从敌方发射天线接收发射的信号，EA 通过敌方的接收天线进入敌接收机和处理器实施破坏。

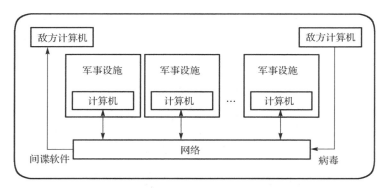

图 2.25　赛博战通过互联网等网络对军事设施实施攻击

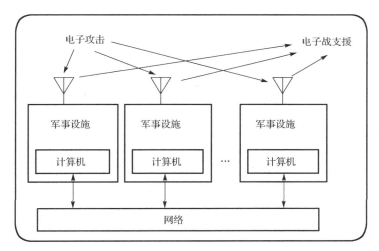

图 2.26　电子战通过电磁传播对军事设施实施攻击

现代威胁系统的确应用了大量软件，不过观察俄罗斯 S-300 地空导弹系统的各个组成部分可以发现，每辆车（指挥车、雷达车、发射架等）都装有通信天线，因此计算机间的信号可以传输到动态交战场景所需之处。系统每部分的战术效能和生存能力取决于其机动性，这需要电磁互连，因而容易受到电子攻击的破坏。

2.9　带宽折中

带宽在所有通信网络中都是需要折中考虑的重要参数。总的来说，带宽越宽，信息从一个位置传向另一个位置的速度就越快。但是，带宽越宽，提供足够的接收信号保真度所需的接收信号功率就越大。

在数字通信中，所接收的信号保真度是通过接收的信号比特的准确性来测定的。误码率（BER）是未正确接收的码与接收到的所有码之比，具体内容将在第 5 章详细讨论。数字数据不能直接传输，必须调制到一个射频载频上。作为一个典型的调制方案，图 2.27 示出了接收到的误码率是 E_b/N_0 的函数。在 2.3.4 节中已经讨论了，E_b/N_0 是检波前信噪比（RFSNR），是化简后的比特率与射频带宽之比。在典型的传输数字链路中，接收到的 BER 在 10^{-3} 和 10^{-7} 之间变化。从图 2.27 中可以看出，在此范围内，RFSNR 每降低 1 分贝，BER 将提高一个数量级。BER 对 RFSNR 的变化率对于数字数据所采用的所有调制都是相同的。

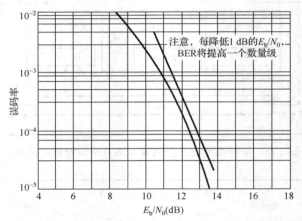

图 2.27　接收到的信号中的误码率是 E_b/N_0 的反函数

对于 BER 必须小于这个范围的情况，就必须使用纠错技术来纠正误码。

2.9.1　对误码敏感的应用场景

在第 5 章，我们将讨论视频压缩。对于所讨论的每项技术，误码的出现将降低所恢复图像的保真度。在某些情况，即使是一个误码都可能导致数据的巨大损失。

其他对 BER 敏感的应用场景包括加密信号，其中误码可以导致同步和控制链路的丢失，它们通常对误码的容错度很低。

2.10　纠错方法

如图 2.28 所示，可以通过将接收到的信号转发回发射端并逐位检查，然后在需要时进行重发来矫正误差。这需要双向链路，并增加系统等待时间，其时间长度随传输距离、无意干扰、人为干扰等瞬时条件而变化。重复编码多次，对冗余传输进行比较，输出相同数最多的版本，这也可以减少误码。与此类似，可以在重复发送数据的同时增加强有力的奇偶编码来减少出错数据。这两种方法都大幅增加了传输比特的数量。图中所示的第三种方法就是使用纠错码。

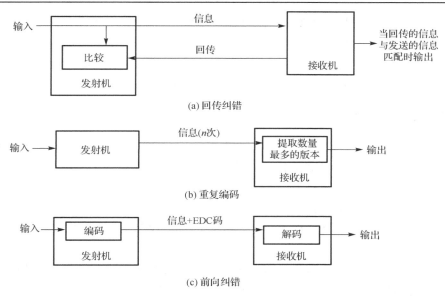

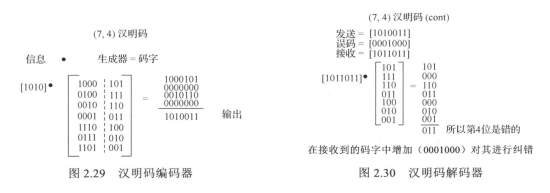

图 2.28　有多种技术可以纠正误码

2.10.1　检错码与纠错码

如果使用了检错码和纠错码，就可以纠正接收到的误码（其能力由编码设定）。数据中增加的 EDC 比特数越多，能够纠正的误码的比例就越高。

图 2.29 显示了一种简单汉明码编码器的工作过程。如果首个输入位是 1，头 7 位码就放入寄存器。如果输入的位是 0，则输入寄存器的都是 0。当所有位都被编码后，寄存器进行相加并输出相加的和。图 2.30 显示了解码器。如果接收到的位是 1，那么相应的 3 位码就进入寄存器；如果是 0，则输入寄存器的都是 0。如果所有位都接收正确，寄存器相加得出和应为 0。这本例中，接收到的编码第四位有差错，所以寄存器的和为 011。这表明第四位必须改变。

图 2.29　汉明码编码器　　　　　图 2.30　汉明码解码器

有两类 EDC 码：卷积码和分组码。卷积码逐位纠错，分组码对整个字节进行纠错（比如 8 位）。分组码并不关注是否是字节中的一位还是所有位都出错，它们对整个字节进行纠错。总体而言，如果差错是均匀分布的，卷积码会更好。但是，如果存在某种机理导致出现成组的差错，分组码会更高效。

分组码的一个重要应用是跳频通信。当信号跳到另一个被其他信号占用的频率时（在信号密集的战术环境中非常可能发生），这一跳中所传输的位都会是错误的。

卷积码可以描述为（n,k）。这意味着为了保护 k 个信息比特，必须发送 n 个比特。分组码表述为（n/k），这意味着为了保护 k 信息符号，必须发送 n 个码符号（字节）。

2.10.2 分组码的例子

Reed-Solomon(RS)码是一种广泛使用的分组码，其应用包括用于军事互连的 Link16 以及卫星电视广播。RS 码能够纠正分组中的大量出错字节，数量等于分组中附加字节数的一半（在所包括的数据字节数量之上）。

在以上两种应用中所使用的都是（31/15）RS 码。它在每个分组中发送 31 个字节，其中包括 15 个携带信息的字节以及 16 个进行纠错的额外字节。这意味着它能对 31 个字节中最多 8 个出错字节进行纠错。

考虑将这种编码应用于跳频信号的情况。由于这种编码只能纠正 8 个出错字节，这样在对数据进行交织传输时，使一跳上发送的字节数不能超过 8 个。图 2.31 示出了一种简化的交织方案，事实上，在现代通信系统中字节的安排是伪随机的。除非 RFSNR 足够低，导致大量出现这样的情况，即多个传输数据块中连续出现误码，否则最终的误码率将被有效地降低为 0。

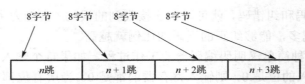

图 2.31　将相邻数据交织放置到信号流的其他部分，以防止系统性的干扰

2.10.3 纠错与带宽

任何前向纠错方法（重复编码、冗余数据或 EDC 编码）都要提高比特率。如果使用了重复编码，数据率将至少是三倍。如果使用了强奇偶检验的冗余数据，数据率可以提高 5～6 倍。采用前面所讲的(31/15) RS 码，数据率将提高 207%。

接收机灵敏度与接收机的带宽是成反比的。如在第 5 章中要详细讨论的，接收一个数据信号所需的带宽是比特率的 0.88 倍。这样，在数据吞吐率相同的情况下，将比特率提高一倍，将使灵敏度降低 3dB。参见图 2.1，通常这会将误码率提高了 3 个数量级。这也证实了数字通信领域中人们常说的，纠错方法对你造成的伤害可能大于其所提供的帮助，除非是对误码的容忍度非常低或者存在大量有意或无意干扰的场合。

2.11　电磁频谱战实践

在本章，我们讨论了大量与电磁频谱战相关的实际问题以及所涉及的物理特征，讨论了信息如何从一个地点传输到另一地点，以及敌方怎样通过阻止信息的移动或者捕获信息以形成对我方不利的结果。

2.11.1 作战域

在电子战文献中有大量关于术语的讨论，比如，电磁频谱是不是一个域。讨论还会继续，但忽略术语之争，大家对一些基本问题的看法还是一致的。

传统上，电子战是解决与动能威胁有关的电磁频谱问题的。

（1）雷达。雷达测定目标的位置，将导弹引导到这些目标处并引爆弹头。电子战的目的是使导弹无法截获或击中目标。因此，电子战攻击的目的是使雷达不能接收到目标回波信号或阻止导弹上行链路将制导信息传送给导弹，参见图 2.32。

（2）通信。敌方的通信关系到指挥控制部队对我方实施动能攻击的能力。电子战要阻止敌方进行有效的指挥控制。因此，电子战攻击的目的是阻止敌方指控信号被其指挥总部或远程军事设施所接收，参见图 2.33。

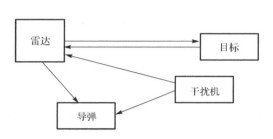

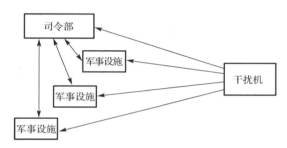

图 2.32 干扰机通常用于阻止雷达截获、跟踪目　　　图 2.33 电子战攻击阻止敌方有效地
　　　　　标，或阻止雷达将导弹引导到目标处　　　　　　　　　对其军事设施进行指挥控制

计算机和软件几乎是现代战争每个方面的组成部分，因此，对计算机实施赛博攻击将会对动能攻防产生直接影响。

然而，现代战争出现了一个新的现实，即电磁频谱本身已经变成敌方行动的目标。敌方不发一枪一炮，只是通过拒止我们使用电磁频谱即可对我们的社会造成巨大的经济损害。没有可用的电磁频谱，民航、火车、汽车无法运行；工厂无法生产；商品到不了市场；电力送不到家庭和商用场所；等等。

在现代生活中，我们对电磁频谱的依赖与日俱增。对电磁频谱的攻击非常类似于动能武器攻击，而动能武器攻击在历史上就是战争的一部分。

现在探讨一下现代战争中大量使用电磁频谱所带来的变化。

- 导弹系统若要生存就必须具备"隐蔽、发射、迅速转移"的特点，这意味着导弹系统的所有单元都必须通过电磁频谱互连，通过电缆连接几乎是不可行的；
- 有效的综合防空系统要求各组成单元都能够机动，因此要求在电磁频谱中互连；
- 空中协同攻击，无论是动能攻击还是电子攻击，都需要通过电磁频谱互连；
- 没有电磁频谱互连，海上作战就无法有效进行；
- 没有电磁频谱互连，陆军就只能围着枪炮转，将面临更大的危险。

拒止敌方安全、可靠地接入电磁频谱是对敌整体军事能力最有效的攻击，能够破坏其整个国民经济活动。

目前，网络中心战是一个专用语，指未来军事行动的一种方式。这种方式将使我们的主动或被动的电子战行动的效能最大化。没有安全、可靠的电磁频谱接入，就没有网络，因此也没有网络中心战。

云计算在商业领域中发展很快，其军事价值也日益增长。如图 2.34 所示，这种方法让我们能够将大量软件和数据与特定作战地点分离。优点是位于作战地点的分布式军事硬件可以做得更小、更轻、更便宜，消耗的功率更少、更不易被敌方截获和利用，而代价就是增大了对安全可靠获得电磁频谱的依赖性。

图 2.35 示出了电磁频谱战的本质。与图 2.32 和图 2.33 不同，电磁频谱战的实际目标是接入电磁频谱本身，而不是降低相关动能武器的效能。

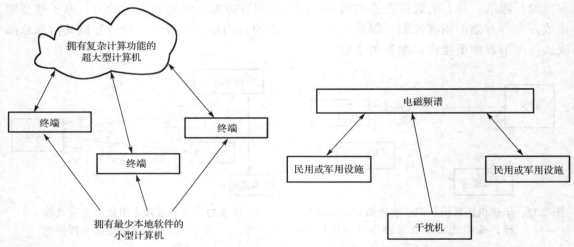

图 2.34　云计算将大部分软件从使用地转移到可　　　图 2.35　在电磁频谱战中，直接目标
　　　　　通过数据链接入的大规模中央计算设施中　　　　　　　　就是抑制敌方使用电磁频谱

2.12　密写

密写（Steganography）也称隐写术，已经存在了数个世纪。随着数字通信时代的到来，它又重获新生。如果在互联网上搜索这一词条，你会得到很多有趣的结果，包括其详细的发展史、理论、对抗措施以及实现和探测密写的软件产品等。这里将聚焦于它在电子战和信息战尤其是频谱战中的应用。

2.12.1　密写与加密

密写与加密的区别，与传输信号路径中传输安全与信息安全的区别很相似。当我们使用扩频技术，尤其是高级直接序列扩频时，敌方无法获得伪随机扩频码，接收到的信号呈现类噪声形式。也就是说，该信号仅仅显示为发射机方向上噪声电平的小幅上升。所以，在没有特殊设备与技术的情况下，敌方甚至无法探测到进行了发射。然而，加密技术使得敌方不能恢复已传输的信息。扩频调制提供了传输安全，防止敌人对发射机进行定位和攻击。同样需要加密技术，因为它使得敌方在采用复杂的方法探测到信号后，也无法知晓我方的秘密（见图 2.36）。

密写与我们通过纸质或电子方式传输的信息直接相关。它通过附加看似不相关的数据来掩盖秘密的信息，使敌方觉察不到我们正在进行重要（通常是军事）的交流，如图 2.37 所示。这实际上提供了传输安全。加密亦有前面提到的同样的功能：防止敌方发现隐藏的信息。然而，加密信息通常显示为随机字母或数据，很容易就能看出其中隐藏了什么。这告诉敌方我们正在沟通重要的信息，可能促使他们尽力去分析并最终破解信息。成功的密写不会让敌方拥有这种作业上的优势。

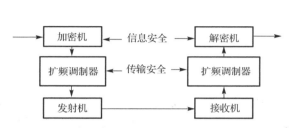

图 2.36　扩频通信提供传输安全，加密提供信息安全

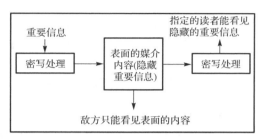

图 2.37　密写为纸质或电子传输信息保证同等的传输安全

2.12.2　早期的密写技术

一些文章介绍过早期的密写技术，比如剃掉信使的头发，将信息纹在秃发处，再等信使头发长齐。要复原信息，就再次剃掉信使的头发。另一方式是书写看似无关紧要的内容，但将字母分散至全文以隐藏信息。亦有人使用微缩胶卷或无痕墨水来通信。二战谍战电影中一种非常有趣的方法是，让一位音乐家谱写一首 B 大调的歌曲，用音符的方式对信息进行加密。

2.12.3　数字技术

数字信号提供了通过数据的格式隐藏信息的多种可能。一种非常有效的方式是将一幅彩色图像数字化，对要传输的数据进行微调。考虑一种图像数字化技术，图像是以像素的方式承载的。每一个像素都以三原色（红、黄、蓝）编码而成。通过混合三原色（类似调色），可以产生大量色彩序列（见图 2.38）。如果每种原色强度用 256 级来度量，那么将占据 8 比特。传输的全色数据一共有 24 比特（每一种主色都为 8 比特）。传输数据率为每帧的像素×帧频×24。如果一帧是 640×480 像素，每秒传输 30 帧，那么在没有压缩的情况下，每秒数据率大约为 $2.2×10^8$（640×480×24×30）。注意，可用数据压缩技术来降低传输比特率，但它们不能阻止密写的使用。

图像数字化后，我们就可以减少一个原色的比特数，用额外的比特来传输隐藏的信息。如图 2.39 所示，把每五个像素的蓝色减少 1 比特。整幅图像中每五个像素都有非常轻微的改动，在没有专业设备的情况下，观察接收到的图像根本不会发现其中细微的变化。使用蓝色中减少的 1 比特来隐藏信息，能以 1.8 兆字节（640×480×6）的数据率插入隐藏信息，从而可以传送大量隐藏的信息。网上关于密写的文章经常展示发送的一幅图下隐藏着完全不同的另一幅图，其中一张是在白云绿树的图片中有一副趴在地毯上的虎斑猫的图。

类似的方法也可应用在数字化文本传输中。

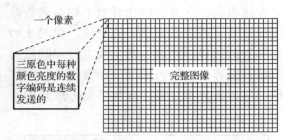

图 2.38　数字化图像通常以像素传输，每一像素都包含了亮度与色彩的编码信息

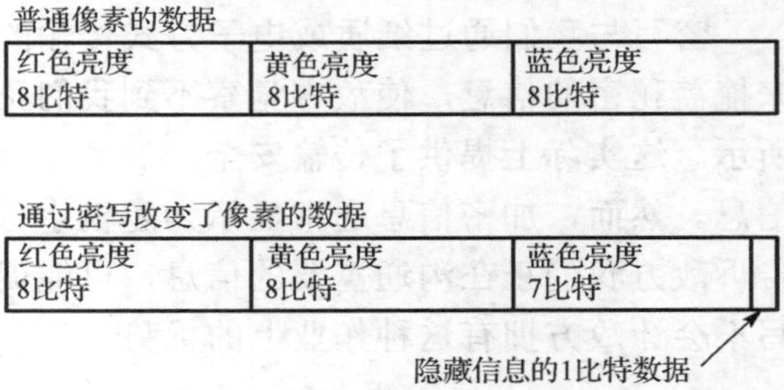

图 2.39　通过使用数字化图像中的比特数，就可以在传输信号中携带其他隐藏的图像或信息

2.12.4　密写与电磁频谱战的关系

首先，通过密写可将重要信息从 A 点发送至 B 点，而且敌方无法觉察到通信的存在。其次，可以在看似无关的信息或图像中内嵌恶意代码，以发起赛博攻击。除非密写被探测到，否则敌方无法知道正在进行赛博攻击。

2.12.5　如何对密写进行探测

该领域被称为密写分析。老式隐写技术包括无痕墨水等，该方法还包括通过放大进行仔细检查，以及使用不断发展的间谍和/或紫外光。在二战时期的战俘营中，要求战俘的信件必须在专门（秘密）设计特种纸张上书写，能显示出是否使用了无痕墨水。数字通信中，可通过比对原始图像与修改后的图像（带有密写的信息）来探测是否进行了密写。也可以用复杂的统计分析来探测是否有修改过的文字或图像。无论哪种形式，密写分析都是成本很高而且很耗时的过程。

2.13　链路干扰

我们要考虑进行干扰的链路是数字的，其传播模式设定在视距内。第 6 章将讨论对电子战行动而言重要的三种主要传播模型，以供参考。

2.13.1　通信干扰

首先，介绍几个基础知识（在第 6 章中将进行详细讨论）。

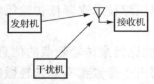

图 2.40　干扰数据链时，干扰机必须朝着接收点发射

（1）你干扰的是接收机，而非发射机。任何干扰都是让不想要的信号进入目标接收机，而且其功率足够大，能够阻止接收机正确获得来自接收信号中的信息（见图 2.40）。

（2）干扰的决定因素是干信比（J/S）。这是目标接收机从信号调制中恢复信息时，干扰信号的功率与希望得到的信号功率之比。

（3）对数字信号而言，J/S 为 0 dB 就足够了，20%～33%的干扰占空比通常就足以阻断所有通信。如果要使数字信号无法恢复，最可靠的方式是形成足够高的误码率（即未正确恢复的码所占的百分比）。

（4）通过较低的 J/S 和/或占空比来使接收到的数字信号无法同步，从而阻断通信是可行的，但是存在非常鲁棒的同步方案，使得这一方法难以实施。

（5）在某些情况下，较低的 J/S 以及更低的干扰占空比就可以让目标链路通信无效。这取决于链路所传输信息的特点。

J/S 的值可通过下面这个公式获得：

$$J / S = ERP_J - ERP_S - LOSS_J + LOSS_S + G_{RJ} - G_R$$

式中，ERP_J 是干扰机的有效辐射功率（dBm），ERP_S 是希望得到的来自发射机的信号的有效辐射功率（dBm），$LOSS_J$ 是干扰机到目标接收机的传播损耗（dB），$LOSS_S$ 是预期的信号发射机到目标接收机的传播损耗（dB），G_{RJ} 是接收天线在干扰机方向上的增益（dB），G_R 是接收天线在希望的信号发射机方向上的增益。

2.13.2　干扰数字信号所需的干信比

对于任何携载了数字信息的射频调制而言，都存在接收的误码率（BER）与 E_b/N_0 的曲线。注意，E_b/N_0 是接收到的检波前信噪比（RFSNR），是经过化简后的比特率与带宽之比。RFSNR 下降，误码率就提高。每种类型的调制都有自身的曲线，大致形状在第 5 章中有介绍，但是所有方法在 RFSNR 非常低的时候都有近 50% 的误码。图 2.41 是该曲线的一种变化形式，横轴为 J/S，向左递增。当 J/S 提高时，误码率亦随着增加，直到接近 50%。如图所示，若 J/S 是 0 dB，则大多数可以导致的误码都已经形成，因为该点位于曲线的拐点上。此后再大幅提高干扰功率，基本上也不会形成太多的误码了。

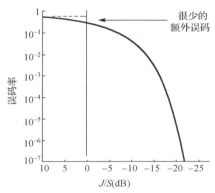

图 2.41　当干扰机的 J/S 为 0dB 时，基本上就可造成最多的误码

2.13.3　对链路干扰的防护

有几种方式可以对链路干扰进行防护，其中最重要的有以下三种技术。

1. 扩频调制

对信号施加的一种特殊调制，使其能量扩展到更大的带宽上。这些低截获概率（LPI）技术包括跳频、线性调频、直接序列扩频，将在第 7 章进行详细讨论。除了其他特征之外，这些技术降低了链路对干扰的易损性，也就是降低了目标接收机的 J/S。接收机中有专用电路用于解扩处理，对来自所需信号发射机的信号提供处理增益。每种类型的扩频调制都由伪随机码驱动，接收机也可获得该伪随机码。干扰信号如果不携带扩频调制，则无法获得处理增益。

第 7 章将讨论信号在发射机中扩频和在接收机中解扩的实际方式。图 2.42 用一个扩频解调器的框图概括了这个过程。这里要讲的是，可以认为解扩过程形成了处理增益，提高了希望收到信号的强度，但没有提高非扩频信号的强度。事实上，扩频解调的过程实际上是对所有没有进行适当扩频调制或由错误代码驱动的接收信号进行了扩频。

前面我们讲 0 dB 的 J/S 时，谈的是有效干信比，也就是考虑到干扰信号没有获得扩频解调器带来的处理增益情况下的干信比。这样，要获得同样的有效干信比，就必须将干扰信号的有效辐射功率提高一个与处理增益相同的量。

2．天线方向性

在前面 J/S 的公式中，有两种接收机天线增益。G_R 是在预期的信号发射机方向上的接收天线增益，G_{RJ} 是在干扰机方向上的接收天线增益。使用定向天线增加了网络中心系统的工作复杂度，因为系统各部分都需知道其他部分的位置并对其进行跟踪。不过，这种天线会明显降低干扰机的有效干信比。

在测算 J/S 的计算中，通常要假定目标接收机的天线是精确指向预期信号源的。因为干扰机处于其他位置，除非目标接收机使用的是全向天线（这很普遍），否则目标接收机天线将对于干扰机表现出旁瓣增益。从 J/S 公式可以看出，J/S 会被降低，其值就是预期信号方向（G_R）与干扰机方向上（G_{RJ}）接收天线增益之差。

图 2.43 显示了一种调零天线阵列。在这种阵列中，天线波束很宽，覆盖的角度范围很大，一般为 360°。处理器可以对阵列中的天线进行相移。相移可以设置，从而使到接收机端的输出对来自一个方向信号的所有天线增益相加，在选定的方向上形成窄波束。相移也可以进行调整，在一个或多个方向上形成零点。如果零点指向干扰机，有效干扰功率就被零点的深度降低，J/S 会减少该值。

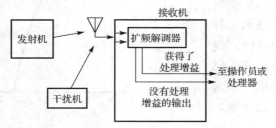

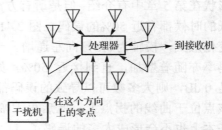

图 2.42　目标接收机输出的扩频信号具有处理增益；干　　图 2.43　天线阵列可在干扰机方向生成零点
　　　　　扰信号没有处理增益，以低很多的电平输出

3．纠错码

如在 2.10 节中所讨论的，发射的数字信号中可以增加检错纠错码（EDC）。接收机利用它来检测误码并纠错，最多可到误码率的上限，这是由该码的能力所确定的（基本上是附加位的百分比）。这意味着干扰机必须要能产生更多的误码，从而有足够高的纠错后误码率去阻止有效的通信。这样，就需要更高的 J/S。当使用检错纠错码时，通常要在发射前重新安排码组以降低间歇式干扰的效能。这需要进行高占空比干扰。

2.13.4　链路干扰的效应

扩频、天线方向性和/或纠错的目的是降低干扰的效果。要对数字信号实施有效干扰，我们希望 J/S 是 0 dB，但这是采用抗干扰技术后的有效干信比。这意味着需要向目标接收机发送更大的干扰功率。有两种基本办法可以提高接收的干扰功率：一是提高干扰有效辐射功率，二是将干扰机放置在距目标接收机更近的位置。图 2.44 示出了对敌方特定链路实施干扰时，这两种方式对 J/S 的影响。目标链路的发射机有效辐射功率为 100 W（+50 dBm），在 20 km 以外工作。图中的每条曲线代表不同的干扰机有效辐射功率。该图的使用方法为：从干扰机到目标距离开始，右移至干扰机 ERP 曲线，然后下移就得到所需的 J/S。比如，干扰机距目标 15 km，有效辐射功率为 40 dBm（10 W），那么得到的 J/S 就是−5 dB。从此图可以清楚地了解干扰机抵近目标接收机的防区内干扰的效果。

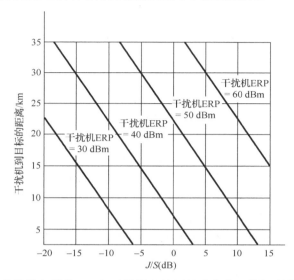

图 2.44　目标接收机输入端的 J/S 与干扰机有效辐射功率和干扰机到接收机的距离相关

第3章 传统雷达

本章主要讨论传统威胁系统，第4章将以此为基础讨论新型威胁系统。

3.1 威胁参数

冷战时期，涌现了大量用于攻击高空飞机（飞行高度在高炮有效攻击之上）的地空导弹，其中最成功的就是 SA-2 "导线（Guideline）" 导弹，它是一种利用 "扇歌（Fan Song）" 雷达为其指示目标的指令制导武器。这些地空导弹与截获和跟踪雷达、多个导弹发射架以及由 "炮盘" 雷达制导的 ZSU-23 防空高炮一起构成了综合防空网。

这些地空导弹在越南战争期间非常有效。在后来的几场局部战争中又涌现出了其他几种导弹系统。雷达制导空空导弹和反舰导弹也是在此时面世的。

本章采用这些导弹的北约名称（另有苏联名称）进行讨论，其中有些导弹至今仍在使用，但已经过了多方面的改进。

需要说明的是，本讨论的目的并不是要全面介绍威胁的情况。有关导弹系统的很多信息，包括各种导弹的射程以及每次升级获得的整体能力提升等都可以在互联网上找到，但有些参数（工作频段、有效辐射功率、调制参数）却很少公开披露。本章将对这些导弹进行概述，同时列举一些典型参数，为讨论用于对抗这些导弹的各种电子战技术提供支撑。

有些重要参数在公开文献（教科书、技术期刊、网络文章）中可以找到，有些则不行。第4章将讨论各种最新的威胁，公开文献中关于这些威胁的描述就更少了。就某个威胁参数而言，公开文献给出的值可能不尽相同，本书将从中选择合理的典型值，对其中未曾披露的参数，将根据获取的信息计算出典型值。

所有这些导弹以及其相关雷达的全部参数都可以在保密资料中找到。由于保密原因，本书无法使用这些信息，但可以借助典型参数讨论电子战技术，并且给出若干解决方案。这些计算结果只在有关威胁系统恰好拥有所选用的典型参数值时才是准确的。由于真实系统的参数不可能与选用的典型值完全吻合，所以得出的结果可能并不正确。因此，在利用所讨论的计算方法来对付现实环境中的真实威胁时，必须找出这些真实威胁系统的真实参数，将其代入本书所讨论的方程，从而得出正确的结果。

在对抗第4章描述的新型威胁系统时，公开文献给出的参数会更少，但采用同样的方法就能确定因威胁参数变化而需要的技术变化和电子战系统升级。

就每一类威胁而言，我们需要通过截获或计算得到的详细威胁参数包括：

- 杀伤距离；
- 工作频率；
- 有效辐射功率；
- 脉冲宽度；

- 脉冲重复频率；
- 天线旁瓣隔离；
- 目标的雷达截面积（RCS）。

3.1.1 典型的传统地空导弹

SA-2 是一种典型的威胁导弹，它在全球范围内广泛部署并且进行过多次升级。表 3.1 给出了传统地空导弹的典型参数值，这些参数均基于对公开文献的分析。由于很多参数并未在公开文献中披露，因此下面给出了选择表中每个数值的理由。

表 3.1 典型的传统地空导弹参数

参数	数值	参数	数值
杀伤距离	45 km	有效辐射功率	+120 dBm
最大高度	20 km	旁瓣电平	−21 dB
工作频率	3.5 GHz	脉冲宽度	1 μs
发射功率	88 dBm	脉冲重复频率	1400 pps
天线视轴增益	32 dB	目标 RCS	1 m^2
天线波束宽度	+2°×10°		

在公开文献中，SA-2 的杀伤距离通常约为 45 km，最大高度一般为 20 km。但已有交战击落记录表明 SA-2 的最大高度可能更高。

各种 SA-2 型号的工作频率分别为 E、F 和 G 频段。在指定工作频段的中段附近选择一个频率作为典型参数值，SA-2 的典型工作频率将采用 3.5 GHz（F 频段）。

公开文献给出的发射功率为 600 kW（E、F 频段型），可以按下式转换为 dB 形式：

$$发射功率（dBm）=10\lg[功率（mW）]=10\lg(600\,000\,000)=87.8\ dBm$$

为方便起见，取整数 88 dBm。

公开文献一般不会披露威胁雷达的天线视轴增益，但会给出波束宽度参数。就 SA-2 "扇歌"雷达而言，天线两个扇形扫描波束的波束宽度为 2°×10°。非对称天线波束的增益可由下式算出：

$$G=29000/(\theta_1\times\theta_2)$$

式中，G 为视轴增益，θ_1 和 θ_2 为两个正交方向上的 3 dB 波束宽度。

根据公开文献给出的 SA-2 的有关信息计算天线增益：

$$G=29,000/(2°×10°)=29\,000/20=1450$$

将此值转换为 dB，即为 $10×10\lg(1450)=31.6\ dB$。四舍五入，取整数 32 dB。

有效辐射功率很难在公开文献中找到，但有效辐射功率被定义为发射功率与天线增益的乘积。就雷达而言，采用天线视轴增益。因此，SA-2 "扇歌"雷达的有效辐射功率为

$$87.8\ dBm+31.6\ dB=119.4\ dBm$$

为了方便，采用四舍五入的整数值：

$$88\ dBm+32\ dB=120\ dBm$$

公开文献给出 SA-2 的脉冲宽度（PW）为 0.4～1.2 μs，取 1 μs 作为典型值；跟踪模式下的脉冲重复频率（PRF）为 1440 个脉冲/秒，取 1400 个脉冲/秒作为典型值。

天线旁瓣电平也很难在公开文献中找到，因此采用《信息时代的电子战》[1]中给出的天线旁瓣电平表的中值（常规天线的相对旁瓣电平为–13 dB 至–30 dB）。这里给出的旁瓣电平为旁瓣电平的平均值，故采用–21 dB（给定范围的中点附近）作为 SA-2 的天线平均旁瓣电平典型值。

对威胁雷达来说，目标的 RCS 变化很大，但在教程和讨论的举例中常常使用 1 m²。因此，本讨论用 1 m² 作为典型值。

3.1.2　典型的传统截获雷达

苏联 P-12 "匙架（Spoon Rest）"雷达就是一种典型的传统截获雷达。表 3.2 列出了公开文献披露的"匙架"雷达的各种参数。

表 3.2　典型的传统截获雷达参数

参数	数值	参数	数值
距离	275 km	有效辐射功率	+112 dBm
最大高度	20 km	旁瓣电平	–21 dB
工作频率	160 MHz	脉冲宽度	6 μs
发射功率	83 dBm	脉冲重复频率	360 pps
天线视轴增益	29 dB	目标的 RCS	1 m²
天线波束宽度	6°		

据公开文献报道，"匙架"D 型雷达的作用距离为 275 km，工作频率为 150～170 MHz，取 160 MHz 作为典型值。该雷达的发射功率为 160～260 kW，取 200 kW 作为典型值。设天线波束宽度为 6°，利用下式可计算出天线视轴增益为 29 dB。

$$G=29000/BW^2$$

式中，G 为天线视轴增益，BW 为天线的 3 dB 波束宽度。

200 kW 发射功率就是 83 dBm，由于雷达的有效辐射功率（ERP）一般为其发射功率与视轴增益的乘积，所以 ERP 为 112 dBm。

因公开文献很少给出旁瓣电平，故在此采用《信息时代的电子战》给出的天线旁瓣电平表中的值。脉冲宽度和脉冲重复频率均源自公开文献，假设目标的最小 RCS 为 1 m²。

3.1.3　典型的高炮

苏联 "西尔卡（Schilka）" ZSU 23-4 自行高炮（AAA）被认为是一种典型的传统高炮。表 3.3 列出了公开文献给出的该武器的参数。跟踪平台上的雷达是"炮盘"雷达，其天线直径为 1 m，工作在 J 波段。采用 15 GHz 作为 AAA 的典型频率，这是 J 波段中点的整数值。

表 3.3　典型的传统高炮参数

参数	数值	参数	数值
杀伤距离	25 km	天线波束宽度	1.5°
最大高度	1.5 km	有效辐射功率	111 dBm
工作频率	15 GHz	旁瓣电平	–21 dB
发射功率	70 dBm	目标的 RCS	1 m²
天线视轴增益	41 dB		

由于公开文献很少披露"炮盘"雷达的发射功率，因此采用德国炮瞄雷达"维尔茨堡"的典型功率 10 kW（70 dBm）作为近程 AAA 雷达的典型值。在 15 GHz 频率处、直径为 1 m 的抛物面天线的增益可用下式计算：

$$G=-42.2+20\lg(D)+20\lg(F)$$

式中，G 为天线视轴增益（dB），D 为抛物面直径（m），F 为工作频率（MHz）。

对 15 GHz 频率处直径为 1 m 的抛物面天线而言，该计算值为 41 dB，故有效辐射功率为 111 dBm。

天线波束宽度 θ 由下式计算：

$$20\lg\theta=86.8-20\lg D-20\lg F$$

式中，θ 为 3 dB 波束宽度（度），D 为天线直径（m），F 为工作频率（MHz）。

对 15 GHz 频率处直径为 1 m 的抛物面天线而言，$20\lg\theta$ 的值为 3.3。

那么，波束宽度为

$$\theta=\text{antilog}(20\lg\theta/20)=\text{antilog}(3.3/20)=1.5°$$

天线旁瓣和目标最小 RCS 设定为表 3.1 和表 3.2 中的值。调制参数也很少在公开文献中披露。

3.2 电子战技术

本章和第 4 章将讨论以下电子战活动及其相关计算：

- 探测、截获和辐射源定位；
- 自卫干扰；
- 远距离干扰；
- 箔条和诱饵；
- 反辐射导弹。

针对每一种情况给出相应的公式，并用 3.1 节描述的典型参数值举例说明。

需要计算的每一类威胁的具体指标包括：

- 截获距离；
- 干信比（J/S）；
- 烧穿距离；
- 诱饵模拟的 RCS。

3.3 雷达干扰

本节开始对雷达干扰进行综述，详细内容（包括公式推导）参见本章后的参考文献[2,3]。目的是为讨论第 4 章介绍的新型威胁雷达对电子战产生的影响提供支撑。更详细的雷达干扰教程参见参考文献[4]。

　　由于位置和所用技术不同，雷达干扰方法也有所不同。首先考虑位置，即自卫干扰和远距离干扰，讨论这两种干扰的 J/S 和烧穿距离公式（采用 dB 形式）。在此，假设干扰功率不超出雷达接收机的带宽，且雷达采用单一天线进行发射和接收。更复杂的情况以后再讨论。正如第 1 章所讲述的那样，本节每个 dB 形公式均包含一个数值常数（如–103）。这个数值合并了换算系数，以便以最合适的单位进行输入。较大的结果数值可以转换为 dB 形式。运用 dB 形公式非常重要的一点就是必须以特定的单位输入数值，才能得到正确的结果。

　　另一个要点就是所有这些 dB 形公式的输入值所用的单位都不同：频率的单位为 MHz、功率的单位为 dBm，等等。尽管多少有点麻烦，但因单位转换都隐藏在数值常数中，故这些单位可以合并。在 dB 形公式的推导中会涉及这些隐藏的单位转换。

3.3.1　干信比

　　首先讨论雷达接收机接收到的目标回波功率。如图 3.1 所示，雷达天线发射的功率聚焦在目标上。有效辐射功率等于发射功率乘以主波束视轴增益。因为典型雷达采用定向天线来发射和接收信号，所以传播模式为视距模式（参见第 6 章）。利用下式可以求出雷达接收机中的回波功率 S：

$$S = -103 + \text{ERP}_\text{R} - 40\log R - 20\log F + 10\log\sigma + G$$

式中，ERP_R 为雷达在目标方向的有效辐射功率（dBm），R 为雷达至目标的距离（km），F 为雷达的发射频率（MHz），σ 为目标的 RCS（m^2），G 为雷达天线的主波束视轴增益（dB）。

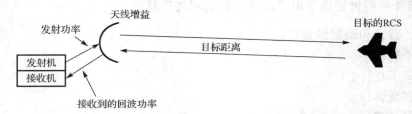

图 3.1　雷达回波功率可由雷达发射功率、天线增益、目标距离和目标的 RCS 计算得出

　　雷达接收到的干扰机功率 J 由下式计算：

$$J = -32 + \text{ERP}_\text{J} - 20\log R_\text{J} - 20\log F + G_\text{RJ}$$

式中，ERP_J 为干扰机在雷达方向的有效辐射功率（dBm），R_J 为干扰机至雷达的距离（km），F 为干扰机的发射频率（MHz），G_RJ 为雷达天线在干扰机方向的增益（dB）。

3.3.2　自卫干扰

　　如图 3.2 所示，自卫干扰机位于雷达要探测或跟踪的目标上。这意味着干扰机到雷达的距离为 R，同时雷达天线在干扰机方向的增益与在目标方向的增益（用 G 表示）相同。将表达式 J 和表达式 S 相减，可以得出自卫干扰机的 J/S 公式如下：

$$J/S = 71 + \text{ERP}_\text{J} - \text{ERP}_\text{R} + 20\log R - 10\log\sigma$$

式中，71 为常数，ERP_J 为干扰机的有效辐射功率（dBm），ERP_R 为雷达的有效辐射功率（dBm），R 为雷达至目标的距离（km），σ 为目标的 RCS（m^2）。

图 3.2 自卫干扰利用目标自身搭载的干扰机来保护目标

利用表 3.1 给出的参数来讨论图 3.3 所示的特定自卫干扰情况。威胁雷达正在跟踪位于 10 km 处、RCS 为 1m^2 的一个飞机目标。位于目标飞机上的干扰机的有效辐射功率为 100 W（+50 dBm）；雷达有效辐射功率为 +120 dBm；雷达天线视轴增益为 32 dB；天线视轴正好对准目标。

图 3.3 自卫干扰问题

将这些值代入上述 J/S 公式，得出

$$J/S \text{ (dB)} = 71 + 50 \text{ dBm} - 120 \text{ dBm} + 20\log(10) - 10\log(1)$$
$$= 71 + 50 - 120 + 20 - 0 = 21 \text{ dB}$$

3.3.3 远距离干扰

在远距离干扰中，干扰机不安装在目标上。典型的远距离干扰是图 3.4 所示的防区外干扰。安装在专用干扰飞机上的干扰机位于跟踪雷达引导的武器的杀伤距离之外，为处于武器杀伤距离之内的目标飞机提供保护。注意，防区外干扰机通常要保护多个目标不被多部雷达截获。这就意味着干扰机不能处于所有雷达的主瓣中，因此假设干扰机的发射信号将进入所有敌对雷达的旁瓣中。

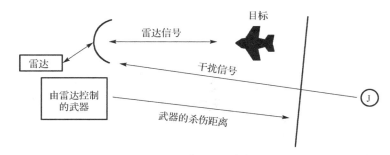

图 3.4 远距离干扰利用在武器杀伤距离之外的干扰机来保护在雷达控制武器杀伤距离之内的目标

所有类型的远距离干扰机都将依据下式生成 J/S：

$$J/S = 71 + \text{ERP}_\text{J} - \text{ERP}_\text{R} + 40\log R_\text{T} - 20\log R_\text{J} + G_\text{S} - G_\text{M} - 10\log\sigma$$

式中，71 为常数，ERP_J 为干扰机的有效辐射功率（dBm），ERP_R 为雷达的有效辐射功率

（dBm），R_T 为雷达至目标的距离（km），R_J 为干扰机至雷达的距离（km），G_S 为雷达旁瓣增益（dB），G_M 为雷达主波束视轴增益（dB），σ 为目标的 RCS（m^2）。

　　设想一部雷达试图跟踪 5 km 远的一架目标飞机，雷达天线视轴对准目标方向，如图 3.5 所示。在防区外干扰飞机上的干扰机位于雷达天线的旁瓣中，正好处于雷达控制的武器系统的最大杀伤距离之外。

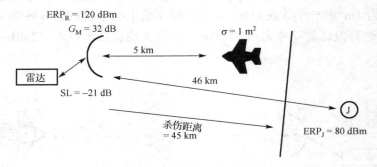

图 3.5　防区外干扰问题

　　该干扰机的 ERP 远大于自卫干扰机的 ERP。如果其发射功率为 1 kW、天线增益为 20 dB，则其 ERP 为 80 dBm。雷达天线视轴增益为 32 dB，其旁瓣隔离为 21 dB（这两个值均来自表 3.1）。因此，旁瓣增益为 11 dB。防区外干扰机的作用距离为 46 km（正好大于表 3.1 中的杀伤距离 45 km），目标飞机的 RCS 为 1 m^2。

　　将这些值代入以上给出的远距离干扰公式，得到

$$J/S = 71 + 80 \text{ dBm} - 120 \text{ dBm} + 40\log 5 - 20\log 46 + 11 \text{ dB} - 32 \text{ dB} - 10\log 1$$
$$= 71 + 80 - 120 + 28 - 33.3 + 11 - 32 - 0 = 4.7 \text{ dB}$$

　　图 3.6 示出了远距离干扰的另一种情况，即防区内干扰，此时干扰机离雷达的距离比受保护目标离雷达的距离更近。同样假设干扰机的发射信号将进入敌雷达的旁瓣中。

　　考虑图 3.7 所示的情况，RCS 为 1 m^2 的一架飞机至雷达（在其天线视轴上）的距离为 10 km。一部小型干扰机至雷达（在增益比视轴增益低 21 dB 的旁瓣中）的距离为 500m。干扰机的 ERP 为 1 W（30 dBm）。

图 3.6　防区内干扰利用距雷达更近的干扰机来保护目标　　　　图 3.7　防区内干扰问题

　　将这些值代入上述远距离干扰公式，得到

$$J/S = 71 + 30 \text{ dBm} - 120 \text{ dBm} + 40\log 10 - 20\log 0.5 + 11 \text{ dB} - 32 \text{ dB} - 10\log 1$$
$$= 71 + 30 - 120 + 40 - (-6) + 11 - 32 - 0 = 6 \text{ dB}$$

3.3.4　烧穿距离

　　在上述公式中，J/S 与雷达至目标的距离成正比。因此，随着目标逼近雷达，J/S 会下降。当 J/S 足够小时，被干扰的雷达能重新截获目标。通常，确定可能发生重新截获时的 J/S 值，并将该 J/S 值出现时的目标距离定义为烧穿距离。图 3.8 说明了自卫干扰的烧穿距离。

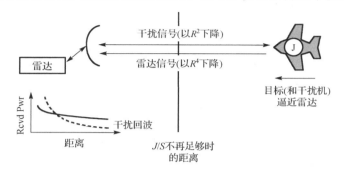

图 3.8　在目标距雷达足够近时自卫烧穿出现以致雷达能重新截获目标

　　注意，雷达回波功率以距离的四次方下降，而接收的干扰功率仅以距离的平方下降。自卫烧穿距离可由自卫 J/S 公式导出：

$$20 \log R_{\mathrm{BT}} = -71 + \mathrm{ERP_R} - \mathrm{ERP_J} + 10 \log \sigma + J/S\ \mathrm{Rqd}$$

式中，R_{BT} 为烧穿距离（km）；$\mathrm{ERP_J}$ 为干扰机的有效辐射功率（dBm）；$\mathrm{ERP_R}$ 为雷达的有效辐射功率（dBm）；σ 为目标的 RCS；J/S Rqd 为雷达能重新截获目标时的 J/S 值。

　　烧穿距离（km）可从 $20\log R_{\mathrm{BT}}$ 导出：

$$R_{\mathrm{BT}} = \mathrm{antilog}[(20\log R_{\mathrm{BT}})/20]$$

　　考虑图 3.3 所示的自卫干扰情况，图中目标飞机正在飞向雷达。在图 3.9 中，目标已经抵达 J/S 下降到雷达能够重新截获目标（在有干扰的情况下）时的距离。注意，烧穿 J/S 取决于所用干扰的类型，J/S 取 0 dB 通常是合适的，此例设烧穿 J/S 值为 2dB。

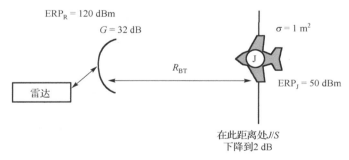

图 3.9　自卫烧穿问题

　　干扰机的 ERP 为 50 dBm，雷达的 ERP 为 120dBm，σ 为 1 m^2，所需的 J/S 为 2 dB。将这些数值代入上述自卫烧穿公式，则

$$20 \log R_{\mathrm{BT}} = -71 + 120\ \mathrm{dBm} - 50\ \mathrm{dBm} + 10\log 1 + 2\ \mathrm{dB}$$
$$= -71 + 120 - 50 + 0 + 2 = 1$$

求出 R_{BT}:

$$R_{BT} = \text{antilog}(1/20) = 0.056 \text{ km} = 56 \text{ m}$$

图 3.10 说明了任一种远距离干扰的烧穿。通常假设在目标逼近雷达的时候，防区外干扰机或防区内干扰机并不移动。因此，接收的干扰功率保持不变，而接收的回波功率以距离的四次方增长。所以，烧穿距离是指雷达至目标的距离。

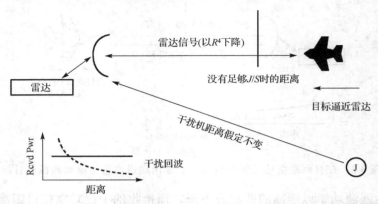

图 3.10　在目标距雷达足够近时，远距离干扰烧穿出现以致雷达能重新截获目标

任一种远距离干扰烧穿公式都可由远距离干扰 J/S 公式导出:

$$40 \log R_{BT} = -71 + \text{ERP}_R - \text{ERP}_J + 20 \log R_J + G_M - G_S + 10 \log \sigma + J/S \text{ Rqd}$$

烧穿距离（km）则为

$$R_{BT} = \text{antilog}[(40 \log R_{BT})/40]$$

考虑图 3.5 中的防区外护卫干扰情况，目标飞机飞向雷达，防区外干扰飞机在雷达旁瓣内一固定位置飞行一小段。在图 3.11 中，目标已经抵达 J/S 下降到雷达（在有干扰的情况下）能够重新截获目标时的距离。以自卫干扰为例，设烧穿 J/S 值为 2 dB。

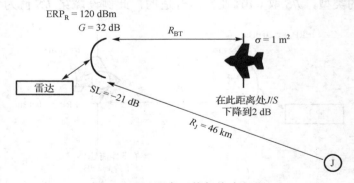

图 3.11　远距离干扰机烧穿问题

干扰机 ERP 为 80 dBm，雷达 ERP 为 120 dBm，σ 为 1 m²，所需的 J/S 为 2 dB。将这些数值代入上述自卫烧穿方程，则

$$40 \log R_{BT} = -71 + 120 \text{ dBm} - 80 \text{ dBm} + 20 \log 46 + 32 \text{ dB} - 11 \text{ dB} + 10 \log 1 + 2 \text{ dB}$$
$$= -71 + 120 - 80 + 33.3 + 32 - 11 + 0 + 2 = 25.3$$

求出 R_{BT}：

$$R_{\text{BT}} = \text{antilog}[(25.3)/40] = 4.2 \text{ km}$$

3.4　雷达干扰技术

雷达干扰技术可以分为压制干扰和欺骗干扰。这两种干扰技术的干扰效果均用 J/S 来描述。

3.4.1　压制干扰

压制干扰旨在充分降低雷达接收机中的信号质量，以使雷达无法截获或跟踪目标。它既可用于自卫干扰也可用于远距离干扰。压制干扰通常采用噪声波形（有时也采用其他波形）来挫败雷达的电子防护（EP）特性。这些 EP 技术将在第 4 章进行讨论。

第 3.3 节描述的 J/S 和烧穿方程均假设干扰机的全部功率都处于雷达接收机的带宽之内。如果干扰机采用的噪声其频带大于雷达接收机的有效带宽，则只有在雷达接收机带宽内的频段是有效的。干扰效率为有效的干扰 ERP 与总的干扰 ERP 之比，等同于雷达接收机带宽与干扰带宽之比。例如，若雷达接收机带宽为 1 MHz，干扰信号带宽为 20 MHz，则干扰效率为 5%。

3.4.2　阻塞干扰

阻塞干扰由宽带干扰机在预计包含一部或多部威胁雷达的整个频段上发射噪声信号来实施。该技术常用于早期的干扰机中，目前在很多干扰情况下仍然是一个有效的方法。阻塞干扰的最大优势是它不需要雷达工作频率等实时信息。因此，间断观测（即中断干扰来搜索威胁雷达信号）是不必要的，但是阻塞干扰的干扰效率一般较低。由于有效 J/S 大幅下降，所以大部分干扰功率被浪费，烧穿距离也相应增大。

3.4.3　瞄准式干扰

当干扰信号的带宽下降到目标雷达带宽附近且干扰机调谐到雷达的发射频率时，则称为瞄准式干扰。如图 3.12 所示，瞄准式干扰几乎不浪费干扰功率，因此大幅提高了干扰效率。瞄准式干扰的频带足以覆盖不确定的目标信号和设定频率。效率仍为雷达带宽与干扰带宽之比，但效果更令人满意。参考文献[1]将瞄准式干扰定义为在比雷达带宽小 5 倍的带宽上的干扰。

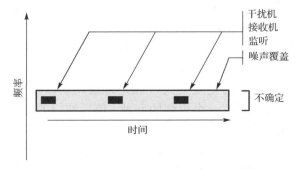

图 3.12　瞄准式干扰将噪声聚集在雷达的工作频率附近

3.4.4　扫频瞄准式干扰

若窄带干扰机扫过预计包含有威胁信号的所有频率范围,则被称为扫频瞄准式干扰机,如图 3.13 所示。与阻塞干扰机一样,扫频瞄准式干扰机不需要间断观测,并且将干扰在扫频范围内的任何信号。当干扰机处于目标雷达的带宽内时,所产生的干扰效率与设定的瞄准式干扰机相同。但是,存在一个干扰占空比(即瞄准带宽与扫频范围之比)。在有些情况下,这仍能提供足够的对某些雷达的干扰性能。瞄准带宽和扫频范围必须根据情况进行优化。

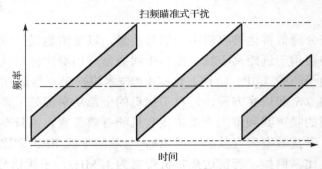

图 3.13　扫频瞄准式干扰将窄干扰频带移过雷达可能工作的整个频段

3.4.5　欺骗干扰

欺骗干扰机旨在使雷达误以为其正在接收一个真实目标的回波,导致雷达从所接收信号中获取的信息是错误的,从而丢失对目标的距离跟踪和角度跟踪。由于欺骗干扰信号与目标信号的到达时差必须小于微秒量级,所以欺骗干扰一般仅限于自卫应用。远距离干扰机也可采用某些欺骗干扰技术,但基本上不可行。因此,此处讨论自卫干扰的欺骗技术。首先讨论在距离上欺骗雷达的技术,然后讨论在频率和角度上欺骗雷达的技术。

3.4.6　距离欺骗技术

下面讨论三种距离欺骗技术:距离波门拖离(RGPO)、距离波门拖近(RGPI)和覆盖脉冲。

1.　距离波门拖离

RGPO 干扰机接收每个雷达脉冲并将其放大后以更强的功率发回至雷达。但是,在第一个脉冲后,后续脉冲将依次延迟一个量。脉冲间的延迟变化率呈指数形或对数形。因为雷达是根据其脉冲的往返传播时间来确定目标距离的,所以目标看起来似乎正在离开雷达。

图 3.14 给出了雷达处理器的前波门和后波门,在雷达跟踪目标阶段,这两个波门的宽度约等于脉冲宽度(搜索期间波门宽度更大)。雷达通过均衡这两个时间增量中的回波脉冲能量来跟踪距离。干扰机通过延迟一个更强的回波,使后波门的能量远大于前波门的能量,导致雷达丢失对目标的距离跟踪。

雷达分辨单元是雷达无法分辨多个目标的空域。该分辨单元的中心对应于前后波门的交点。因此,雷达假设目标位于分辨单元的中心。如图 3.15 所示(二维),RGPO 干扰机迫使雷达将其距离分辨单元移开。一旦真实目标位于分辨单元之外,雷达就丢失了距离跟踪。

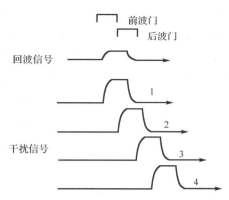

图 3.14　距离波门拖离旨在将回波脉冲顺序延迟，使其充满雷达的后波门

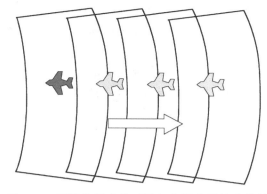

图 3.15　回波信号充满后波门将导致雷达分辨单元移开，从而使雷达以为目标已经远离

当 RGPO 达到其最大延迟时，就会迅速跳回到零延迟，并且多次重复这一过程。因此，雷达必须在距离上重新截获目标，这需要花费几毫秒时间，在这段时间内距离跟踪将再次被拖开。

2. 距离波门拖近

RGPI 用于对抗仅用脉冲前沿中的能量实现距离跟踪的雷达。此时，雷达均衡前后波门的前沿能量。由于生成欺骗干扰脉冲的过程需要花费一些时间，所以 RGPO 干扰机无法截获跟踪波门的前沿能量，故而欺骗不了雷达。RGPI 干扰机跟踪雷达脉冲重复时间，并且产生一个更强的回波脉冲（领先于下一个脉冲一指数型或对数型增量），如图 3.16 所示。这些干扰充满前波门并使雷达认为目标正在逼近。

注意，雷达采用恒定的脉冲重复频率（PRF）或低度参差的 PRF 时，RGPI 干扰机的效果很好。然而，随机的 PRF 无法被跟踪，因此 RGPI 对抗不了这类信号。

3. 覆盖脉冲

尽管从技术上讲覆盖脉冲不是欺骗干扰，但它与脉冲到达目标的时间密切相关，因此我们在此进行讨论。如果干扰机采用一个脉冲序列跟踪

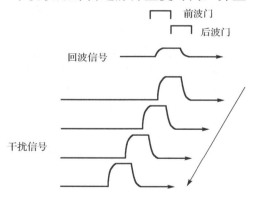

图 3.16　距离波门拖近旨在顺序增加预计的回波脉冲，使其充满雷达的前波门

器，那么它就能输出一个对准雷达回波脉冲的长脉冲。这就会抑制雷达的距离信息，从而阻止距离跟踪。

3.4.7　角度欺骗干扰

当雷达的距离跟踪被中断时，需要几毫秒时间才能重建跟踪，之后距离跟踪必定会再次被中断。但是，如果角度跟踪被中断，雷达通常必须返回到搜索模式，以便在角度上定位目标，这需要耗费数秒时间。老式雷达必须移动天线波束以在角度上跟踪目标。考虑圆锥扫描雷达的接收信号功率与时间的关系（参见图 3.17 的第一行）。天线移动描绘出一个

圆锥轨迹。当天线指向靠近目标时，接收的信号增强；当天线指向远离目标时，接收的信号就变弱。雷达将其天线扫描方向图的中心移动到最大回波功率方向，使目标位于扫描中心。雷达接收机和位于目标的雷达告警接收机都将看到同一个功率与时间关系图。如果位于目标的干扰机在信号强度最弱的时段发射一串与雷达脉冲同步的强脉冲（参见图 3.17 的第二行），那么雷达将会看到如图 3.17 第三行所示的功率与时间关系图。由于雷达是根据该信息生成引导信号的，所以处理单元将会看到图中虚线所示的伺服响应带宽内的功率数据。因此，雷达将会引导其扫描轴远离目标，从而中断角度跟踪。这被称为逆增益干扰。

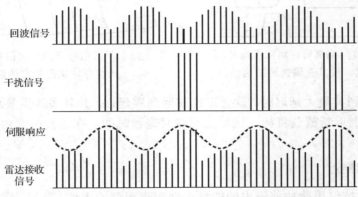

图 3.17　逆增益干扰致使雷达将其角度制导调整到错误的方向

如果雷达的照射器不扫描，而是扫描其接收天线，那么目标上的干扰机就无法获悉当前处于正弦变化的功率与时间关系的哪个阶段。因此，干扰机就无法在雷达接收的回波功率最小时发射干扰脉冲。但是，如果干扰脉冲串比雷达天线的已知扫描速率稍快或稍慢，那么干扰仍能中断雷达的角度跟踪。此时干扰依然是有效的，但效果要差一些。

图 3.18 示出了对边扫描边跟踪（TWS）雷达的角度干扰。图中第一行，TWS 雷达的回波信号是扫过目标的一串脉冲。雷达将利用角度波门来确定目标的角度位置，它移动角度波门以使左右波门中的功率相等（在这种情况下）。这两个波门之间的交点代表目标的角度。如果目标上的干扰机产生一串同步的脉冲序列（见图 3.18 第二行），那么雷达将看到混合功率与时间的关系（见图 3.18 第三行）。这将充满角度波门的一边，从而导致雷达远离目标方向。

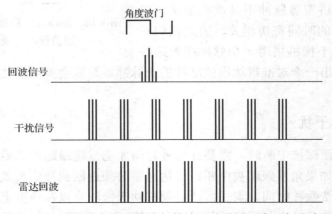

图 3.18　逆增益干扰致使边扫描边跟踪雷达远离目标方向

1. AGC 干扰

由于雷达必须在很大的动态范围内工作，因此必定要采用自动增益控制（AGC）。AGC 是通过测量电路中某一点的接收功率电平并调节电路前端的增益或损耗，使测量点的信号强度相等来实现的。为了有效，AGC 电路必须具备快速启动/慢速衰减特性。图 3.19 第一行示出了正弦变化的功率-时间曲线，与圆锥扫描雷达回波一样。如果在回波信号上施加一个很强的窄带干扰信号，那么高电平脉冲将截获 AGC，导致来自圆锥扫描天线的正弦信号大幅下降，如图 3.19 第二行所示。实际上，正弦信号下降的幅度比图示的要大得多，使雷达不能在角度上跟踪目标。

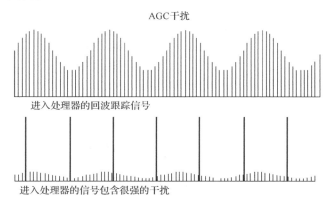

图 3.19　AGC 干扰以与目标信号调制率相近的速率生成很强的窄脉冲来截获雷达的 AGC

2. 其他角度干扰

还有几个其他角度干扰的例子，比如：用于对抗波束控制雷达的逆增益干扰。前面介绍了角度干扰的工作方式，可为后续的讨论提供支持。重点是，前面示例中的雷达都必须移动其天线并接收多个回波脉冲，以支持角度跟踪。还有一个重要的雷达类型，即单脉冲雷达，它能从接收到的每一个回波脉冲中获取完整的角度信息。3.4.9 节将介绍这些雷达类型以及对其实施有效对抗的干扰技术。

3.4.8　频率波门拖离

在频率上欺骗雷达常常是很重要的。接收到的回波信号频率是由发射频率和雷达与目标之间的距离变化率来确定的。图 3.20 第一行示出了多普勒雷达的回波信号强度与频率的关系。注意，雷达的内部噪声出现在回波信号的较低频段。还有多个地面反射回波。若是机载雷达，强度最大、频率最高的反射回波来自飞机航线正下方的地面，较小的回波则来自周围地形特征的反射。由于地形特征与飞机飞行航线之间有一个偏斜角，所以这些回波的多普勒频率较低。最终，目标回波信号所在的频率和雷达与目标之间的接近速度有关。雷达将速度波门设置在目标回波频率附近，以实现对目标的跟踪。如果干扰机将信号放置在速度波门内，然后再使干扰信号扫描并远离目标回波信号的频率，则导致雷达丢失对目标的速度跟踪。该技术被称为速度波门拖离。

注意，有些雷达能消除距离波门拖离干扰，采用的方法是将距离变化率（由距离波门拖离引起的）与回波信号的多普勒频移进行关联。在这种情况下，可能必须同时实施距离波门拖离和速度波门拖离干扰。

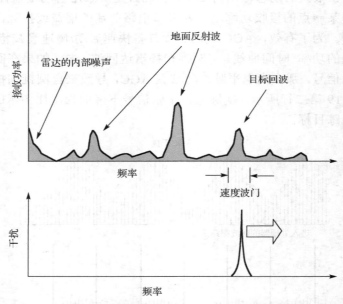

图 3.20　频率波门拖离将干扰信号放置在雷达速度波门内，截获该波门并使其远离目标回波

3.4.9　干扰单脉冲雷达

在 3.4.7 节，我们讨论了对那些必须根据多个脉冲回波来确定目标角度位置的雷达的角度欺骗。现在我们讨论从每一个回波脉冲中获取角度信息的单脉冲雷达。该雷达是通过比较多个传感器接收的信号来确定目标角度的。图 3.21 只示出了两个传感器，但实际上单脉冲雷达采用 3～4 个传感器来实现二维角度跟踪。传感器的输出在和、差通道中进行合并。和通道确立回波信号的电平，差通道提供角度跟踪信息。注意，差响应在和响应的 3dB 带宽内通常是线性的。差响应减去和响应即为制导输入。

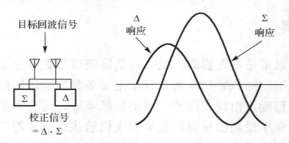

图 3.21　单脉冲雷达利用多个传感器从每个脉冲中提取角度信息

到目前为止，我们讨论的这些干扰技术是通过增强雷达接收到的目标信号强度，来实际提高单脉冲雷达的角度跟踪效能的。当然，对抗单脉冲雷达的方法有很多，其中包括：

● 编队干扰；
● 距离抑制编队干扰；

- 闪烁；
- 地形弹射；
- 交叉极化；
- 交叉眼。

3.4.10 编队干扰

如果两架飞机在雷达的分辨单元内编队飞行，如图 3.22 所示，那么雷达将无法分辨它们，结果会认为这是位于两个真实目标之间的单一目标。这种方法的挑战是，要保持两架飞机飞行在分辨单元以内是非常困难的。

分辨单元的宽度（横向尺寸）为：

$$W=2R\sin(BW/2)$$

式中，W 为分辨单元宽度（m），R 为雷达至目标的距离（m），BW 为雷达天线的 3dB 波束宽度。

分辨单元的高度（高程）为：

$$D=c(PW/2)$$

式中，D 为分辨单元的高度（m），PW 为雷达脉冲宽度（s），c 为光速（3×10^8 m/s）。

例如，如果目标至雷达的距离为 20 km，雷达脉冲宽度为 1μs，雷达天线波束宽度为 2°，则分辨单元的宽度为 698 m、高度为 150 m。图 3.23 比较了在不同的雷达至目标距离情况下雷达分辨单元的大小。

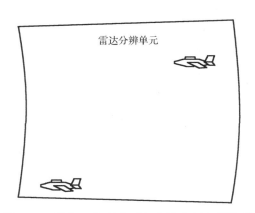

图 3.22 编队干扰要求两架飞机飞行在雷达的分辨单元内，雷达将会看到只有一个目标位于两个真实目标中间

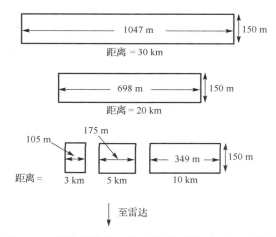

图 3.23 雷达分辨单元的形状随雷达至目标距离的不同而大幅变化（图中 PW=1μs，BW=2°）

3.4.11 距离抑制编队干扰

自卫干扰信号是从雷达的目标上发射的，因而强化了单脉冲雷达的角度跟踪，但可能会抑制雷达的距离信息。如果两架飞机以大致相同的功率实施干扰，如图 3.24 所示，雷达就无法在距离上分辨两个目标，因此飞机必须将其编队位置保持在分辨单元的宽度以内，

阻止雷达分辨这两个目标。距离较远时，分辨单元的宽度远大于其高度，保持编队位置则相对容易些。

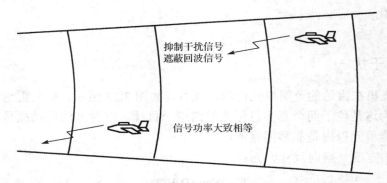

图 3.24   如果每架飞机以相等的功率实施干扰以抑制雷达的距离信息，
那么两架飞机就必须保持编队在雷达分辨单元的宽度内

3.4.12   闪烁

如果位于雷达分辨单元中的两架飞机以适中的速率（0.5～10 Hz）交替干扰，如图 3.25 所示，那么攻击导弹将被交替引导到一个或另一个目标。随着导弹逼近两架飞机，它将被迫以越来越大的偏离角重新瞄准目标。因导弹的角度制导受到环路带宽的限制，故它无法跟上目标的变化，将会飞偏到一边。

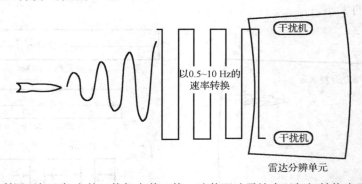

图 3.25   闪烁干扰利用两架飞机上的干扰机交替干扰，迫使跟踪雷达在目标间转换直到导弹制导过载为止

3.4.13   地形弹射

如果飞机或导弹以很大的增益转发从指向其正在飞过的水面或地面天线接收到的雷达信号，如图 3.26 所示，那么单脉冲跟踪器将被迫跟踪被保护平台之下的位置，从而使武器错失目标。

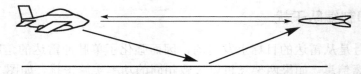

图 3.26   地形弹射干扰反射来自地面或水面的强回波信号，导致雷达跟踪目标下面的位置

3.4.14 交叉极化干扰

如果雷达抛物面天线反射器的前向几何尺寸很大，其康登波瓣（与主天线馈源呈交叉极化）则较小。总的来说，天线的曲率越大，康登波瓣就越大。如图 3.27 所示，如果雷达受到与主雷达信号呈交叉极化的强干扰信号的照射，则康登波瓣可能超过主波瓣。

图 3.28 示出了交叉极化干扰机的工作原理。它接收两个天线中的正交极化雷达信号，其中一个是垂直极化，另一个是水平极化。垂直极化天线接收的信号用水平极化天线转发，水平极化天线接收的信号用垂直极化天线转发，以致干扰机生成一个与接收信号呈交叉极化的干扰信号。这样产生的干扰信号被放大了很多倍，生成了 $20 \sim 40$ dB 的 J/S。

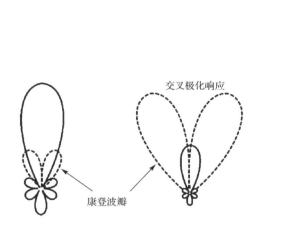

图 3.27 有些雷达天线的交叉极化波瓣指向远离共极化视轴方向

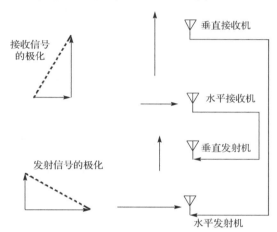

图 3.28 交叉极化干扰产生一个很强的交叉极化回波信号，致使雷达跟踪位于其一个康登波瓣中的目标

当强交叉极化信号抵达雷达时，它将捕获一个康登波瓣。然后，雷达将移动其天线以使捕获到的康登波瓣指向目标，从而导致雷达丢失对目标的跟踪。

通常，这种干扰对采用平板相控阵天线的雷达是无效的，因为没有产生康登波瓣的前向几何结构。如果雷达天线采用极化滤波器，则将不受交叉极化干扰的影响。

3.4.15 交叉眼干扰

图 3.29 示出了交叉眼干扰机的结构。A 点的天线接收的信号放大了 $20 \sim 40$ dB，并经 B 点的天线转发。同样，B 点的天线接收的信号被放大并经 A 点的天线转发，但有 $180°$ 的相移。干扰机若要有效，这两个信号的路径长度必须严格相等。因为 A 点和 B 点间的间隔必须足够大干扰才会有效，所以电缆就很长。要在不同的温度和频率下使这两组电缆保持足够平衡是极其困难的。为使干扰有效，两条电缆路径必须保持 $180° \pm 1°$（或 $180° \pm 2°$）的相位关系，即对应的路径长度差为十分之一毫米量级以下。

利用图 3.30 所示的系统可以解决这一问题。纳秒开关允许两个位置分别用一个天线和一根电缆，而盒子很小容易保证相位匹配。在接收每个雷达脉冲期间，纳秒开关在移相和非移相支路之间多次转换信号路径。由于雷达接收机必须最优地接收雷达脉冲，所以它将均衡图中所示的方波。这样，来自两个干扰天线的信号将被雷达认为是相位相差 180° 的两个同时脉冲。

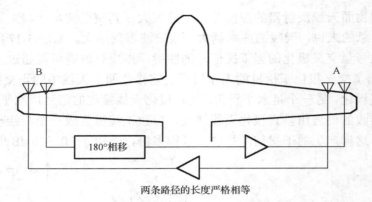

图 3.29　交叉眼干扰从 B 点发射在 A 点接收到的雷达信号，同时从 A 点发射在 B 点接收到的移相了 180° 的雷达信号

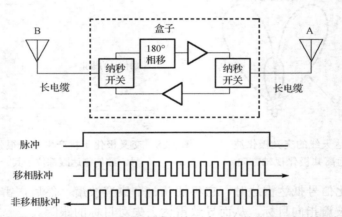

图 3.30　纳秒开关允许每个天线用一根电缆分时传输两个方向的信号，解决了电缆长度匹配问题

从雷达到天线 A、天线 B 后返回的路径长度与从雷达到天线 B、天线 A 后返回的路径长度严格相等。这并不需要 A-B 基线垂直于干扰机至雷达的路径。因此，雷达将接收到相位相差 180° 的两个信号。如图 3.31 所示，这会在雷达传感器中生成一个零点。其结果是和响应将小于差响应，从而改变和-差方程的符号，导致雷达将其跟踪角修正到远离目标而不是朝向目标的方向。

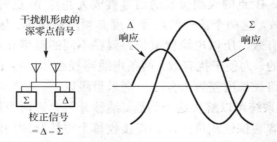

图 3.31　交叉眼干扰机形成的零点使和响应小于差响应，从而改变单脉冲跟踪响应的方向

运用交叉眼干扰时，如果制导系统的摄像机与单脉冲雷达共视轴，就会看到目标正以极高的速度移出画面，这是单脉冲雷达被迫迅速离开其预定目标所造成的结果。

公开文献通常将交叉眼干扰机的效果描述为回波信号的波前失真，如图 3.32 所示。

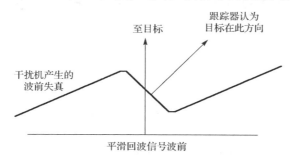

图 3.32　由于移相和非移相信号同时到达单脉冲跟踪传感器，因此生成一个零点迫使跟踪器远离目标

参考文献

[1]　Schleher, D. C., Electronic Warfare in the Information Age, Norwood, MA: Artech House, 1999.

[2]　Adamy, D., EW 101: A First Course in Electronic Warfare, Norwood, MA: Artech House, 2001.

[3]　Adamy, D., EW 102: A Second Course in Electronic Warfare, Norwood, MA: Artech House, 2004.

[4]　Adamy, D., "EW 101," Journal of Electronic Defense, May 1996-April 1997.

第 4 章　下一代威胁雷达

4.1　威胁雷达升级

过去十年，新威胁不断发展，其中包括功能更强的武器和雷达。这些新威胁旨在压制能成功对抗传统武器的各种干扰措施。与第 3 章一样，本章并不是要对威胁情况进行全面介绍。保密资料有这些信息，但本书是非保密的，故在此不能使用这些信息。本章将概述新威胁的技术改进，包括威胁的每一种变化以及其对电子战的影响。讨论的电子战问题主要包括：

- 哪些电子战系统和战术不再有效？
- 需要什么电子战新战术？
- 需要什么电子战系统新能力？

本章不涉及保密问题，只讨论一般变化。如果威胁参数变化，对电子战系统会产生什么影响？本章将用图表说明威胁参数的各种变化所产生的影响。因此，在处理特定的现实问题时，可以在保密资料中查找新一代威胁的参数，并且确定对抗新威胁所需的新型电子战系统指标及战术。

这些新型武器和雷达的重要特征都可以从公开资料上获得，而且这些特征意味着我们以往采用的电子战手段不再有效。

显而易见，电子战必须面对威胁的重大变化，无法再用过去几十年惯用的方式来实施电子战行动了。从公开文献可以了解：

- 导弹的作用距离大幅提高，极大地降低了防区外干扰的效果；
- 威胁雷达拥有强大的电子防护（EP）能力，必须采用新的电子战系统和战术对其实施对抗；
- 新型武器提高了隐蔽、射击和躲避能力，降低了电子战系统的反应时间；
- 新型威胁雷达的有效辐射功率（ERP）提高，增大了电子战系统的干信比（J/S）和烧穿距离；
- 雷达处理产生了很大变化，增大了电子战处理任务的复杂性；
- 很多新威胁采用有源电控阵列，增加了电子战处理的复杂性，提高了所需的干扰功率。

另一个新发展就是传感器和热寻的导弹制导取得了重大进步。因此，曳光弹和红外干扰机必须进行重大改变。注意：红外频谱的电子战系统与战术将在第 9 章进行讨论。

射频频谱的电子战战术将在以下几个方面发生改变：

- 防区外干扰面临重大挑战；

- 自卫干扰受到干扰寻的武器的影响；
- 诱饵和其他平台外设施的作用越来越大；
- 电子支援受到低截获概率雷达的影响。

本章讨论电子防护、武器与雷达系统升级、新型导弹能力以及新型威胁雷达参数，同时讨论每个威胁改型的特征，并用图表说明一系列参数值是如何影响各种电子战活动的。

本章将依次讨论：

- 电子防护；
- 地空导弹（SAM）改型；
- 截获雷达改型；
- 高炮（AAA）改型；
- 所需的新型电子战技术。

4.2　雷达电子防护技术

电子防护是电子战的子领域，它不同于电子战支援或电子攻击。因为电子防护一般不涉及特定的电子战硬件，只涉及一系列旨在降低敌干扰效果的传感器系统特征。因此，可以说电子防护不保护平台只保护传感器。第 6 章讨论保护通信系统的电子防护技术，本章只讨论雷达电子防护技术。

表 4.1 列出了基本的雷达电子防护技术以及其所针对的电子攻击技术。

表 4.1　电子防护技术

技术	对抗	技术	对抗
超低旁瓣	探测和旁瓣干扰	前沿跟踪	距离波门拖离
旁瓣对消	旁瓣噪声干扰	宽限窄电路	AGC 干扰
旁瓣消隐	旁瓣脉冲干扰	烧穿模式	各种干扰
抗交叉极化	交叉极化干扰	频率捷变	各种干扰
脉冲压缩	诱饵和非相干干扰	重频抖动	距离波门拖近和覆盖脉冲
单脉冲雷达	多种欺骗干扰技术	干扰寻的	各种干扰
脉冲多普勒雷达	箔条和非相干干扰		

讨论这些技术必定要涉及相关学科，如雷达处理数据的方式等。有时，因为某些其他原因会将我们所称的电子防护技术包含在雷达中，此时提供抗干扰保护是作为附带优势。纵览电子防护技术可以发现，抗干扰保护的效果取决于实施细节，有些技术可以对付多种干扰。

4.2.1　推荐资料

在此先给大家推荐一些有用的参考资料，参考文献[1]介绍了电子防护技术中的数学问题，参考文献[2]介绍了雷达的工作原理。

4.2.2　超低旁瓣

图 4.1 示出了典型的雷达天线增益方向图。注意：两个视图中增益的角度变化情况。

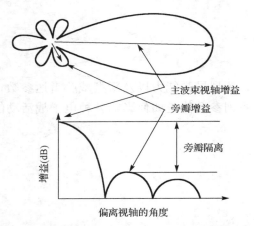

主波束视轴增益

旁瓣增益

旁瓣隔离

增益(dB)

偏离视轴的角度

图 4.1　天线旁瓣使雷达能从任何方向进行探测和干扰

图中上面的视图是增益与角度关系的极坐标图。在天线制造商的网站查找特定天线的增益方向图,即可看到类似的一系列曲线。这些曲线是将天线安装在微波暗室并且转动转台上的天线而生成的。如果被测天线在水平面旋转 360°,则接收到的功率电平与指向发射天线的天线增益成正比。此时根据接收功率而画出的曲线就是天线的水平方向图。然后将转台上的被测天线转动 90°,旋转转台便得到天线的垂直方向图。

图中下面的视图给出了偏离视轴的角度(横坐标)和增益(纵坐标)。在这个曲线图上,视轴增益和第一旁瓣的相对电平可以确定。视轴和旁瓣增益用 dBi 表示,相对旁瓣电平用 dB 表示。

增益方向图通常相对于主瓣视轴增益,视轴为天线要对准的方向,这始终是天线增益最大的方向,无论是在发射还是接收。

该增益图在视轴附近为 sine(x)/x 函数。在主波束边缘有一个零点,在其他方向有旁瓣。第一或第二旁瓣之后的旁瓣取决于建筑物的反射。时常会有很大的后瓣。波瓣之间的零点比旁瓣窄得多,因此,在电子战干扰远离雷达主瓣的情况下,需要合理地估计雷达天线的平均旁瓣电平。

超低旁瓣并没有明确的定义,只说明天线旁瓣远低于常规天线的预期值。参考文献[1]给出了一系列合理值,但有些特定的天线可能有所不同。

- 正常旁瓣电平比最大主波束(即视轴)增益低 13～30 dB,平均旁瓣增益最大为 0～–5 dBi;
- 低旁瓣电平比视轴增益低 30～40 dB,平均旁瓣增益最大为–5～–20 dBi;
- 超低旁瓣电平比视轴增益低 40 dB 以上,平均旁瓣增益最大为–20 dBi 以下。

4.2.3　降低旁瓣电平对电子战的影响

为了探测尚未截获目标的雷达,电子战接收机(如雷达告警接收机)必须有足够的灵敏度(包括其天线增益)来接收雷达旁瓣信号。这时,电子战接收机必须接收到充足的信号功率,确定信号的到达方向。同时为分析信号参数提供支持,确定雷达的类型及其工作模式。如图 4.2 所示,对旁瓣截获而言,雷达有效辐射功率(ERP)应为发射机的输出功率乘以平均旁瓣增益。来自雷达的信号以雷达距离的平方而衰减。因此,旁瓣增益下降 10 dB 导致探测距离将下降为原来的 $1/\sqrt{10}$(即 1/3.16);20 dB 的旁瓣隔离将使探测距离下降为原来的 1/10。注意:第 5 章将全面讨论无线电传播模式。

正如 3.3.3 节所讨论的,防区外干扰通常是在雷达旁瓣中实现的,因为单一干扰机,如 EA-6B 电子战飞机干扰吊舱通常要干扰很多部雷达。如图 4.3 所示,防区外的干信比(J/S)与干扰机和雷达的有效辐射功率(ERP)、目标距离(R_T)的四次方、干扰机至雷达距离(R_J)

的平方、雷达天线的平均旁瓣增益（G_S）和视轴增益（G_M）有关。因此，如果其他条件相同，旁瓣增益下降 10 dB，则干扰机距离（在此距离可以获得特定的 J/S）将下降为原来的 1/3.16。20 dB 的旁瓣隔离将使防区外干扰的距离下降为原来的 1/10。

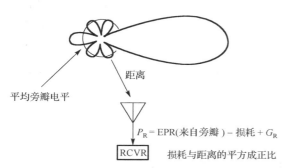

图 4.2　相对于主瓣截获，旁瓣截获接收到的信号功率下降，其下降因子等于雷达的平均旁瓣隔离度

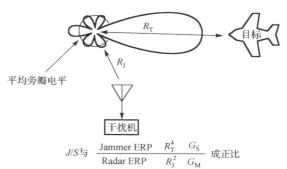

图 4.3　干扰机从旁瓣获得的 J/S 下降，其下降因子等于雷达天线的旁瓣隔离度

4.2.4　旁瓣对消

　　如图 4.4 所示，旁瓣对消（SLC）必须采用辅助天线接收来自雷达主瓣附近的旁瓣（靠近主波束）的信号。在这些主天线的旁瓣方向上，辅助天线的增益大于主天线的旁瓣增益。因此，雷达可以确定信号来自旁瓣方向并且剔除它。

　　这种技术又称为相干旁瓣对消（CSLC），因为通过相干对消降低了输入到雷达接收机的干扰信号。如图 4.5 所示，利用来自辅助天线的干扰信号产生一个移相 180° 的复制信号，这一过程需要采用某种锁相环电路和高质量相位控制（即移相 180°）技术，因此环路带宽必须很窄。注意：环路带宽大，响应更快，但高质量锁相要求环路带宽窄，所以响应更慢。窄环路需要连续波信号，如防区外噪声干扰机采用的噪声调制连续波（CW）信号。重要的是要知道，移相信号与干扰信号的相位差越接近 180°，进入雷达接收机的干扰信号就下降得越多。

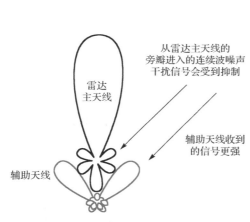

图 4.4　如果辅助天线接收到的信号强度大于主天线接收到的信号强度，相干旁瓣对消器就会剔除此信号

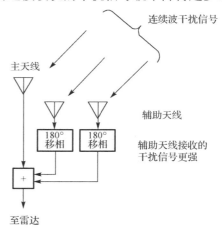

图 4.5　辅助天线的输入经过 180° 的移相后叠加到主天线的输出上

每个干扰信号的对消都需要一个独立的天线和移相电路。图 4.5 有两个辅助天线，所以这种雷达能对消掉两个连续波旁瓣干扰信号。

注意：脉冲信号的傅里叶变换有很多不同的谱线，如图 4.6 所示，其中上图为时域中的脉冲信号（如同示波器观测的），下图为频域中的同一信号（如同频谱分析仪观测的）。频率响应的主波束宽度为 1/PW，其中 PW 为时域中的脉冲宽度。谱线间隔等于脉冲重复频率（PRF）。PRF=1/PRI，其中 PRI 为时域中的脉冲重复间隔。因此，从采用了旁瓣对消器的雷达的旁瓣进入的单脉冲信号，可以饱和相干旁瓣对消电路，导致相干旁瓣对消对噪声干扰不起作用。这就是有时需要在旁瓣干扰噪声上叠加脉冲信号的原因。

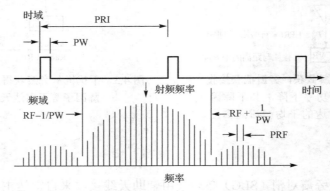

图 4.6　在频域观察时脉冲信号有许多谱线

4.2.5　旁瓣消隐

图 4.7 示出的旁瓣消隐器（SLB）与旁瓣对消器类似，都采用一个辅助天线来覆盖主要旁瓣的角度区域，如图 4.8 所示。不同之处就是旁瓣消隐器的目的是降低旁瓣脉冲干扰的影响。如果辅助天线接收到的脉冲信号电平大于雷达主天线接收的脉冲信号电平，雷达就知道它是旁瓣干扰信号而不是来自雷达发射信号的回波信号，因此雷达就会利用图示电路在干扰脉冲期间消隐输入到其接收机的信号。

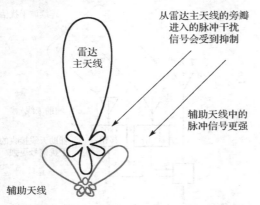

图 4.7　如果辅助天线接收到的信号强度大于主天线接收到的信号强度，旁瓣消隐器就会剔除此信号

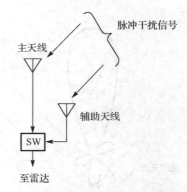

图 4.8　当辅助天线中的脉冲更强时，雷达主天线的输出就被消隐

在任何类型的脉冲信号接收机（如接收脉冲的某些控制链路和敌我识别系统）中，

这种电子防护技术都是有用的。受到假脉冲干扰的这些系统，均可采用旁瓣消隐器剔除干扰。

旁瓣消隐技术带来的问题是，雷达在其旁瓣出现脉冲信号期间无法接收自身的回波信号。因此，干扰机可利用覆盖脉冲致使雷达（或数据链、敌我识别系统）失效，覆盖脉冲在雷达恰好需要搜寻回波脉冲时消隐雷达信号。由于旁瓣干扰机（如：防区外干扰机）不在目标上，不知道雷达脉冲的准确时标，因而无法将脉冲直接叠加在雷达回波脉冲之上，所以旁瓣覆盖脉冲必须足够长以包含这个不确定的时间。

4.2.6　单脉冲雷达

单脉冲雷达从每个回波脉冲中提取目标的到达方向信息。由于这会使某些欺骗干扰无效，因此被认为是一种电子防护技术。第 3 章讨论过单脉冲雷达的工作原理。

距离波门拖离或覆盖脉冲等干扰技术提供距离欺骗，但因它们在目标方向生成了强脉冲，所以增强了单覆盖雷达的角度跟踪。角度欺骗技术类似于逆增益干扰，它生成强脉冲以欺骗雷达跟踪算法，同时也增强了单脉冲的角度跟踪。这些干扰技术都在第 3 章讨论过。

总的来说，角度欺骗比距离欺骗更有效。雷达通常会在几毫秒时间内重新捕获距离信息，而有效的角度拖离会使雷达返回到截获模式，导致雷达可能要花几秒钟时间才能重新捕获角度信息。

箔条云或诱饵可生成真实的可跟踪目标，故能有效对抗单脉冲雷达。

单脉冲雷达通过调整角度将天线指向目标，使多个天线馈源接收的功率保持均衡，如图 4.9 所示。有效的角度干扰迫使雷达对干扰信号做出响应，雷达将天线移动到错误的方向，导致天线馈源失衡。例如，交叉极化干扰致使雷达将一个交叉极化康登波瓣指向目标。

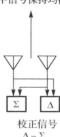

指向目标时天线中信号保持均衡

校正信号
$\Delta - \Sigma$

图 4.9　单脉冲雷达有多个天线馈源，能根据两个接收信号的和差信号生成天线指向校正信号

4.2.7　交叉极化干扰

交叉极化干扰在 3.4.14 节进行过讨论。现在考虑到达抛物面反射器右上部的垂直极化信号，如图 4.10 所示。抛物面的前向尺寸导致了一个朝向天线馈源的微弱的水平极化反射，结果产生了一个康登波瓣。

交叉极化干扰的详细论述参见参考文献[3]。交叉极化干扰既可以用于瞄频干扰也可以用于噪声干扰，它能有效对抗截获雷达和跟踪雷达，包括使用两个交叉极化波束的 SA-2 边扫描边跟踪雷达。

除了第 3 章描述的双通道转发式交叉极化干扰机外，还有一些干扰机能够感知雷达信号的极化，并利用信号产生器生成交叉极化响应，如图 4.11 所示。

如果双通道转发式交叉极化干扰机无法获得足够的天线隔离度，那么可用时间选通门来隔离两个交叉极化信号。采用先进的高速开关，时间选通交叉极化技术的效果会更好。

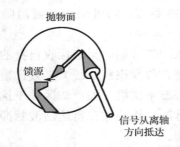

图 4.10　抛物面反射器边缘的前向尺寸导致离轴信　　图 4.11　一种生成交叉极化干扰信号的技术就是
号在反射进入天线馈源时将极化改变了 90°　　　　　感知极化并生成有合适极化的回波信号

4.2.8　抗交叉极化

　　能降低其对交叉极化信号的敏感度或降低其康登波瓣的雷达都被认为具有抗交叉极化电子防护能力。如图 4.12 所示，含交叉极化隔离的雷达的康登波瓣非常小。雷达抛物面天线曲率较小时，反射器的焦距与其直径之比较大，且反射器的前向尺寸较小，因此康登波瓣较小。如果抛物面天线曲率较大，反射器的焦距与其直径之比较小，反射器的前向尺寸将更大，康登波瓣则较大。若雷达天线是平面相控阵，那么通常将几乎不存在康登波瓣，因为它没有前向尺寸，故不会产生交叉极化响应。但是，若天线阵元以不同的增益实现波束赋形，则可能产生康登波瓣。天线的几何形状会影响康登波瓣，如图 4.13 所示。

　　另一种实现抗交叉极化电子防护的方法是在天线馈源或相控阵中使用极化滤波器。

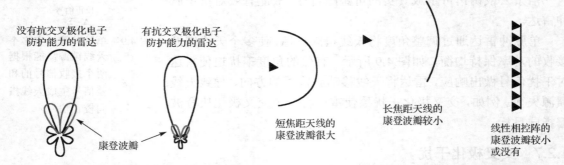

图 4.12　有抗交叉极化电子防护能力的　　　图 4.13　雷达天线的几何形状将影响其康登波瓣的大小
雷达的康登波瓣大幅降低

极化对消器

　　参考文献[3]也介绍了这种电子防护技术，即采用两个极化正交的辅助天线就能有效对抗单圆极化或斜极化干扰机。其电路将与雷达不共极的干扰信号分量剔除，只让雷达的回波信号通过。双交叉极化干扰通道可以挫败这种电子防护技术。

4.2.9　线性调频雷达

　　脉冲压缩的目的是降低雷达的分辨距离，而且它还有降低干扰效果的作用，除非干扰机模拟目标雷达的脉冲压缩技术。

脉内线性调频（LFMOP）就是一种脉冲压缩技术。线性调频雷达对每个脉冲都进行了线性频率调制。图 4.14 给出了线性调频雷达的组成框图。这些雷达通常被认为是远程截获雷达，它采用长脉冲来提供所需的信号能量。但是，LFMOP 也可用在近程跟踪雷达中。注意：进入雷达接收机的回波脉冲要通过一个压缩滤波器。滤波器的延迟时间随频率而变化，滤波器的斜率与脉内调频匹配，其结果是将脉冲的所有频率分量都延迟到脉冲末端。这样，在经过处理后，长脉冲就被压缩成一个很短的脉冲。

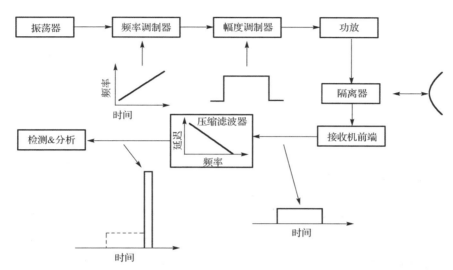

图 4.14　线性调频脉冲在其脉冲上叠加了线性频率调制，使接收到的脉冲经过处理后缩短

雷达分辨单元是雷达无法分辨多个目标的区域。图 4.15 示出了两维分辨单元。实际上雷达分辨单元是一个类似于巨型浴盆的三维空域。在该图中，分辨单元的横向尺寸由雷达天线的 3 dB 波束宽度决定。距离分辨率由雷达的脉冲宽度决定。一个长脉冲，尽管其能量更大，但距离分辨率较低。图中分辨单元的顶部阴影区示出了采用 LFMOP 后的距离模糊。由于通过压缩滤波器后的有效脉冲更短，所以距离分辨率提高。

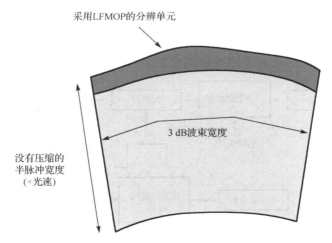

图 4.15　雷达的分辨单元由天线波束宽度和采用 LFMOP 后的脉冲宽度确定，同时有效脉冲宽度大幅下降

距离压缩量是调频范围与脉冲宽度的倒数之比。因此，一个调频范围为 2 MHz 的 10 μs 脉冲的距离分辨率提高了 20 倍。

图 4.16 示出了干扰的影响，其中右图中的深色脉冲是采用了 LFMOP 的雷达信号，它经过了压缩滤波器压缩；右图中的浅色脉冲是未采用 LFMOP 的干扰脉冲，其能量在脉冲末端没有积累起来。雷达处理只聚焦于压缩脉冲出现的时间段，因此非压缩干扰脉冲的能量远低于压缩脉冲的能量。其结果是 *J/S* 下降，下降的量与脉冲压缩因子相等。在上述例子中，*J/S* 下降了 13 dB。

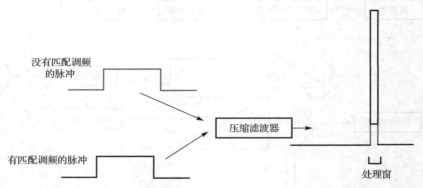

图 4.16   除非干扰采用合适的频率斜率，否则有效 *J/S* 将会下降，下降因子等于压缩系数

如果干扰机在其干扰信号上施加合适的 LFMOP，雷达的这种电子防护特征就会受到反制。干扰机利用直接数字合成器（DDS）或数字射频储存器（DRFM）就能生成匹配的 LFMOP。这些技术将在第 8 章中进行讨论。

4.2.10 巴克码

图 4.17 示出了采用巴克码脉冲压缩的雷达框图。在每个雷达脉冲上叠加二进制相移键控（BPSK）调制，并使回波脉冲通过抽头延迟线来实现脉冲压缩。图 4.18 上图给出了最大长度码为 7 比特的例子。雷达通常采用更长的编码。该编码为 1110010，其中比特 0 的信号相对于比特 1 的信号移相了 180°。脉冲通过抽头延迟线后，所有抽头上的信号和为 0 或 −1，脉冲填满移位寄存器时除外。注意：第 4、5、7 个抽头都有 180° 移相，所以完全匹配的脉冲将使所有抽头的信号叠加。这就输出了一个宽度为 1 个码片的强脉冲，脉冲压缩（同时提高距离分辨率）倍数等于巴克码的位数。

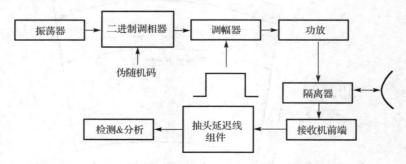

图 4.17   采用二进制相移键控编码调制的脉冲经过接收机中的
抽头延迟线，压缩了有效脉宽，提高了距离分辨率

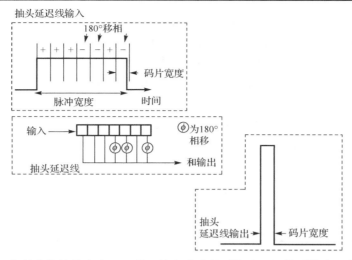

图 4.18　在所有比特都完全匹配时，编码脉冲经过抽头延迟线后输出一个强脉冲

例如，如果脉冲采用 31 比特的编码，距离分辨率将提高 31 倍。

在图 4.19 中，深色脉冲是采用了与抽头延迟线匹配的二进制编码的雷达信号，它被延迟线压缩成图中右边的强脉冲。浅色脉冲是没有采用这种编码技术的干扰信号，它的能量没有被压缩到宽度为 1 个码片的输出中。与 LFMOP 一样，数字编码压缩降低了 J/S，J/S 的下降因子等于压缩系数。对于 31 比特编码的脉冲，将使有效 J/S 下降 15 dB。

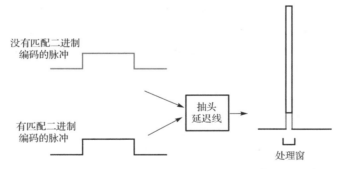

图 4.19　如果干扰没有采用合适的二进制编码，有效 J/S 将下降，其下降因子等于压缩系数

如果干扰机采用二进制编码的干扰信号（利用 DRFM），雷达的这一电子防护特征就会受到反制。

4.2.11　距离波门拖离

距离波门拖离（RGPO）欺骗干扰产生一个不断延迟的虚假回波脉冲，使雷达确信目标正在远离雷达，导致雷达丢失距离跟踪。RGPO 是用高能量干扰脉冲充满雷达的后波门来达成此目的的。前沿跟踪是一种用于反制 RGPO 的电子防护技术。如图 4.20 所示，雷达是根据回波信号的前沿能量来跟踪目标距离的。如果 RGPO 干扰机需要一些处理反应时间，干扰脉冲的前沿就会滞后于真实回波的前沿。参考文献[1]将 RGPO 干扰机能够截获距离跟踪的最大干扰处理反应时间设定为 50 ns 左右，如果干扰机的反应时间大于 50 ns，雷达处理单元将无视干扰脉冲，从而继续跟踪真实回波脉冲中的真实目标距离。

距离波门拖近（RGPI）是用于抑制前沿跟踪的干扰技术。如图 4.21 所示，干扰机生成时间前移的一个虚假脉冲。虚假脉冲向后移过真实回波脉冲，以便捕获雷达的距离跟踪（即使雷达正在跟踪前沿），使雷达确信目标正在靠近雷达，导致雷达丢失距离跟踪。要实施 RGPI，干扰机必须利用 PRI 跟踪器来预测下一个脉冲的到达时间。有效对抗 RGPI 技术的雷达电子防护手段是采用抖动脉冲。由于抖动脉冲的脉冲间隔是一个随机函数，干扰机无法预测下一个脉冲的到达时间，所以无法以平稳递增的方式产生先于回波脉冲的虚假脉冲。

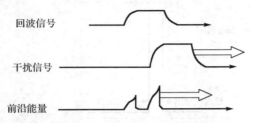

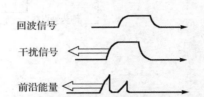

图 4.20　前沿跟踪器将忽略干扰机距离波门拖离干扰信号的反应时间，导致干扰脉冲的前沿超出回波脉冲后门，以致干扰机无法捕获雷达的跟踪电路

图 4.21　距离波门拖近干扰产生一个先于实际回波脉冲的脉冲，从而截获前沿跟踪电路

4.2.12　AGC 干扰

第 3 章讨论过自动增益控制（AGC）干扰，即以雷达天线扫描速率生成一个很强的窄脉冲信号。窄的干扰脉冲捕获雷达的 AGC，导致雷达增益下降到无法发现雷达回波信号幅度变化的程度，参见图 4.22。这样，雷达就无法完成其角度跟踪功能。由于干扰脉冲的占空比较低，AGC 干扰能够以最小的干扰能量实施有效干扰。图 4.23 所示的宽限窄电路是对抗 AGC 干扰的电子防护技术。

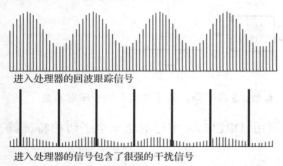

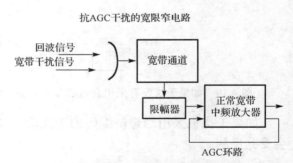

图 4.22　以雷达天线扫描速率发射很强的窄脉冲信号，AGC 干扰机能捕获雷达的 AGC，将雷达回波信号的幅度变化降低到无效的程度

图 4.23　雷达中的宽限窄电路限制宽带通道的输出，在宽带信号输入到窄通道之前降低其幅度，保护 AGC 功能不受强宽带干扰信号的影响

宽限窄电路包括一个宽带通道、一个限幅器后接一个带宽与雷达脉冲匹配的窄通道。由于窄干扰脉冲的带宽较大，所以它在宽带通道中被限幅。雷达所需的 AGC 功能在窄通道中完成，因而不会被之前已经被限幅过的窄脉冲截获。

4.2.13　噪声干扰质量

噪声质量对噪声干扰的效果影响很大。理想的干扰噪声应该是高斯白噪声。因此，饱和干扰放大器中的限幅失真会使目标雷达接收机中的 J/S 下降很多分贝。图 4.24 给出了一种生成高质量干扰噪声的有效方法。利用高斯信号在比雷达接收机带宽大得多的频带上对连续波（CW）信号进行调频。干扰信号每次通过雷达接收机的带宽，都会产生一个冲击脉冲。这种随机时控的冲击脉冲串在接收机中生成了高质量的高斯白噪声。

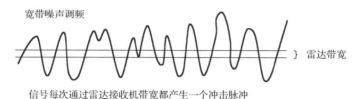

图 4.24　借助每次通过雷达接收机带宽就会产生一个冲击脉冲，宽带调频噪声在雷达接收机中生成了理想的噪声干扰。宽限窄电路降低了这种干扰的效果

就其性质而言，冲击脉冲的带宽非常宽。因此，宽限窄电路中宽带通道的限幅作用将使窄带通道中的 J/S 下降。这是一种对抗此类干扰的有效电子防护手段。

4.2.14　脉冲多普勒雷达的电子防护特性

脉冲多普勒（PD）雷达具备固有的电子防护特性，主要包括：

● 预计其回波在窄频率范围内，因此能剔除非相干干扰；
● 能发现干扰机的寄生输出；
● 能发现箔条的频率扩展；
● 能发现分离的目标；
● 能将距离变化率与多普勒频移关联。

4.2.15　脉冲多普勒雷达构成

脉冲多普勒（PD）雷达是相干的，因为每个脉冲都是同一射频信号的样本，如图 4.25 所示。因此，接收信号的到达时间和多普勒频移是可以测量的。到达时间能够确定目标距离，而多普勒频移是由目标相对于雷达的径向速度产生的。但 PD 雷达处理必须解决一些模糊问题。

PD 雷达的处理器能形成一个距离-速度矩阵，如图 4.26 所示。距离单元给出了接收脉冲相对于发射脉冲的到达时间，且每个单元的高度为一个距离分辨率。时间分辨率（或距离单元的高度）等于脉冲宽度的一半。因此，PD 雷达的距离分辨率为：

$$距离单元高度＝（脉冲宽度/2）×光速$$

这些距离单元在脉冲间的整个时间段内都是相连的。速度单元由信道化滤波器组或快速傅里叶变换处理提供。速度（即多普勒频率）通道的宽度为每个滤波器的带宽。滤波器带宽的倒数为相干处理间隔（CPI），这是雷达处理该信号的时间。注意：在搜索雷达中，

CPI 与雷达天线照射目标的时间一样长。因此，频率通道可能非常窄。例如，如果雷达波束照射目标的时间为 20ms，那么滤波器的带宽可能为 50Hz。

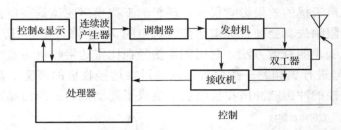

图 4.25　脉冲多普勒雷达是相干的，并且采用复杂处理来解决模糊问题

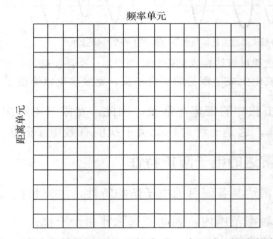

图 4.26　脉冲多普勒雷达处理能生成一个距离-回波频率矩阵

雷达积累的脉冲数决定了其处理增益（在噪声电平之上）。处理增益（dB）为：

$$10\log(\text{CPI}\times\text{PRF}) \text{ 或 } 10\log(\text{PRF/滤波器带宽})$$

4.2.16　分离的目标

考虑 RGPO 欺骗干扰的应用情况。图 4.27 示出了真实回波脉冲以及干扰机产生的虚假脉冲。在常规雷达中，处理器有一个前波门和一个后波门（而不是 PD 雷达的相邻距离单元）。干扰脉冲截获雷达的距离跟踪，因为其 J/S 为正值。通过延迟每个后续干扰脉冲，干扰机在后波门中充满能量，使雷达认为目标正在远离。但是，PD 雷达能看到两个回波脉冲（即分离的目标）。每个脉冲都位于时间-速度矩阵中，如图 4.28 所示。

真实目标回波信号将以渐增的距离移过一系列距离单元。该渐增距离代表一个径向速度。真实目标雷达回波的多普勒频移对应一个速度，这两个速度是一致的。然而，干扰机是通过延迟回波使干扰脉冲的距离看上去在不断增大的。但干扰脉冲的多普勒频率将由干扰机的真实径向速度决定，与干扰脉冲的距离变化率并不一致。基于此，PD 雷达可以选择距离变化率和多普勒频率相一致的脉冲，并且剔除距离变化率和多普勒频率不一致的脉冲。因此，雷达将继续跟踪真实目标，从而挫败 RGPO 干扰。

上述讨论比较简单。在动态交战中，目标距离可能一直在变化，可以根据目标距离的变化计算出径向速度，该速度与回波信号的多普勒频率所对应的速度是一致的。对干扰信号而言，这两个速度是不同的。

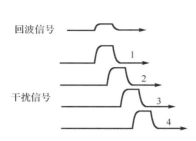

图 4.27　距离波门拖离旨在顺序延迟回
波脉冲，以充满雷达的后波门

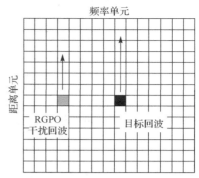

图 4.28　RGPO 干扰机产生的脉冲没有与
其距离变化率一致的多普勒频移

注意：这使得 PD 雷达也能够剔除 RGPI 干扰。

为了抑制 PD 雷达的这一优势，干扰机还必须运用速度波门拖离（VGPO）。频率偏移必须与距离波门拖离的速率相适应，以欺骗 PD 雷达。

4.2.17　相干干扰

如图 4.29 所示，一个目标的相干回波将落入一个多普勒单元中。宽带干扰信号（如阻塞或非相干瞄准噪声）将占据多个频率单元，因此雷达更容易分辨出相干回波脉冲。这意味着干扰机若要欺骗 PD 雷达，就必须生成相干干扰信号。

注意：箔条云引起的闪烁也扩展了雷达信号。PD 雷达能检测到这种频率扩展，因而能剔除箔条回波。

4.2.18　PD 雷达中的模糊

雷达的最大非模糊距离是已发射脉冲在下一个脉冲发射前以光速经目标往返的距离，参见图 4.30。

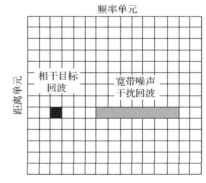

图 4.29　相干 PD 雷达的目标回波位于一个频率单元
中，而宽带噪声干扰占据了多个频率单元

$$R_{\mathrm{U}}=(\mathrm{PRI}/2)\times c$$

式中，R_{U} 为非模糊距离（m），PRI 为脉冲重复间隔（s），c 为光速（3×10^8 m/s）。

例如，若 PRI 为 100 μs，非模糊距离则为 15 km。脉冲重复频率（PRF）越高，PRI 越短，非模糊距离就越短。若 PRF 相当高，则存在很多距离模糊。

回波信号的多普勒频移落入 PD 雷达处理器的多普勒滤波器中。

最大多普勒频移为：

$$\Delta F=(v_{\mathrm{R}}/c)\times 2F$$

式中，ΔF 为多普勒频移（kHz），v_{R} 为距离变化率（m/s），F 为雷达工作频率（kHz）。

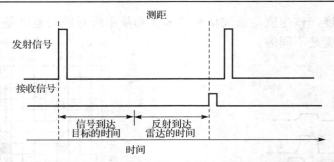

图 4.30　最大非模糊距离为雷达脉冲在下一个脉冲发射前以光速经目标往返的距离

例如，如果 10 GHz 雷达用于应对最大距离变化率为 500 m/s 的交战，则：

$$\Delta F=(500\ \text{m/s}/3\times10^8\ \text{m/s})\times2\times10^7\ \text{kHz}=33.3\ \text{kHz}$$

脉冲信号的频谱谱线间隔等于 PRF，如图 4.31 所示。若 PRF 较低，如为 1000 pps，则谱线间隔只有 1 kHz。若 PRF 较高，如为 300 kpps，那么谱线间隔为 300 kHz。每条谱线也经过了多普勒频移，如果它们小于设计交战的最大多普勒频移，则在处理矩阵中产生频率响应（即频率模糊）。PRF 越低，频率模糊越大。1000 pps 的 PRF 将有许多低于 33.3 kHz 的模糊响应，而 300 kpps 的 PRF 在处理矩阵的频率范围内全将是非模糊的。

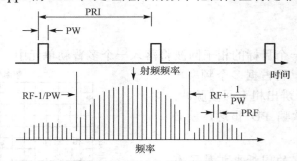

图 4.31　在频率域，脉冲信号的谱线间隔等于 PRF

在图 4.32 中，如果处理矩阵中最大目标距离所对应的往返时间大于 PRI，则距离是模糊的；如果矩阵中的最大多普勒频移大于 PRF，则频率是模糊的。

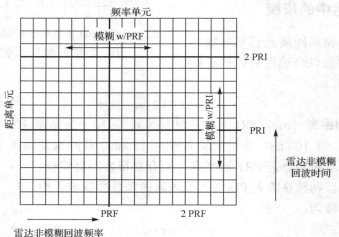

图 4.32　PD 因脉冲重复间隔和脉冲重复速率变化，雷达会产生距离模糊和频率模糊

4.2.19　低、高、中 PRF 脉冲多普勒雷达

根据 PRF 不同，脉冲多普勒雷达分为三种，如图 4.33 所示。

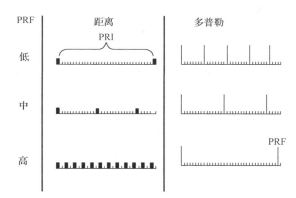

图 4.33　在低、中、高 PRF 多普勒雷达中的距离单元和频率单元

低 PRF 雷达因其 PRI 较大，所以在距离上是非模糊的，非常适用于截获目标。但低 PRF 会产生高度模糊的多普勒频率。这意味着目标径向速度是模糊的，限制了雷达测量速度的能力，使雷达易受 RGPO 和 RGPI 干扰的影响。

高 PRF 雷达在多普勒频率上是非模糊的，非常适用于高速迎头交战目标。较大的多普勒频率是非常理想的，因为目标回波在多普勒频率上远离地面回波和内部噪声干扰。但是，高 PRF 导致 PRI 较低，所以高 PRF 脉冲多普勒雷达在距离上高度模糊。这种雷达仅用于速度模式，或通过在信号上叠加频率调制来确定距离，如图 4.34 所示。注意：尾随追击交战的特点是距离变化率较低，因此多普勒频移比迎头交战时低得多，这对高 PRF PD 雷达更为不利。

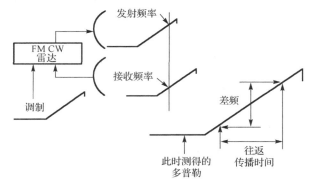

图 4.34　如果在雷达信号上叠加频率调制，那么发射信号与接收信号间的差别将是线性部分的多普勒频移外加倾斜部分的传播延迟（与距离成正比）

中 PRF 雷达在距离和速度上都是模糊的。它适用于尾随追击交战。中 PRF PD 雷达采用几个 PRF，其中每个 PRF 都会在距离/速度矩阵中生成模糊区。经过处理，可以对被跟踪目标的距离和速度进行解模糊。

4.2.20 干扰检测

由于 PD 雷达能检测干扰，因此它使得具备干扰寻的能力的导弹系统能够选择干扰寻的工作模式，4.2.23 节将对此进行讨论。

4.2.21 频率分集

雷达可以采用多个工作频率，如图 4.35 所示。注意：雷达需要高效率的天线和性能良好的功率放大器，因此使用的频率范围预计将小于 10%。抛物面天线如果工作在 10% 以下的频率范围，其效率可达 55%，而频率范围较宽的天线其效率将非常低。例如，2～18 GHz 电子战天线的效率预计只有 30%。

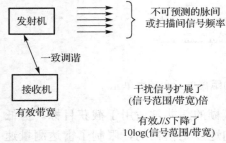

图 4.35 频率分集要求干扰机覆盖多个频率或更大的频率范围

最简单的频率分集应用是采用一组可选的频率，雷达会在选中的频率上工作一段时间。此时只要与干扰机相连的接收机能够测量工作频率，干扰机就可以被设置到当前使用的频率上，并能针对该信号优化干扰带宽。这适用于采用窄带噪声的瞄准干扰，也适用于欺骗干扰技术。

更具挑战的频率分集应用是雷达天线每扫描一次就分配一个频率。例如，如果雷达天线采用螺旋扫描（在每个仰角上进行方位圆扫），雷达就可以在每次圆扫描后改变频率。这为雷达提供了在相干处理间隔期间的单频优势。当干扰机采用数字射频存储器（DRFM）时，DRFM 能够测量所看到的第一个脉冲的频率（及其他参数）。在雷达波束覆盖目标期间，位于目标上的干扰机能精确复制所有后续脉冲。第 8 章将详细讨论 DRFM。

最具挑战的频率分集应用是脉间跳频。在这种情况下，每个脉冲都是以伪随机选择的频率发射的。因为干扰机无法预计未来脉冲的频率，所以不可能最有效地干扰雷达。注意：这种雷达可以避开存在干扰的频率，所以干扰少量频率未必能提高干扰性能。如果雷达只使用少量频率，就可以将干扰机设置在每个频率上，但通常更需要干扰整个跳频范围。例如，如果雷达在 6 GHz 左右 10% 以上的频率范围工作，且接收机带宽为 3 MHz，则：

- 干扰机必须覆盖 600 MHz 频率范围；
- 雷达只能在其带宽中看到 3 MHz 的干扰信号；
- 因此干扰效率只有 0.05%；
- 将有效 J/S 降低了 23 dB（与匹配干扰相比）。

4.2.22 PRF 抖动

如果雷达采用伪随机选择的脉冲重复间隔（见图 4.36），干扰机就无法预测雷达脉冲的到达时间。因此，不适合采用 RGPI 干扰。如果用覆盖脉冲来抑制雷达的距离信息，则必须将其扩展以覆盖整个脉冲范围。这要求干扰机在其覆盖脉冲序列中采用更大的占空比，结果降低了干扰的效率。

自卫干扰的干扰–噪声比与距离的平方有关，因为雷达信号的功率是随其经目标往返距离的平方而下降的，而干扰信号只从目标传播到雷达。如图 4.37 所示，随着目标（干扰机安装在目标上）逼近雷达，由于雷达接收机收到的干扰信号功率与距离的平方成反比，而回波信号功率与距离的四次方成反比，因此 J/S 在不断下降。当 J/S 下降到雷达足以重新捕获目标时，其所在的距离就被称为烧穿距离。注意：图中给出的这一距离出现在干扰信号等于回波信号之处。这有点误导，因为保护目标的最小 J/S 取决于采用的干扰技术以及雷达设计。

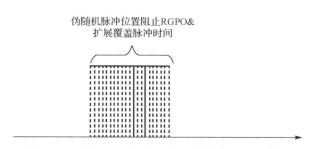

图 4.36　随机 PRI 需要干扰机覆盖整个脉冲范围

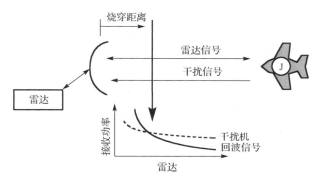

图 4.37　雷达烧穿距离为雷达在有干扰的情况下能重新捕获目标的距离

　　第 3 章介绍过防区外干扰。不同之处是假设在目标逼近雷达时干扰机不动。防区外干扰机不再能为目标提供保护的距离就是烧穿距离。

　　雷达距离方程定义了雷达能够截获目标的距离，该方程有几种不同的应用形式，但在分子中都有一个雷达照射目标的时间项。这是因为雷达作用距离取决于接收到的回波信号能量。对探测而言，信号能量与噪声能量之比必须达到所要求的电平（通常取 13 dB）。

　　图 4.38 示出了回波信号以及到达被干扰雷达的干扰信号。雷达可通过增大有效辐射功率或提高其脉冲序列的占空比来增大截获距离。许多雷达采用辐射控制，只输出足以获得高质量回波信号–噪声比的辐射功

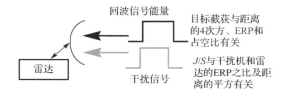

图 4.38　烧穿模式通过增大发射功率或提高信号的占空比来扩大烧穿距离

率。如果探测到干扰，雷达可将其输出功率提高到最大电平。因为 J/S 的公式中涉及了干扰机与雷达的有效辐射功率之比，雷达功率增大，则 J/S 降低，从而增大了雷达的抗干扰距离。

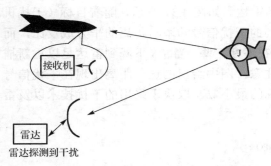

图 4.39　干扰寻的模式要求导弹具有被动
制导能力，以寻的干扰能量源

由于雷达的截获距离与目标受到照射的时间成正比，提高雷达的占空比就能增大探测距离，从而使雷达能在更远的距离上截获（或重新截获）目标。

4.2.23　干扰寻的

许多现代导弹系统都采用了干扰寻的模式，又称为干扰跟踪模式。如图 4.39 所示，导弹必须能接收干扰信号并且确定其到达方向。如果雷达探测到干扰，它就可能进入干扰寻的模式，导致导弹飞向干扰机。这一特点致使利用自卫干扰提供末段防护变得非常危险。由于这种模式也可用于对付防区外干扰机，如果导弹的射程足以抵达防区外干扰机位置，就会对这种高价设施造成威胁。利用高射导弹，在干扰寻的模式中获得更远的射程是可行的。

4.3　地空导弹升级

图 4.40 示出了苏联防空系统改型谱系。在图示的每个武器类别中，每一代系统都配备了反对抗措施或弥补了在作战测试中发现的不足。

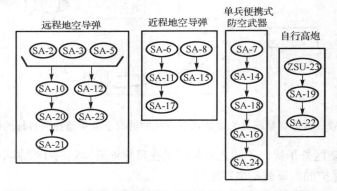

图 4.40　威胁武器系统进行过多次升级，并且还在不断升级

雷达的频率范围通常采用北约规定的雷达频段，参见表 4.2。有时，也采用 IEEE 标准的雷达频段，参见表 4.3。

表 4.2　北约规定的雷达频段

波段	频率范围	波段	频率范围
A	0～250 MHz	H	6～8 GHz
B	250～500 MHz	I	8～10 GHz
C	500～1000 MHz	J	10～20 GHz
D	1～2 GHz	K	20～40 GHz
E	2～3 GHz	L	40～60 GHz
F	3～4 GHz	M	60～100 GHz
G	4～6 GHz		

表 4.3　IEEE 标准的雷达频段

波段	频率范围	波段	频率范围
HF	3～30 MHz	Ku	12～18 GHz
VHF	30～300 MHz	K	18～27 GHz
UHF	300～1000 MHz	Ka	27～40 GHz
L	1～2 GHz	V	40～75 GHz
S	2～4 GHz	W	75～110 GHz
C	4～8 GHz	mm	110～300 GHz
X	8～12 GHz		

图 4.40 大多与 S-300 导弹系统有关，该导弹旨在解决苏联早期导弹系统运用于对抗环境中时存在的问题。该地空导弹系统系列与 SA-2、SA-3、SA-4 和 SA-5 系统一脉相承。S-300 系列理所当然地继承了早期系统的特点，但新系统的能力有很大提升，弥补了早期系统的不足。

还有两个近程导弹系统系列是由 SA-6 和 SA-8 发展而来的。该系列的后续系统具备 S-300 系列的很多特点，能弥补特定的对抗弱点。

单兵便携式防空（MANPAD）武器系列是对 SA-7 进行的一系列改型，这些导弹系统都采用红外寻的制导技术。

本节只讨论这些系统的技术现状，不涉及各种支持平台或导弹部队的组织架构，还省略了导弹、雷达和平台的照片，所有这些都可以在互联网上找到。

在讨论这些系统、导弹和雷达时，我们均采用其北约名称。这些地空导弹以及其相关子系统的设计都遵从隐蔽、射击、撤离的作战原则。目的是使导弹系统在发射前尽可能地隐蔽，发射后尽快地离开发射位置，以免被摧毁。

现代导弹的许多特征在公开文献中都有详述。总的来说，越晚升级的导弹，所披露的特征细节就越少。尽管如此，搜集这些信息还是非常有用的。我们将在后面讨论这些特征与升级对电子战的影响。

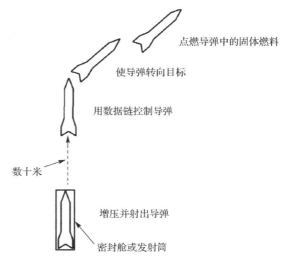

图 4.41　在冷发射操作程序中，导弹从发射筒中射出，然后被控制转向目标，接着导弹燃料被点燃

4.3.1　S-300 系列

S-300 系列地空导弹（SAM）系统采用垂直冷发射，架设时间为 5 分钟，导弹发射间隔为 3～5 秒。图 4.41 示出了一种垂直冷发射导弹，新一代导弹有时也采用这种方式。导弹发射后由数据链控制并转向目标，然后点燃导弹燃料。这一系列的导弹还具备明显的电子防护特征。

4.3.2　SA-10 及其改型

地基固定和移动型 SA-10 系统采用"雷鸣"（Grumble）导弹和"活动盖"（FLAP LIP）

火控雷达。该导弹能攻击速度达 4 马赫的目标。早期 SA-10 配套的截获雷达有两种："锡盾"（TIN SHIELD）和"贝壳"（CLAM SHELL）。后期型号由"大鸟"（BIG BIRD）截获雷达提供支持。

公开文献披露 SA-10 的初始杀伤距离为 75 km。经过几次升级，系统的杀伤距离为 150 km。SA-10 由车载运输/发射装置（TELAR）发射。利用气压将圆柱体密封舱内的导弹垂直冷发射到数十米的高空，并且引导到目标，然后点燃导弹的固体燃料。这种方法赋予 SA-10 非常快的装填弹药程序，极大地减少了操作所需的后勤支援，符合隐蔽、射击、撤离的作战原则。该导弹系统的跟踪雷达是具备电子防护能力的"活动盖"（FLAPLID）有源电扫相控阵（AESA）雷达。除雷达的天线旁瓣极低外，其大部分详细的电子防护能力都没有在公开文献中得到确认。

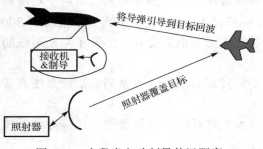

图 4.42　末段半主动制导使远距离精确瞄准目标成为可能

1. SA-N-6

舰载型 SA-10 被称为 SA-N-6，公开文献报道其杀伤距离为 90 km。它从旋转发射装置上发射"雷鸣"（Grumble）导弹，用"顶帆"（TOP SAIL）、"顶对"（TOP PAIR）或"顶罩"（TOP DOME）雷达跟踪目标。该系统采用指令制导模式和末段半主动雷达寻的模式，如图 4.42 所示。

2. SA-N-20

这是速度为 6 马赫的一种导弹，在接近目标时速度接近 8.5 马赫。它采用了"墓碑"（TOMB STONE）跟踪雷达，还具备经导弹跟踪能力，如图 4.43 所示。

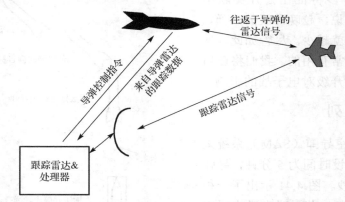

图 4.43　采用经导弹跟踪制导方式时，导弹上的二次雷达跟踪目标并将跟踪信息发送给一次跟踪雷达，以提高总体跟踪精度

3. SA-20

SA-10 利用"滴水嘴"（Gargoyl）新型导弹和"墓碑"（TOMB STONE）跟踪雷达升级为 SA-20，能防御近、中程战术导弹以及飞机，射程为 195km。"滴水嘴"导弹采用气动转向装置代替早期导弹的气动尾翼，机动性能更强。

4. SA-21

SA-10 系统采用"墓石"（GRAVE STONE）跟踪雷达和"凯旋"（TRIUMF）导弹升级为 SA-21。据称，SA-21 采用三种不同的导弹，其射程分别为 240 km、396 km 和 442 km。该导弹旨在摧毁远距离防区外干扰机和空中交通管制飞机。它还可以采用射程为 74 km 的小型导弹，机动性更强。

4.3.3　SA-12 及其改型

SA-12 SAM 系统采用两种导弹：针对气动目标的"斗士"（GLADIATOR）导弹和针对弹道导弹的"巨人"（GIANT）导弹。"斗士"的射程为 75 km，采用"烤盘"（GRILL PAN）雷达；"巨人"的射程为 100 km，最大高度为 32 km，采用"高屏"（HIGH SCREEN）雷达。

"烤盘"雷达具备自动搜索能力。SA-12 采用履带式发射与支援车，具备优越的越野机动能力。

SA-12 被升级为 SA-23，具有 200 km 的有效射程和先进的雷达数据处理能力。它采用惯性制导、指令制导和半主动寻的制导，如图 4.44 所示，同时利用其车载运输/发射装置上的半主动寻的雷达作为照射器。

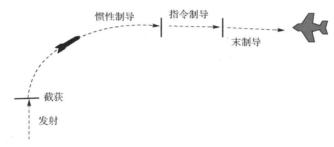

图 4.44　许多现代导弹在导弹截获时段采用惯性制导，在导弹逼近目标时采用指令制导，在弹道末段采用半主动、被动寻的或经导弹跟踪制导

4.3.4　SA-6 升级

SA-6 是一款采用"防火罩"（FIRE DOME）雷达的近程导弹系统，其射程为 20～30 km，可攻击速度为 2.8 马赫的目标。

该系统的升级型 SA-11 采用"根弗"（GAINFUL）导弹和"同花顺"（STRAIGHT FLUSH）AESA 跟踪雷达，射程为 35 km。

第二款改型是 SA-17 系统，射程为 50 km。

4.3.5　SA-8 升级

SA-8 是一款低空、近程轮式车载导弹系统，最初射程为 9 km，改进后提高到 15 km。它采用 J 波段频率捷变单脉冲跟踪雷达和 C 波段截获雷达，并配备有光电（EO）跟踪器。

该系统已利用新型雷达和导弹升级为 SA-15，采用"长手套"（Gauntlet）导弹，射程为 12km。这是一款监视、指控、导弹发射和制导全在同一车辆上完成的自主系统，拥有敌我识别设备和 G/H 波段相控阵 PD 跟踪雷达。

4.3.6   MANPADS 改型

单兵便携式防空系统（MANPADS）是一个光学瞄准的红外制导导弹系统。该肩射导弹系统最初采用由非冷却硫化铅（PbS）传感器制导的 SA-7"圣杯"（STRELLA）导弹。该导弹只能从后方攻击飞机，射程为 3700 m，最大攻击高度为 1500 m。

该系统后来升级为：

- SA-14"小妖精"（GREMLIN），采用了性能更好的冷却导引头，能从任何角度实施攻击，最大攻击高度可达 2300 m。
- SA-16"手钻"（GIMLET），SA-14 的改型，采用全向传感器对抗曳光弹，射程为 5km，最大攻击高度为 3500 mm。
- SA-18"松鸡"（GROUSE），采用锑化铟冷却传感器，能在 5.2 km 射程、3500 m 高度实施全方位攻击。抗曳光弹防护能力大幅提高，配备有双通道跟踪器。
- SA-24"怪杰"（GRINCH），采用标准夜视镜，射程为 6 km。

4.4   SAM 截获雷达改型

越南战争时期，SAM 系统的跟踪雷达高度依赖截获雷达。工作在 VHF 或 UHF 频段的截获雷达截获目标并将目标转交给跟踪雷达。有两种发展趋势：一是跟踪雷达包含截获模式；二是截获雷达工作在更高频段。例如，"锡盾"和"大鸟"雷达工作在 S 波段，"高屏"雷达工作在 X 波段。

总的来说，工作频率更高，天线带宽即可更窄以获得更高的角分辨率；波长更短则有助于应对雷达截面积（RCS）极小的目标。要截获隐身飞机、导弹和无人机，具备捕获低 RCS 目标的能力是至关重要的。随着脉冲压缩水平不断提高，现代截获雷达的目标定位精度和分辨率也越来越高。

截获雷达的作用距离始终远大于与其配合的跟踪雷达的作用距离，这一点一直没有改变。但是，这些雷达将采用重要的电子防护技术，以防受到防区外干扰机的影响。

敌我识别功能也越来越多地包含在截获雷达中，以便尽早识别潜在的目标。

4.5   AAA 改型

自行高炮系列源自于 ZSU-23-4"石勒喀河"（SHILKA），它采用了安装在履带车上的 23 mm 水冷炮，其射程为 2.5 km，最大致命高度为 1500 m。后来，又增加了 8 枚 SA-18 或 SA-16 热寻的导弹，配备了"炮盘"（GUN DISH）雷达。

该系统已升级为 SA-19"通古斯卡"（TUNGUSKA），采用了 2 门 30 mm 高炮和 8 枚雷达指令制导导弹。其中，高炮射程为 4 km，攻击高度为 3 km；导弹射程为 8 km，攻击高度为 3.5 km。系统还配备了"热射"（HOT SHOT）雷达，具备 C/D 波段截获功能和 J 波段双通道单脉冲跟踪功能。

该系统的另一种改型为 SA-22"灰狗"（GREYHOUND），配备了 2 门 30 mm 高炮、12

枚雷达指令制导导弹以及雷达或光学跟踪设备。系统还配备了"热射"（HOT SHOT）雷达和综合的敌我识别设备。其中，高炮射程为 4 km，最大攻击高度为 3 km；导弹射程为 20 km，最大攻击高度为 10 km。

4.6　对电子战的影响

对现代武器而言，每一次升级都具有重大意义。下面将根据功能进行讨论，并不与特定的威胁系统联系在一起。

4.6.1　增大杀伤距离

防区外干扰（SOJ）一直是对抗威胁系统的主要方式之一。根据第 3 章的论述，SOJ 利用两架专用干扰飞机编队飞行在多个威胁导弹的杀伤距离以外，保护多架攻击飞机飞入敌防区。由于需要同时对多部雷达进行干扰，故干扰无法进入威胁雷达的主瓣。而且，干扰飞机必须将其干扰功率分配到多个方向上。

防区外干扰的 J/S 可由下式算出：

$$J/S = 71 + \text{ERP}_\text{J} - \text{ERP}_\text{R} + 40\log R_\text{T} - 20\log R_\text{J} + G_\text{S} - G_\text{M} - 10\log\sigma$$

式中，71 是一个常数，ERP_J 为干扰机的有效辐射功率（dBm），ERP_R 为雷达的有效辐射功率（dBm），R_T 为雷达至目标的距离（km），R_J 为干扰机至雷达的距离（km），G_S 为雷达天线旁瓣增益（dB），G_M 为雷达天线主瓣视轴增益（dB），σ 为目标的雷达截面积（m^2）。

注意：其中的$-20\log R_\text{J}$项意味着 J/S 与干扰机-雷达距离的平方成反比。干扰改进型 SA-10（杀伤距离=150 km）与干扰 SA-2（杀伤距离=45 km）相比，J/S 将下降为原来的 1/20.5（13 dB）。干扰飞机飞到 SA-21 的杀伤距离（396km）以外，J/S 则下降为原来的 1/77（19dB），因此可能无法达到 SOJ 要求的 J/S 量级。

解决办法是提高干扰功率或降低目标的 RCS，但要记住：很多威胁雷达都提高了对付低 RCS 目标的能力。另一种方法是采用防区内干扰方式，此时干扰机离雷达的距离比目标离雷达的距离近很多。

4.6.2　超低旁瓣

超低旁瓣使电子支援（ES）系统很难探测到威胁雷达，并且使电子攻击（EA）系统很难干扰到雷达。如果你从旁瓣方向对雷达进行探测，则探测距离下降，下降因子等于旁瓣减少值的平方根。

同样，SOJ 等电子攻击系统提供的 J/S 下降，下降因子等于旁瓣的减少值，参见 4.2.2 节。

对电子支援系统而言，解决这个问题的方法是使系统灵敏度达到最大。一种方法是采用相控阵接收天线进行扫描，提高接收信号的强度。如果电子支援系统采用数字接收机，就能使带宽最大化，从而获得最大灵敏度。如果威胁雷达采用扫描天线，就能在天线扫过接收天线时从雷达主瓣获取所需的信息。

若电子攻击系统采用有源电扫相控阵（AESA），就可以将波束对准希望干扰的威胁雷达，从而提高 J/S。

4.6.3　相干旁瓣对消

如上所述，SOJ 必须使干扰信号进入到威胁雷达的旁瓣中。如果雷达采用了相干旁瓣对消（CSLC），就能将其旁瓣接收到的窄带干扰信号功率降低 30 dB，同时也会使 J/S 降低同样的分贝数。因此，干扰机的功率必须增大 30 dB 以上，或者距离必须缩短为原来的 1/32，抑或每个被保护飞机的 RCS 必须下降为原来的 1/1000，才能获得同样的 J/S，参见 4.2.4 节。

解决办法是将脉冲与调频噪声干扰相结合。脉冲将生成类似于窄带干扰信号的许多连续波分量，因此将占用所有的相干旁瓣对消通道，从而提高干扰效果。

4.6.4　旁瓣消隐

对具有旁瓣消隐能力的雷达而言，当辅助天线输出的脉冲信号功率大于其主天线输出的脉冲信号功率时，雷达在脉冲存在的一至几微秒时间内消隐其主天线的输出，参见 4.2.5 节。

解决办法是，如果干扰脉冲覆盖威胁雷达的脉冲，那么威胁雷达就会丧失探测能力。

4.6.5　抗交叉极化

抗交叉极化是描述雷达抑制交叉极化干扰的方法。利用平板相控阵天线（没有通过降低边缘阵元的增益来降低阵列的旁瓣）或极化滤波器（不让交叉极化干扰信号进入雷达接收机）可以实现抗交叉极化。参见 4.2.7 节。

这种情况下，除非能生成极大的 J/S，否则无法将交叉极化干扰应用于雷达。最好的解决方法是采用其他类型的干扰。

4.6.6　脉冲压缩

在干扰采用脉冲压缩技术的威胁雷达时，如果干扰波形和雷达波形（线性调频或巴克码）不匹配，则 J/S 的下降，下降因子等于雷达的压缩系数（可能高达 30 dB）。

解决方法是：压缩干扰信号波形，无论是发射到威胁雷达的主瓣还是旁瓣。如果采用线性调频压缩，则可用几种方式（扫频振荡器、直接数字合成器等）复制信号。但是，如果是非线性调频或巴克码脉冲压缩调制，则需要在干扰机中采用 DRFM。详细内容参见第 8 章。

4.6.7　单脉冲雷达

单脉冲雷达不会受到第 3 章讨论的一些干扰技术的影响。实际上，某些技术还会增强单脉冲雷达的角度跟踪，参见 4.2.6 节。

在 3.4.9 节～3.4.15 节描述的干扰技术均能有效对抗单脉冲雷达。

4.6.8　脉冲多普勒雷达

脉冲多普勒（PD）雷达能发现进入其信道化滤波器通道中的相干信号。如果干扰信号充满多个通道或有很强的寄生分量，雷达就会知道自己受到了干扰，并且启动干扰寻的。

雷达处理也将降低噪声干扰信号（占据了多个信道）的 J/S。此外，雷达处理能够对箔条反射的信号进行甄别。

它还能检测到分离信号（如距离波门拖离干扰）并能跟踪距离变化率与多普勒频移相匹配的信号，参见 4.2.11 节、4.2.15 节和 4.2.16 节。

解决方法是：若采用相干信号进行干扰，这些信号会进入一个 PD 处理滤波器中，并被判为有效信号，所以干扰是有效的。如果箔条云被强干扰脉冲照射，那么 PD 威胁雷达会将箔条云判别为诱饵回波信号。若同时采用距离和频率拖引干扰，PD 威胁雷达会将干扰信号判为有效回波。采用 DRFM 技术能有效实施距离和频率拖引干扰。

在早期的冲突中，大量箔条被投掷到战区，以阻止雷达截获飞机。在 PD 雷达能够分辨出箔条之前，这种手段非常有效，但目前其作用很有限。

4.6.9　前沿跟踪

如果威胁雷达采用前沿跟踪，则距离波门拖离（RGPO）干扰机的反应时间足以使雷达能继续跟踪有效回波，因为它根本看不到延迟的 RGPO 脉冲。

典型的解决方法就是采用距离波门拖近（RGPI）干扰。但是，有一种方法可以将 RGPO 的处理反应时间缩短到足以截获前沿跟踪器的程度，通常采用处理反应时间极短的 DRFM 来实现。

4.6.10　宽限窄电路

宽限窄电路包含一个宽带通道，高强度、低占空比的脉冲在其中被截断，使其无法在随后的窄带通道中截获雷达的自动增益控制（AGC），参见 4.2.12 节。

解决方法是采用特殊波形，使干扰信号能够通过宽限窄电路。

4.6.11　烧穿模式

烧穿模式旨在提高雷达的有效辐射功率或占空比，以将烧穿距离扩展到最大范围。采取的方法是尽可能地增大有效干扰功率。

4.6.12　频率捷变

若雷达采用伪随机脉间跳频信号，它就不可能预测下一个脉冲的频率。因此，干扰机必须干扰雷达的每个频率或将其干扰功率扩展到整个跳频范围，这将使 J/S 降低几个分贝。

解决方法依然是采用 DRFM。如果 DRFM 及其相关处理器大概测量了前 50ns 的脉冲，它就能迅速地将干扰机设置到该频率上。由于现代雷达通常采用几微秒长的脉冲，所以因丢失少部分脉冲而造成下降的干扰能量极少。第 8 章将对此进行讨论。

4.6.13　PRF 抖动

如果威胁雷达采用伪随机脉冲重复间隔，称为脉冲重复频率（PRF）抖动，则要预测下一个脉冲出现的时间是不可能的，这将导致 RGPI 干扰失效。此外，也无法有效地生成需要预测脉冲到达时间的压制脉冲。参见 4.2.22 节。

解决方法是，如果用覆盖脉冲对抗采用 PRF 抖动的威胁雷达，则要用扩展的压制脉冲来覆盖雷达 PRF 抖动的全部范围。

4.6.14 干扰寻的能力

尽管在此并未列出具备干扰寻的能力的特定导弹系统，但它显然会出现在目前或未来的威胁中。

干扰寻的（HOJ）意味着能检测到干扰的雷达（显然包括脉冲多普勒雷达）可以控制其正在制导的导弹去寻的干扰信号。这意味着导弹将会直接飞向正在实施自卫干扰（SPJ）的飞机。

此外，考虑执行防区外干扰任务的干扰飞机。这种飞机是高价设施，这也是将其部署在威胁导弹杀伤距离以外的原因。干扰寻的导弹可通过高空发射使射程达到最大，甚至超越制导雷达有效作用距离。然后，它能寻的 SOJ 飞机。若导弹具备空气动力转向能力，则它甚至能攻击到其燃料允许的距离以外，参见 4.2.23 节。

显然，可用诱饵进行自卫诱使导弹远离。第 10 章讲述了雷达诱饵的种类。第 8 章讨论了 DRFM 的作用，利用它可使诱饵变得相当复杂。此外，还可考虑能从别的地方实施干扰的投掷式干扰机，小型空射诱饵-干扰机（MALD-J）就是其中之一。这是一种远距离干扰机，能够诱偏干扰寻的导弹。

4.6.15 改进型 MANPADS

改进型 MANPADS 武器扩展了其射程和有效高度，对直升机和其他低空飞机造成了重大威胁。

过去只要飞得足够高就足以避开 MANPADS，但现在有必要使用第 9 章中所讨论的现代红外干扰机。

4.6.16 改进型 AAA

越南战争时期，如果飞机在 1500 m 高空以上（ZSU-23 的最大垂直包络）飞行，则可不理会自动防空高炮（AAA）的存在。现在，AAA 改型增加了垂直攻击包络达 10000 m 的热寻的导弹和射程为 46 km（ZSU-23 的两倍）的 30 mm 高炮。

新的改型已从简单的热寻的导弹转变为雷达制导导弹。这些武器已经变成了更大的威胁。

为了挫败这些先进 AAA，必须依靠红外干扰机和雷达干扰机协同提供保护。飞机只要高飞就足以保护自己的时代已经一去不复返了。

参考文献

[1] Schleher, D. C., Electronic Warfare in the Information Age, Norwood, MA: Artech House, 1999.

[2] Griffiths, H. G., C. J. Baker, and D. Adamy, Stimson's Introduction to Airborne Radar, 3rd ed., New York: SciTech, 2014.

[3] Van Brunt, L. B., Applied ECM, Vol. 1-3, Dun Loring, VA: EW Engineering, Inc., 1978, 1982, 1995.

第5章 数字通信

5.1 引言

　　现代军事通信几乎是清一色的数字通信。现代的战术无线电在传输语音之前先对其进行数字化,更为重要的军事指挥和控制通信则把数字信息从一个机构传送给另一个机构。现代综合防空网络的每一个单元都通过数字化的数据链连接起来。本章我们将对数字通信理论进行全面论述,包括数字通信的优势和弱点,数字链路的规范,以及对电子战行动至关重要的传播特性。

　　本章的内容应当视为其他章节的背景信息,特别是第2章、第6章和第7章,这三章都对本章的主题有所论述,虽然不够细致,但涉及到一些重要的应用背景。

5.2 传输比特流

　　如图5.1所示,传输的数字信号中包含的不只是数字化的数据。图中给出了数据帧的结构。

- 通常有一组提供帧同步的比特。
- 在许多系统中,例如对无人机(UAV)的控制链路,信息比特可能需要传送给位于接收端的多个信宿中的一个。在无人机上,这个信宿可能是导航系统,也可能是多个载荷中的一个。因此,还需要一组地址比特。
- 信息比特携带了真正要传输的信息。
- 由于传输的数据可能被环境中的噪声、无意干扰或有意干扰破坏,需要附加一些专门的比特,使接收机能够从接收到的信号中检测并舍弃掉损坏的数据块,或者纠正出错的比特。这就是奇偶校验比特或检测纠错比特的用途。

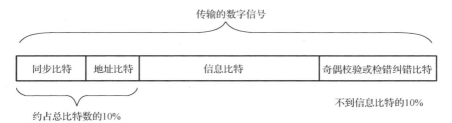

图 5.1　传输的数字信号包含了同步比特、地址比特、信息比特、奇偶校验比特或检错纠错比特

5.2.1　传输比特率和信息比特率

　　接收端所需的信息包含在信号帧中,为了将整个信号帧以接收端所需的信息速率发送

出去，传输比特率必须足够快。这意味着传输数据率可能显著高于信息数据率。为了适应这么高的比特率，链路带宽必须足够宽。

5.2.2　同步

同步包括两个方面：比特同步和帧同步。接收端收到的数字信号是携带着不同比特（1或0）的射频调制信号。接收端为了将此信号解调以恢复出比特，必须设置一个时标电路（叫做比特同步器）来输出码时钟信号，这个码时钟信号与发送端的码时钟信号一致，只是根据信号从发送端到接收端之间（以光速进行传输）的传输时间进行了延迟。对收到的信号进行解调并判决出 0 和 1，比特同步器就可以产生一串清晰的比特流。由于收到的射频信号存在衰减，此时有些比特可能是错的（比特错误），但输出的是一串比特，可以通过数字电路处理进行检错和纠错。比特同步器除了可以生成码时钟，还可以决定何时对射频信号进行采样和判决，如图 5.2 所示。

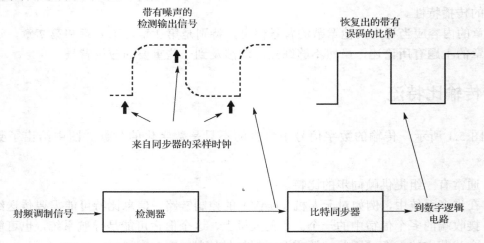

图 5.2　比特同步电路根据接收机检测器的解调输出生成二进制比特

当信息以数字化方式进行传输时，发送端发送的通常是一串连续的比特（1 和 0 组成），如果接收端不能确定每个比特的功能，这串比特就毫无意义。信息被编入由很多比特组成的帧，接收端必须能够确定每一帧的起始，然后根据每一个比特在帧中的位置来确定该比特的功能。这个过程就叫做同步。在某些数据传输系统中，可以在数据帧的起始位置加入一个具有特定调制值的同步脉冲来实现同步。但在通常情况下，是在数字比特流中插入一段特殊的比特序列来实现同步，接收端将数字比特流与本地存储的比特序列进行比较，即可识别出帧的起始位置。

图 5.3 给出了一串比特的图钉型相关值。一个数字信号中 1 和 0 的数量近似相等，且接近随机分布。两个信号的相关值可以通过比较它们的状态来确定。如果在任一时刻，两个信号都相等（例如：两个信号都是 1），则相关值为 1。如果两个信号不相等（例如：一个为 1，一个为 0），则相关值为 0。由于比特是随机分布的，对一串比特的相关值取平均可以得出平均相关值为 0.5。如果将收到的码相对于参考码在时间上滑动（稍微改变码时钟的频率即可实现一个信号相对于另一个信号的滑动），一旦收到的码和参考码相距小于一个比特周期，两个信号的相关值就开始增大，当两个比特流严格对齐时，相关值就会达到

1（100%相关）。接收端本地存储的参考码与帧结构中同步区（见图 5.1）内的特殊比特序列一致。接收端对收到的比特序列进行延迟平均相关，当平均相关值跳变到 100%时，就停止对接收到的码的延迟，从而实现了同步。然后接收端就可以根据接收到的每个比特在帧结构中的位置识别出其功能。

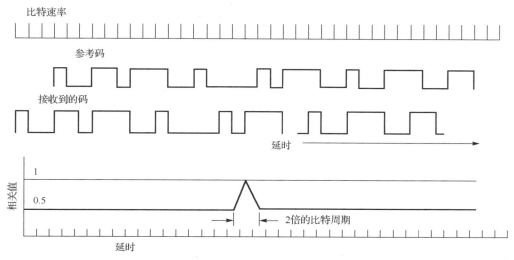

图 5.3　接收到的数字信号必须同步上才能恢复出比特中包含的信息

　　需要注意的是，没有理由要求同步比特必须位于帧头的一块连续区域中。同步比特也可以伪随机地分布在整个帧中，使敌方的接收机难以恢复出帧，或使敌方的干扰机难以干扰帧同步。对于数字通信，阻止同步是一种高效的干扰方法，重要的通信链路理应具备非常稳健的同步策略。

5.2.3　带宽需求

　　图 5.3 中的图钉型同步图中有一个非常尖锐的三角形，宽度为两个比特周期。这种同步图要求比特的波形是方波，而方波波形需要无限的带宽。当链路的带宽变窄时，比特的波形就会变圆，导致相关值的钝化，如图 5.4 所示。根据狄克逊的论述，数字信号频谱主瓣的 3dB 带宽就足以支持数字信号在传输后的恢复[1]（见图 5.5）。

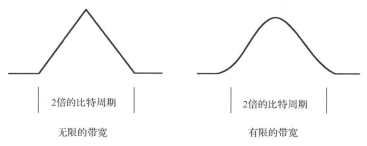

图 5.4　相关曲线的形状取决于传送数字信号的链路带宽

　　根据文献[1]，对于大多数的射频调制方式，3 dB 带宽约为 0.88×传输比特率，而对于最小频移键控（MSK），3 dB 带宽只有 0.66×传输比特率。MSK 可以降低对带宽的需求，进而改善接收机的灵敏度，因而是一种广泛应用于数字链路中的高效调制方式。在 5.4 节中，将会详细讨论多种调制方式及其应用。

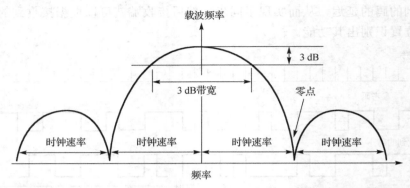

图 5.5　数字信号的频谱包含了一个主瓣和多个旁瓣，在距离载波频率为时钟速率的整数倍处，为确定的零点

5.2.4　奇偶校验和检错纠错

图 5.1 中帧尾的一块比特用于检测和纠正比特错误，从而维持信息的保真度。对于在敌对性很强的环境中工作的系统，为了在要求的时间内完成给定数量的数据的传递，这些比特或者其他维持信息保真度的技术会显著地增加所需的带宽。

5.3　内容保真

对网络有一项非常重要的要求就是要将信息正确地送到远端。由于网络中大部分信息都是以数字方式传输的，这就意味着误码率必须足够低，网络才能正常运行。

5.3.1　基本的保真技术

对于通过传输链路传送的信息，有多种方法可以保证信息的保真度。每种技术都得在数据率、时延、保真度和系统复杂度之间进行折中。

一种方法是将数据重复发送多次，称为重复编码，如图 5.6 所示。假设每个数据块发送三次。在接收端对收到的数据块进行比较，如果三个数据块一致，则将数据送到输出寄存器。如果三个数据块中有两个一致，则将这两个数据块的数据送到输出寄存器。如果三个数据块互不一致，则数据可以丢弃，也可以做其他处理。这种方法虽然提高了保真度，但数据吞吐率下降为原来的 1/3，且输出数据也被延迟了三个数据块周期。可见，在敌对环境中采用重复编码方法虽然可以提高信息的保真度，但会降低数据吞吐率，并增大通信时延。

在重复发送数据块的同时，还可以为每个数据块加上奇偶校验比特，如图 5.7 所示。通过检查每个数据块的奇偶校验比特，可以检测出含有错误比特的数据块并丢弃掉。收到的第一个没有错误的数据块将直接送到输出寄存器。在这种情况下，数据吞吐率的下降程度和时延的增加程度不仅与数据块重复发送的次数有关，还与奇偶校验比特在数据块中所占的比例有关。例如，如果每个数据块被重复发送 5 次，且每个数据块中有 10%的奇偶校验比特，则数据吞吐率会下降为原来的 2/11，同时会引入 5.5 个数据块周期的时延。当然，这种方法改善了数据的保真度。

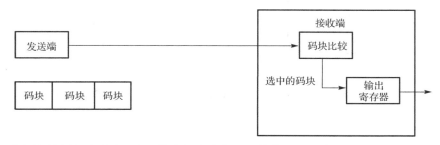

图 5.6 重复编码方法需要对一个码块进行多次发送，接收端选择收到次数最多的码块进行输出

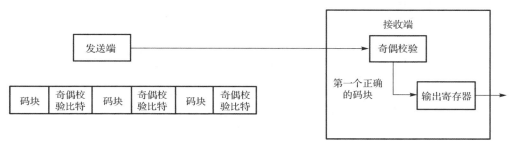

图 5.7 带有奇偶校验比特的重复发送需要每个信息码块在发送时携带有足够的奇偶校验比特，从而可以可靠地检测出含有误码的码块。接收端会丢弃掉未能通过奇偶校验的码块，并将接收到的第一个没有发生误码的信息码块输出

另一种方法是接收端将收到的数据回传给发送端，发送端逐比特检查回传的数据，如果发现错误，则重新发送当前的数据块，如图 5.8 所示。只有当接收端把正确的数据送入输出寄存器后，发射端才被授权允许发送下一个数据块。如果一个数据块发生错误，该数据块会被不断地重发，直到接收到正确的数据块。这种方法可以保证每一个数据块最终都会被正确地传输。但是，回传机制增加了链路的复杂性。以一个从远程传感器到控制站的宽带数据链路为例，通常情况下，从控制站到远程传感器的控制链路的带宽远远小于数据链路的带宽，甚至都不需要控制链路。如果采用这种保真度技术，必须增加一条从控制站到远程传感器的链路，且带宽必须与数据链路一样宽。后面我们将讨论链路带宽对网络运行的影响。如果环境中没有显著的干扰，这种方法引起的数据吞吐率下降和时延是微不足道的。当环境中存在重大的无意干扰或有意干扰时，会出现大量的比特错误，数据块需要多次重传，由此导致的数据吞吐率下降和延时增加取决于环境的对抗烈度。

还有一种方法是给每个数据块附加检错纠错码（EDC），如图 5.9 所示。如果数据块中发生错误，EDC 可以纠正这些错误。这种方法被称为前向纠错，可以在误码率不超过某个上限的情况下纠正错误，提供无误码的数据传输。这种方法不需要回传链路，数据吞吐率和延时不受环境对抗烈度的影响。数据吞吐率的下降和延时增加取决于每个数据块中 EDC 码所占的比例。EDC 码所占的百分比越高，能纠正的比特错误就越多。

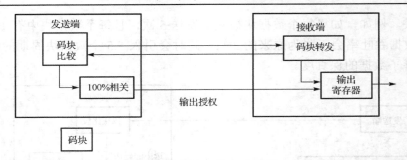

图 5.8　数据重传确认方法需要将每个信息码块回传到发送端，并与原始的发送数据进行比较。
如果比较结果是正确的，就会给接收端发送一个授权信号，允许码块进入输出寄存器

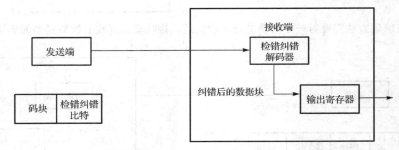

图 5.9　前向纠错需要给每个码块都加上检错纠错码。接收端对检错
纠错码进行解码即可纠正比特错误，并将纠错后的码输出

终极的方法是直接提高发射功率，使接收端收到的信号具有较高的信噪比（SNR）和信干比。通过降低传输比特率来降低接收机的带宽，也可以达到同样的效果。这两种措施都可以降低误码率，改善信息的保真度。增加发射功率会显著增加系统的复杂性，而降低传输比特率则会降低数据吞吐率。

5.3.2　奇偶校验比特

如前所述，为传输的数据附加一些额外的比特可以保证信息的保真度。这一点在存在无意和有意干扰的敌对环境中尤其重要。这些额外的比特可以是奇偶校验比特也可以是检错纠错码。奇偶校验比特可以检查收到的信息是否正确。如果所有的奇偶校验比特都被正确接收，此时奇偶校验比特数越多，则收到的数据块中没有错误的可能性就越大。

5.3.3　EDC

EDC 码可以提供前向纠错。在一定的误比特率或误字节率之下，EDC 码可以从接收到的数据流中检测到损坏的比特或字节，并实施纠错。EDC 码的比特数或字节数越多，检错纠错功能就越强。

EDC 码分为两种。卷积码对于随机分布的比特错误最有效，可以对单个比特进行纠错。卷积码的能力可以用（n/k）来表示，这意味着输出的 n 个比特中有 k 个比特是信息比特，即每 k 个信息比特额外附加 $n\text{-}k$ 个 EDC 比特。

第二种 EDC 码由分组码组成。分组码可以纠正整个数据字节，对于成组出现的比特错误更有效。跳频信号就是一种容易成组出现比特错误的信号，如果发射端跳到一个存在强干扰信号的频率上，在此频率上发送的所有比特都会出错。实际上误码率会接近 50%，此

时相邻的字节中会出现大量的错误。

部分带宽干扰技术对部分而非全部的工作频点进行干扰，常用于干扰跳频通信系统。在部分带宽干扰情况下，当系统的工作频点跳到受干扰的信道时，将会出现成片的错误字节。

分组码的能力可以用（n, k）来表示，即输出的 n 个字节（或符号）中有 k 个是信息符号。因此，每发送 n 个信息符号，需要额外增加 $n-k$ 个 EDC 字节。

分组码的一个例子就是 Link16 所用的 Reed-Solomon(31,15)码，Link16 可以在飞机、舰船和地面军事设备之间提供实时互连。该码也用于压缩电视信号的太空广播。这种编码可以在发送的 n 个符号中纠正（$n-k$）/2 个出错的符号。这种编码也可以少纠正一个错误，同时以 10^{-3} 的精度提示出是否还有额外的未纠正的错误。由于这种编码需要为每 15 个信息字节发送 31 个字节，故数字比特传输速率是信息比特发送速率的两倍多。这通常意味着所需的带宽是信息速率的两倍以上。所获得的好处是，只要 31 个字节中包含的错误不多于 8 个，就可以完全纠错。

5.3.4 交织

当使用分组码来保护跳频链路时，通常会在一跳之内发送一组字节（对于（31，15）码，一共有 31 个字节）。被阻塞的频点（即干扰信号所在的频率）会引起所有接收到的比特出错。为了解决这个问题，可以将发送的字节进行交织，使每个频点上发送的字节数不超过 8 个（对于（31，15）码的情况）。图 5.10 所示为线性交织方案，即每一跳只发送 8 个字节，下一批 8 个字节延迟到下一跳进行发送。这样，当遇到被阻塞的频点时，连续出现错误的字节数不会超过 8 个。更常见的方法是在足够长的字节序列上进行伪随机交织。任何交织方法都会增加时延。

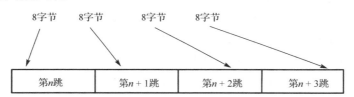

图 5.10 交织就是将邻近的数据放进信号流的不同部分，保护数据免遭系统性无意干扰和人为干扰的影响

5.3.5 保护内容的保真度

对网络有一项非常重要的要求就是要将信息正确地送到远端。由于网络中大部分信息都是以数字方式传输的，这就意味着误码率必须足够低，网络才能正常运行。

5.4 数字信号调制

5.4.1 每个波特携带一个比特的调制

数字波形不能直接传输，而是要选用一种调制方式调制到一个射频载波上才能传输。一些调制方式可以用一个传输波特携带一个比特，还有一些调制方式可以用一个传输波特携带多个比特。调制方式的选择不仅会影响所需的带宽（每秒钟传输给定数量比特的信息的情况下），还会影响由传输链路 SNR 引起的比特错误的百分比。

图 5.11 给出了三种每个波特携带一个比特的波形，分别是脉冲幅度调制（PAM）、频移键控（FSK）和开关键控（OOK）。PAM 产生一个调制幅度来代表 1，另一个调制幅度来代表 0。FSK 用一个频率来代表 1，用另一个频率来代表 0。OOK 用有信号代表 1，没信号代表 0。这些表示方式都可以反过来。这些调制方式所需的带宽通常为 0.88 倍的比特率，即调制信号频谱的 3 dB 带宽，如图 5.5 所示。

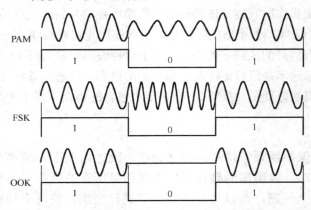

图 5.11　数字信息可以通过多种调制方式来携带，包括脉冲幅度调制、频移键控和开关键控。
每种调制方式都用一种独特的调制状态来代表 1，用另一种独特的调制状态来代表 0

图 5.12 给出了两种对载波进行相位调制来携带数字信息的波形。二元相移键控（BPSK）用 0° 的相移来表示 1，用 180° 的相移来表示 0。这种表示方法也可以反过来。正交相移键控（QPSK）有四个相位，间隔为 90°。每一个相位可以表示两个信息比特。如图所示，0° 的相移代表 "00"，90° 的相移代表 "01"，依此类推。显然，两个二进制数字的四种状态和四个相位状态可以任意组合对应。图 5.12 还给出了这两种调制方式的信号矢量图。在信号矢量图中，箭头的长度表示信号的幅度，角度表示信号的相位。在传输信号的每个射频周期内，箭头都要顺时钟旋转 360°。为了便于图示，图中用相对于参考信号的相位来表示相位。

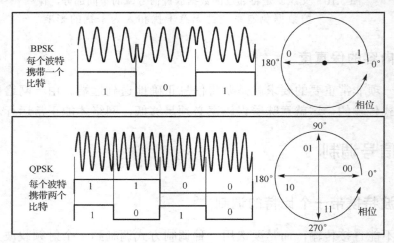

图 5.12　用传输信号的相位携带信息的两种常见的数字调制方式。二元相移键控有两个相位状态，
每个传输波特携带一个比特。正交相移键控有四个相位状态，每个传输波特携带两个比特

5.4.2 误码率

图 5.13 给出了有噪声时的信号。噪声矢量的幅度和相位服从某种统计模型。收到的信号是传输信号矢量和噪声矢量的和。带阴影的圆形区域就表示了信号加噪声矢量的端点可能出现的位置。

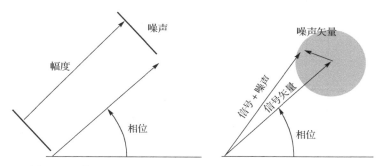

图 5.13   收到的信号是发射信号矢量与噪声矢量之和，噪声
矢量按一定的统计规律分布在信号矢量端点的周围

图 5.14 给出了接收端收到带有噪声的信号后的判决过程。图中的横坐标是调制维度。纵坐标表示接收到的信号（带有噪声）在每种调制值上的概率。FSK 调制方式对应的调制维度是频率，PAM 和 PSK 调制方式对应的调制维度分别是幅度和相位。如果噪声服从高斯分布，收到的信号的调制值（例如 0）就会服从高斯曲线型的概率分布，曲线的中心就是 0 所对应的传输信号的值。同样地，如果传输的是 1，收到的信号的调制值也会服从高斯曲线型的概率分布，曲线的中心就是 1 所对应的传输信号的值。图中有一个门限值用来判决收到的是 0 还是 1。如果收到的信号在门限的左边，则输出 0。如果收到的信号在门限的右边，则输出 1。同时位于两条高斯曲线之下的阴影区域代表没能正确接收的比特。检测前 SNR 越大，高斯曲线就越窄。误码率是指没能正确接收的比特数与接收到的比特总数之比。误码率与检测前 SNR 成反比，因为检测前 SNR 越大，高斯曲线围绕着 0 或 1 的值收的越紧，同时位于两条曲线下的误码区域就越小。

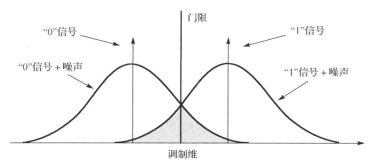

图 5.14   接收机在调制维度上用一个门限将带噪声的信号判定为 "1" 或 "0"

图 5.15 给出了误码率与 E_b/N_0 的关系曲线。E_b/N_0 是以比特率（比特每秒）与带宽（频率）之比表示的检测前信噪比。不同的调制类型对应不同的关系曲线。波形的相干性越好，

曲线就越靠近左边。在图 5.15 中，E_b/N_0 为 11 dB 时，对应的误码率是 10^{-3}（每收到 1000 个比特中，有一个比特是错的）。

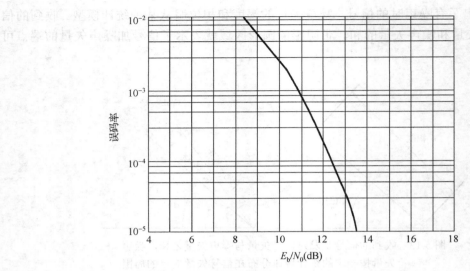

图 5.15　收到的信号的误码率与 E_b/N_0 成反比

图 5.14 给出了收到的信号在给定的调制值上的概率。如果噪声导致收到的信号落入了错误的一边，就会发生误码。图 5.16 中的实线与图 5.14 相同。当 SNR 增大时，概率曲线如虚线所示。虚线围绕着调制值收得更紧了，两条曲线下的区域（表示收到的信号落入门限的错误一边的概率）显著变小，这意味着误码率降低了。

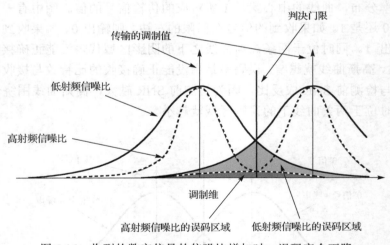

图 5.16　收到的数字信号的信噪比增加时，误码率会下降

5.4.3　m 元 PSK

图 5.17 所示为一种每个传输波特携带多个比特的数字波形，称为 m 元相移键控信号（PSK）。图中定义了 16 个相位，故 m 为 16。图中的径向矢量表示传输的相位矢量（没有

噪声）。如图所示，每个波特的传输相位代表了四个比特。每个波特可以发送四个比特，因此这是一种高效的调制方式。对于给定的数据比特率，这种调制方式所需的传输带宽是 5.4.1 节中讨论的几种调制方式所需带宽的四分之一。为了达到与 BPSK 相同的误码率性能，16 元 PSK 需要的检测前 SNR 要比 BPSK 高出约 7.5 dB。这是因为收到的信号中的相位噪声会引起图 5.17 中的每一个信号矢量偏离其传输相位。当指定的相位之间的夹角越小时，相移键控调制方式在噪声下表现得就越脆弱。因此，就需要更大的 SNR 来达到所需的误码率水平。

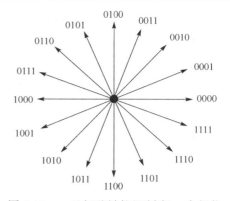

图 5.17 m 元相移键控调制有 m 个相位状态。本例中有 16 个相位状态，每个相位值表示 4 比特的信息

5.4.4 I&Q 调制

图 5.18 所示为一种 I&Q 调制方式。I&Q 是指同相（in-phase）和正交（quadrature）。由于每个传输波特的信号矢量都可以由矢量终点在 I&Q 空间中的位置来表征，因此用 I&Q 来描述这一类的调制方式。图中所示的 16 个位置中的每一个都代表了一种传输信号状态，传输信号的状态由载波的幅度和相位定义。因为有 16 个位置，故每一个位置代表 4 个二进制比特。I&Q 调制相对于 m 元 PSK 的优点是 I&Q 的位置在参数空间中的间距更宽，在接收信号中由噪声引起的错误比特较少。

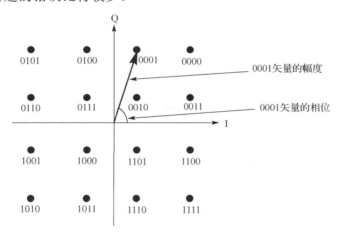

图 5.18 有 16 个幅度&相位状态的 I&Q 调制，每个状态代表 4 比特信息

5.4.5 不同调制方式下 BER 与 E_b/N_0 的关系

图 5.19 中对三种调制方式下误码率与 E_b/N_0 的关系曲线进行了直观的比较。左边的曲线对应于每个传输波特携带一比特数据的一类调制方式。中间的曲线对应于一种特别高效的波形，这种波形在 0 和 1 两种调制值之间变化。右边的曲线对应于一种每个传输波特携带多个比特的调制方式。三条曲线的形状是一样的，只是在水平方向上有不同的偏移。需

要注意的是，这些调制方式携带信息所需的带宽都是不同的。左边曲线的频谱效率最低，右边曲线的频谱效率最高。

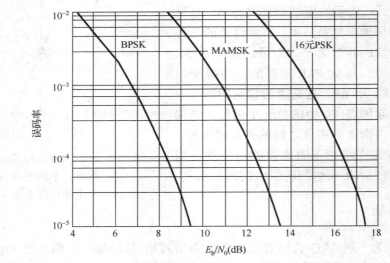

图 5.19　收到的信号的误码率与 E_b/N_0 成反比

5.4.6　高效的比特转移调制

图 5.20 所示为两种高效利用频谱的调制方式。上面的曲线表示以正弦路径在 1 和 0 之间转移，下面的曲线表示最小移频键控（MSK）调制方式。MSK 十分高效，因为波形在 0 和 1 之间以最节省能量的方式移动。表 5.1 比较了 MSK 与其他效率较低的调制方式，给出了不同调制方式的零点-零点带宽和 3 dB 带宽。通常以 3 dB 带宽作为所需的传输带宽，MSK 信号所需的带宽仅为其他调制方式的四分之三。

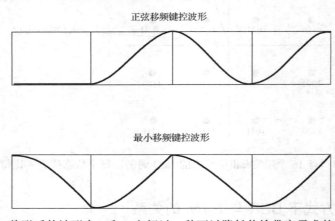

图 5.20　整形后的波形在 0 和 1 之间以一种可以降低传输带宽需求的方式移动

表 5.1　数字信号的带宽和波形比较

波形	零点-零点带宽	3 dB 带宽
BPSK QPSK PAM	2×码时钟	0.88×码时钟
MSK	1.5×码时钟	0.66×码时钟

5.5 数字链路规范

为了把数据从一个地方传到另一个地方，数字化的数据链必须有足够的链路余量。这个余量既包括一些明确可度量的因素，如链路距离、系统增益和损耗等，还包括一些统计因素（如天气等）。链路的可用性与链路的余量有关。余量越大，链路在任何给定的时刻完全达到规范的概率就越高。

这里所说的链路包含了一些之前未讨论过的要素，如图 5.21 所示。

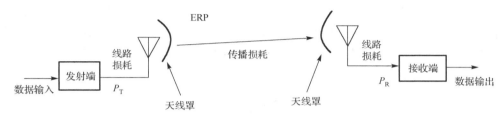

图 5.21 数据链接收机收到的功率取决于发射机和接收机之间的所有增益项和损耗项

5.5.1 链路规范

完全数字化的链路的典型规范如表 5.2 所示。

表 5.2 典型的链路规范

规范	定义
最大距离	链路的最大通信距离
数据率	传输数据比特或符号的速率
误码率	没能正确接收的比特的比率
角跟踪速度	发射天线或接收天线的最大角跟踪速度和角加速度
气象因素	链路规范所涉及的降雨条件
抗干扰能力	链路完全达到规范的前提下所能承受的干信比
抗欺骗能力	防止敌方植入假数据的认证措施

5.5.2 链路余量

链路余量是指收到的信号功率中超出接收机灵敏度的部分。

$$M = P_R - S$$

式中，M 是链路余量（dB），P_R 是接收系统输入端的信号功率（dBm），S 是位于接收天线输出端的接收系统灵敏度（dBm），S 包含了从天线到接收系统的线缆损耗。

接收到的信号功率与 ERP、传输耗损和接收天线增益有关。

$$P_R = ERP - L + G_R$$

式中，ERP 是发射天线输出的等效辐射功率，其中包含了由发射天线指向误差引起的增益下降以及天线罩的损耗；L 是发射天线和接收天线之间的传播损耗，包含视距或双径传播损耗、绕射损耗、大气损耗和雨衰（都以 dB 计量）；G_R 是接收天线增益，其中包含了天线罩损耗和由指向误差引起的天线增益下降。

　　用于预测系统在动态条件下的总体性能的三大传播损耗模型将在第 6 章进行讨论。

　　图 5.22 所示为发射天线的天线指向误差。这种几何关系也适用于未能完全对准发射机的接收天线。前面的章节中在讨论截获和干扰环境下的电波传输时，涉及了发射天线在接收机方向的增益和接收天线在发射机方向的增益，这两种增益已经用在了干扰方程和截获方程中。在那种场景下，通常讨论的是从雷达的旁瓣进行截获或干扰。本章则主要讨论从链路天线的主瓣进行收发，但相对于天线的视轴有一个小角度的偏离。天线增益相对于视轴方向增益的下降量能够以合理的精度计算出来，但在实践中通常是从制造商那里获取天线的方向图，并根据天线的最大指向误差对应的角度来确定增益的下降量。

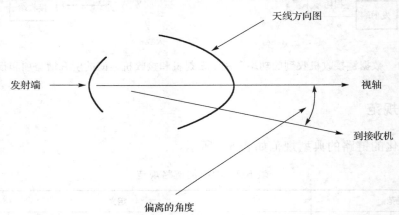

图 5.22　由于存在角度偏离，发射天线在接收机方向上的增益比视轴方向有所下降

5.5.3　灵敏度

　　如第 6 章所述，接收系统的灵敏度为：

$$S(\text{dBm}) = KTB(\text{dBm}) + \text{NF(dB)} + \text{RFSNR(dB)}$$

式中，kTB 是接收机输入端的内部噪声。在大气层内，kTB 通常表示为 –114 dBm+10log（带宽/1 MHz），这里假设接收机的环境温度为 290 K。

　　NF 是系统的噪声系数，是由接收机系统引入的噪声导致接收机输出端的噪声高出 kTB 的量。

　　RFSNR 是检测前 SNR，在有些文献中也称为 CNR（载波与噪声之比），是为了与输出 SNR 区分开来。在计算中使用的信号功率是全部的检测前信号功率，而不只是载波功率，因此在 EW101 系列中使用的是 RFSNR。

　　在数字链路中，RFSNR 通过 E_b/N_0 与误码率联系起来，如图 5.23 所示。图中画出了两条典型的曲线，但具体链路的实际曲线还需视所用的数字调制方式而定。

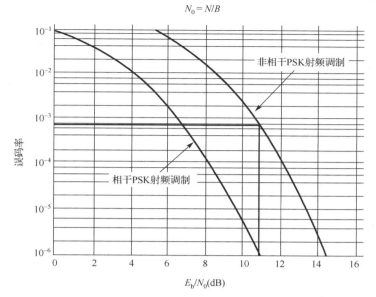

图 5.23 解调后的数字信号中的误码率与 E_b/N_0 有关

5.5.4 E_b/N_0 与 RFSNR

E_b/N_0 是单个比特的能量与噪声功率密度（噪声等效带宽内每赫兹的噪声功率）之比。

$$E_b = S/R_b$$

式中，S 是接收到的信号功率（图 5.21 中的 P_R），R_b 是比特率（每秒的比特数）。注意，这里说的比特是指数据比特，而非所有发送的比特（即不包括同步比特和纠错比特）。

$$N_0 = N/B$$

式中，N 是接收机中的噪声（即 kTB+噪声系数），B 是噪声等效带宽，B 近似等于符号速率。

至此，E_b/N_0 与 RFSNR 可由下式联系起来：

$$E_b/N_0 = SB/NR_b$$

上式用 dB 形式可写为：

$$E_b/N_0(dB) = RFSNR(dB) + [B/R_b](dB)$$

5.5.5 最大通信距离

在最大通信距离上，接收机收到的信号功率刚好等于灵敏度加上额定的工作余量。这里涉及余量和最大通信距离之间的折中，而且忽略了与气象条件有关的损耗。我们从 5.5.2 节的接收功率方程出发来确定最大通信距离，并针对恰当的传播模型将公式中的损耗项（L）进行展开。视距传播模型适用于大多数的数字链路，在这种模型下，接收功率方程为：

$$P_R = \text{ERP} - 32 - 20\log(d) - 20\log(F) + G_R$$

式中，P_R 是输入到接收系统的信号功率（dBm），d 是链路距离（km），F 是工作频率（MHz），G_R 是接收天线增益（dB）。

ERP 和 G_R 的值都会因天线指向误差而下降。令 P_R 等于灵敏度（S, dBm）+ 必需的链路余量（M, dB），则上式变为：

$$S + M = \text{ERP} - 32 - 20\log(d) - 20\log(F) + G_R$$

解出距离项，可得：

$$20\log(d) = \text{ERP} - 32 - 20\log(F) + G_R - S - M$$

进一步做反对数运算，可得出以 km 表示的最大通信距离为：

$$d = \text{antilog}\{[20\log(d)]\,/\,20\} \text{或} 10^{\{[20\log(d)]/20\}}$$

5.5.6　最小通信距离

链路的最小通信距离也不容忽视。最小通信距离主要受链路接收系统的动态范围和角跟踪速度的影响。动态范围是指接收机可以正常工作而不会发生饱和的接收功率范围。在第 6 章，将讨论 EW 和侦察系统的动态范围。这些系统通常不能使用自动增益控制（AGC），必须拥有宽的瞬时动态范围，才能在存在强干扰信号的情况下接收到弱信号。但对于数据链接收机，只需要接收有用的数字信号，因此可以使用 AGC 来获得非常大的动态范围。链路的角跟踪速度将在 5.5.9 节讨论。

5.5.7　数据率

数据率是链路每秒钟可以传输的数据比特的数量。需要注意的是，这里说的不是每秒钟传输的总的比特数量，因为传输的比特中还有同步比特、地址比特、奇偶校验比特和纠错比特，如图 5.24 所示。总的比特与传输带宽有关。传输带宽通常是数字频谱的 3 dB 带宽，如图 5.25 所示。这个传输带宽就是 5.5.3 节中讨论灵敏度时提到的 kTB 中的 B。

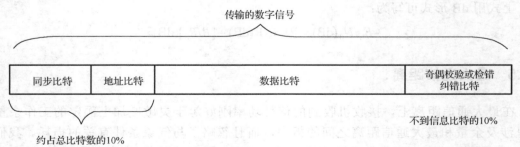

图 5.24　传输的数字信号中除了数据比特外，还包含同步比特、
地址比特、信息比特、奇偶校验或检错纠错比特

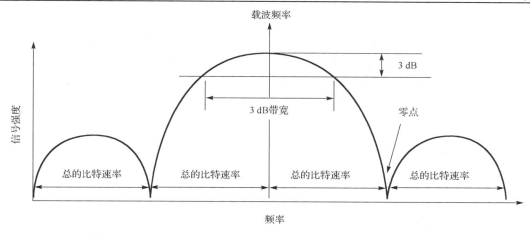

图 5.25 数字信号的典型传输带宽是数字信号频谱上的 3 dB 带宽

5.5.8 误码率

误码率是未能正确接收的比特数与传送的总比特数之比。在 5.5.4 节中，我们讨论了 E_b/N_0 的定义，并定义了检测前 SNR（RFSNR），RFSNR 是灵敏度计算公式中的一部分。

5.5.9 角跟踪速度

链路的角跟踪速度与链路应用场景的几何关系有关。如果链路的一端或两端在运动平台上，且使用的是窄波束天线，天线的基座必须能够在给定的最小通信距离上以最大的横向速度跟踪链路的另一端，如图 5.26 所示。图中所示为一个固定的链路发射端和一个运动的链路接收端。也可以使用一个固定的接收端配一个运动的发射端，或者接收端和发射端都运动。

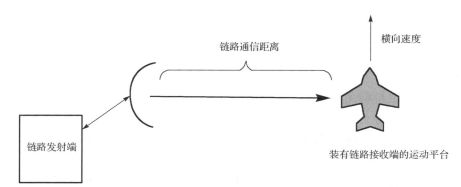

图 5.26 链路所需的角度跟踪速率与最小作用距离以及其他链路终端的最大横向速度有关

5.5.10 链路带宽和天线类型

在选择用于连接运动平台的链路时，一个重要的因素是对窄波束天线的要求。由于传输数据率给定了所需的传输带宽，而接收机灵敏度与带宽成反比，宽带链路需要在接收端或发射端（或者同时在接收端和发射端）具有很大的天线增益才能保障链路的性能。增加天线增益意味着减小波束宽度，进而导致对天线指向精度的要求更加苛刻。

通常情况下，低数据率的链路可以在运动平台上使用偶极子之类的简单天线，而在链路的固定终端上可以使用波束相对较宽的天线。这种情况下的天线指向问题并不突出。但对于宽带链路，在两个终端上都需要使用定向天线，因此对天线指向性有很高的要求。

5.5.11　气象因素

首先考虑大气衰减。图 5.27 给出了每千米的大气衰减与频率的关系。图中有两条曲线，一条适用于标准大气条件，即大气湿度水平为每立方米空气中含有 7.5 克水汽，另一条曲线适用于干燥大气条件（即每立方米空气中的水汽含量为 0 克）。在极端干燥的大气中，低频部分的大气衰减远远低于在标准大气中的衰减。在使用曲线时，先根据频率找到曲线上对应的点，再向左在纵轴上读出每千米的衰减值。链路的大气损耗就是这个数值乘以链路的最大通信距离。

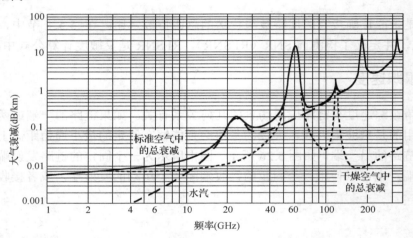

图 5.27　大气衰减与频率和空气湿度有关

对从地面或近地平台到卫星的链路的大气衰减，可以用图 5.28 来确定。图中给出了整个大气层的损耗与卫星仰角的关系。

下面考虑雨衰。图 5.29 给出了不同降雨等级下每千米的雨衰值。曲线的使用方法是一样的，即先根据频率向上找到对应曲线上的点，再向左在纵轴上读出这种降雨等级下每千米的损耗值。

为了确定链路的雨衰余量，会遇到估计降雨等级的问题。通常的做法是从链路的可用性指标出发。例如，要求链路在 99.9%的时间里可用，即不可靠度为 0.1%（每天 1.44 分钟）。地球上任何地区的降雨能够达到特定等级的时间比例都有丰富的联网数据可供查询。对于 0.1%的时间比例，最适用的降雨等级为 20 毫米/小时。如果将这个数据用于链路所工作的地区，则可以在图 5.29 中选用曲线 D（或者比曲线 D 略高一点）。从曲线上读出每千米的损耗量，再乘以链路的最大通信距离，即可得出雨衰。

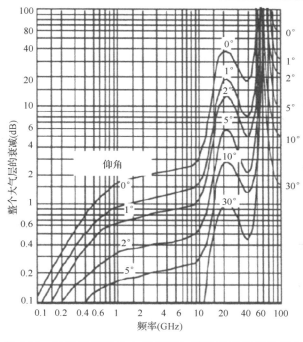

图 5.28 星对地链路的大气损耗与频率和卫星仰角有关

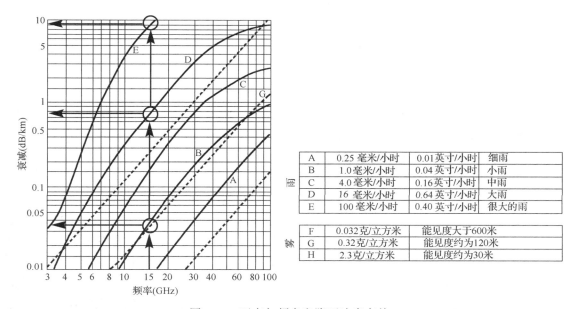

雨	A	0.25 毫米/小时	0.01英寸/小时	细雨
	B	1.0毫米/小时	0.04 英寸/小时	小雨
	C	4.0毫米/小时	0.16英寸/小时	中雨
	D	16 毫米/小时	0.64 英寸/小时	大雨
	E	100 毫米/小时	0.40 英寸/小时	很大的雨

雾	F	0.032克/立方米	能见度大于600米
	G	0.32克/立方米	能见度约为120米
	H	2.3克/立方米	能见度约为30米

图 5.29 雨衰与频率和降雨速度有关

如果链路是通向卫星的,则需要计算出从地面或近地面到 0℃ 等温线高度的路径长度。网上可以找到关于这些高度值的图表。对于要求链路可用性为 99.9%的例子,0℃ 等温线在纬度低于 25°时约为 5 km,而当纬度为 70°时,这个高度会急剧下降到 1 km。计算雨衰所用的路径长度为:

$$D_{\text{RAIN}} = \Delta E_1 / \sin(E)$$

式中，D_{RaIN} 是计算雨衰所用的路径长度，ΔE_1 是低处的平台与 0℃等温线的高度差，E 是低处的平台到卫星的仰角。

计算出 D_{RaIN} 之后，由图 5.29 查出每千米的雨衰值，将二者相乘即可计算出雨衰。

5.5.12 抗欺骗保护

防止敌方进入己方的数字链路并传递虚假信息是十分重要的。解决这个问题的通常方法是要求身份认证。即使在最简单的语音链路中，用户在向网络注入信息之前也需要验证口令。在向数字链路人工输入信息时也是如此。对于多用户高占空比数字网络，也可以使用同样的方法。但是，如果敌方能够探知口令，这种方法就会存在巨大的风险。

一种非常常用且高效的认证方式是密码。在使用了高级密码后，敌方基本上不可能进入己方网络。这种方法为信息安全提供了重要保障。

5.6 抗干扰余量

数字链路有多种抗干扰方式，包括：

- 发射 ERP 最大化；
- 使用窄波束天线；
- 对来自链路发射机方向以外的信号进行置零；
- 使用扩谱调制；
- 使用纠错编码。

干扰效能通常用干信比（J/S）来表示。J/S 越高（通常用 dB 表示），干扰效果就越好。将发射 ERP 最大化可以通过增加 S 来降低 J/S。将窄波束接收天线的主瓣对准链路的发射机，干扰信号大概率只能通过天线的旁瓣进入接收机，而旁瓣的增益远远小于主瓣增益，相当于通过抑制 J 而降低了 J/S。

如图 5.30 所示，旁瓣对消器配置了一个在旁瓣方向有增益的天线。这个特殊的天线收到的信号只要强于链路的主天线收到的信号，就输出一个反相的信号副本去与链路收到的信号相加，这样就可以对消（或显著抑制）干扰信号。相控阵天线还可以在选定的多个方向上产生多个零点来抑制收到的干扰信号。

扩谱信号已经在第 2 章进行了讨论，在第 7 章还将进行更为详细的讨论。三种扩谱技术（跳频，chirp 和直接序列扩谱）将发射信号的频谱扩展到（以伪随机的方式）较

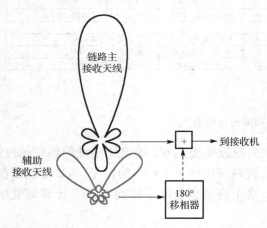

图 5.30 旁瓣对消器可以抑制收到的干扰信号功率

宽的频谱范围内，这个频谱范围远远宽于传输信息所需的带宽。接收机将链路收到的伪随机扩谱信号进行解扩，即可获得处理增益。接收到的链路信号可以获得这个增益，而干扰信号无法获得这个增益，因为干扰信号不知道链路的发射信号所用的伪随机函数。干扰信号的功率通过解扩受到严重的抑制，J/S 就减小了。通过处理增益获得的干扰容限为：

$$M_J = G_P - L_{SYS} - SNR_{RQD}$$

式中，M_J 是干扰容限（以 dB 表示），G_P 是处理增益（以 dB 表示），L_{SYS} 是系统损耗（以 dB 表示，通常取为 0），SNR_{RQD} 是链路正常工作所需的 SNR。

5.7　链路余量的具体计算

链路余量是链路正常连通所需接收的最小信号电平与链路配置完成后实际收到的信号电平之差。

表 5.3 给出了计算链路余量时需要考虑的内容。这个表是根据文献[2]中的一个相似的表格改编而来的。

这个表中几乎全部的内容都与以下两个公式有关：

$$RSP = ERP - TPL + TRG$$

式中，RSP 是收到的信号功率，ERP 是等效辐射功率，TPL 是总的路径损耗，TRG 是总的接收机增益。

$$NLM = RSP - RSS$$

式中，NLM 是净链路余量，RSP 是收到的信号功率，RSS 是接收机系统灵敏度。

表 5.3　链路预算

链路余量输入	链路余量小计	TSP&RSS	净余量
+发射机功率（NLM）TSP－RSS －发射机损耗 +发射机天线增益 －发射机天线罩损耗	等效辐射功率（ERP）对左侧的内容求和	总信号功率（TSP）对第二列的值求和	净链路余量（NLM）TSP－RSS
－路径损耗 －发射天线指向误差 －雨衰（0.999） －多径 －大气损耗	总路径损耗（TPL）对左侧内容求和		
－接收天线罩损耗 +接收天线增益 －接收极化损耗 －接收机损耗 －接收天线指向误差	总接收机增益（TRG）对左侧内容求和		
+接收机噪声系数 +kTB +检测前信噪比	接收机灵敏度（RSS）对左侧内容求和	第二列的值（RSS）	

5.8 天线对准损耗

为了确定天线指向偏离所导致的链路损耗，最精确的方法就是从制造商那里获取天线的方向图，读出天线指向精度指标所对应角度上的增益与视轴方向上的增益的差值，就是天线指向偏离所导致的链路损耗。这虽然是个好方法，但更为方便的方法是直接用一个公式计算出理想抛物面天线在不同指向误差下的损耗。下式给出了 3 dB 波束宽度与波长和天线直径的关系：

$$\alpha = 70\lambda/D$$

式中，α 是用角度表示的 3 dB 波束宽度，λ 是用米表示的波长，D 是用米表示的天线直径。

如果工作频率比波长更便于获取，上式可以变为：

$$\alpha = 21,000/(DF)$$

式中，α 是用角度表示的 3 dB 波束宽度，F 是用 MHz 表示的工作频率，D 是用米表示的天线直径。

增益下降量与误差角和 3 dB 波束宽度的关系为（角度偏离相对较小的情况下）：

$$\Delta G = 12(\theta/\alpha)^2$$

式中，ΔG 是用 dB 表示的由天线指向偏离导致的增益下降量，θ 是用角度表示的天线指向精度，α 是用角度表示的 3 dB 波束宽度。

用 dB 表示的增益下降量还可以写成频率、天线直径和天线指向精度的函数，这样使用起来更为方便：

$$\Delta G = -0.565 + 20\log(F) + 20\log(D) + \theta^2$$

式中，ΔG 是用 dB 表示的由天线指向偏离导致的增益下降量，θ 是用角度表示的天线指向精度，F 是用 MHz 表示的工作频率，D 是用米表示的天线直径。

5.9 数字化图像

网络中心战中的一个重要问题是如何将图像从现场传输给需要使用图像信息的作战人员和决策者。图像可以来自电磁频谱的多个部分：可见光，红外（IR）或者紫外（UV）。

有两种基本的方法来形成图像。一种方法是使用光栅对一个区域进行扫描，如图 5.31 所示。这种技术需要使用一个单独的传感器或者一套传感器（IR，UV 或可见光）指向感兴趣的角度区域。光栅之间的间距足够近，可以在垂直方向上提供所需的图像分辨率。水平分辨率由传感器中数据样点之间的角度移动量决定。

在模拟视频中，每幅画面的起始有一个帧同步脉冲，在光栅中每一行的起始还有一个行同步脉冲。在（美国的）商业电视中，光栅有 575 行且每行有 575 个样点。每一行每秒钟发送 60 次，故每秒钟可以形成 30 幅完整的图像。在欧洲，电视有 625 个光栅行，每行有 625 个样点。每一行每秒钟发送 50 次，可以产生 25 幅完整的图像。这两种电视都可以播放动态视频，因为人眼每秒种只能识别 24 幅图像。这种模拟视频在全彩模式下对带宽的要求不超过 4 MHz。把光栅扫描传感器的输出进行数字化，就能生成数字视频信号。

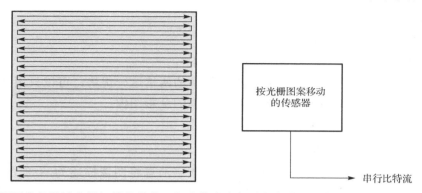

图 5.31　如果图像是通过光栅扫描获得的，每个像素中每种颜色的强度都会数字化为一个串行比特流

　　图 5.32 给出了另一种形成图像数据的方法。这种方法使用许多图像传感器形成一个阵列。每个传感器形成图像中的一个像素。对这些传感器的输出依次进行采样并数字化，就能形成适于传输的一系列数字信号。

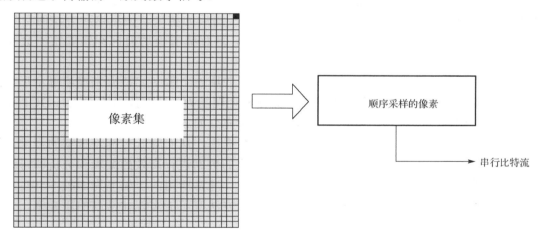

图 5.32　如果图像传感器是一个阵列，每个像素中每种颜色的强度被数字化为一个串行比特流

　　数字信号的比特率可由下式计算：

比特率=每秒的帧数×每帧的像素数×每个像素的比特数

　　一个标准的全分辨数字视频信号，每副画面有 720×486 个像素，每个像素有 16 个比特。则每幅画面有 720×486×16 个比特。

　　美国的电视是每秒 30 帧，需要的比特率是 167961600 比特/秒。

　　欧洲的电视是每秒 25 帧，需要的比特率是 139968000 比特/秒。

　　这些数字化数据所用的调制方式可能需要很大的链路带宽。下面讨论几种降低数据率的方法。

5.9.1　视频压缩

　　有几种基本的方法可以降低对带宽的需求。一种方法是传输模拟视频。但这种方法的缺点是模拟信号难以进行安全加密，而且在经过远距离多次传输后，信号质量会严重下降。对于数字视频，可以通过以下几种技术来降低对数据率的要求：

- 降低帧速率；
- 降低数据密度（即降低分辨率）；
- 减小覆盖的角度区域（在相同的分辨率下）；
- 利用人眼对亮度的分辨率是对色度分辨率的两倍这一优势，可以只用 16 比特来采集每个像素，形成每种颜色 8 比特分辨率的全彩图像；
- 使用数字化数据压缩软件。

有三种基本的数字压缩技术：

（1）离散余弦变换（DCT）压缩，用一个数字消息将图像描述为 8×8 的子块。这是一项非常成熟的技术。当收到的数字信号的 SNR 下降时，画面会变成一个个的方块。一个比特出错可能清除掉 64 个像素，在有些情况下可能会导致整个画面都被清除掉，这就需要经过几帧后才能再次同步上。所以，使用 DCT 压缩的系统通常还需要采用前向纠错机制。

（2）小波压缩，对画面进行一系列的高通滤波操作，将一串 1 用单个 1 来代替。将这个操作重复 10 到 12 次，就可能得出整个画面压缩后的结果。使用这种方法时，每一个错误的比特只是在整个画面上形成一个小斑点。这意味着使用前向纠错通常不会获得多少好处。

（3）分形压缩，将画面分解成一些几何形状，并用一个数字比特流来描述每个形状的密度、颜色和位置。这项技术需要大量的存储器和处理能力。这项技术的性能与 DCT 和小波压缩相似，但有一个优势，就是允许对图像进行充分的放大。

这些技术中的每一项都可以降低传输数据的数据率，从而降低对链路带宽的需求。这三项技术都是对视频的每一帧进行压缩，对数字化的数据进行高效的编辑和分析即可恢复出信息。压缩率取决于对恢复后的图像质量的要求，通常所用的压缩率为 30%～50%。

时间压缩可以去掉帧间的冗余数据。这种压缩方法有可能实现非常高的压缩率，但缺点是数字编辑变得非常困难。

5.9.2　前向纠错

用一些额外的比特对传输的数字信号进行编码，在接收端就有可能在一定的限度内检测到比特错误并纠正这些错误。包含的额外的比特越多，能纠正的比特错误也就越多。这些额外的比特增加了传输比特率，也增加了所需的链路带宽。

5.10　码

码在现代通信和 EW 领域中有广泛的应用，包括：

- 密码；
- 跳频序列；

- Chirp 信号的伪随机同步；
- 直接序列码片生成。

在这些应用中，码都表现出随机生成的特点。这些码是具有以下特性的最长二进制序列：

- 不重复比特数为 2^n-1，n 是生成码所用的移位寄存器的阶数；
- 处于同步状态时，匹配比特的个数就是码中包含的比特数；
- 处于不同步状态时，匹配比特的个数减去不匹配比特的个数等于 -1。

表 5.4 给出了不同移位寄存器的阶数所对应的码的不重复长度。码的安全性与码的长度有关。在军事系统和应用中的一条经验法则是，在注重安全性的常规行动中，码在两年内不能重复。

表 5.4 移位寄存器的阶数和码的长度

阶数	码的长度	阶数	码的长度
3	7	6	127
4	13	7	256
5	63	31	2147483647

图 5.33 给出了生成 7 位线性巴克码 1110100 的移位寄存器配置。有 3 个级联的移位寄存器和一个由模 2 加法器组成的反馈环路。在所有反馈环路中只使用二进制加法器是线性码的特征，这种码不太注重安全性。

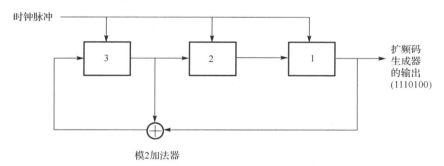

图 5.33 三阶移位寄存器可以生成 7 比特的码序列

对于非线性码，反馈环路会使用数字与门、或门等结构，这种码比较注重安全性。

图 5.33 中的所有移位寄存器的初始状态都是 1。图 5.34 给出了每个时钟周期内每级移位寄存器的状态。这个码在 7 个时钟周期后开始重复。在每个时钟周期结束后，第三级的状态会移位给第二级，并且第一级和第三级的模 2 和会输入到第三级。在这个过程中没有进位，即 1+1=0，并没有向下一级移位寄存器产生进位 1。

图 5.35 和图 5.36 给出了三级移位寄存器中每一级的状态。这三个比特对应一个八进制的数。注意图 5.36 中右边的一列，前七个时钟周期（在第一级移位寄存器上输出了 1110100 的码）内形成的八进制数也组成了一个随机序列，序列中的每一个数都在 1 和 7 之间。这个八进制码序列可用于控制跳频系统频率合成器的频率跳变，从而可以形成伪随机的跳频频点。

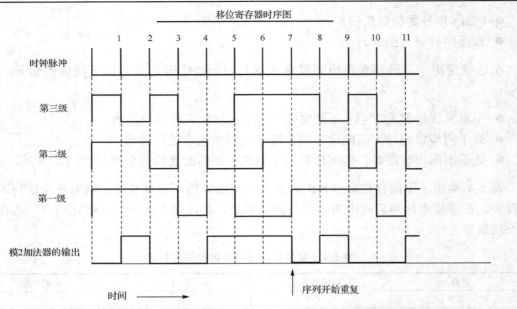

图 5.34　每个时钟周期，各级的状态和模 2 加法器的状态都传送给下一级

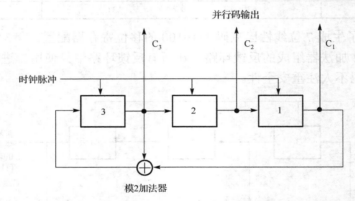

图 5.35　在每个时钟周期内，三级移位寄存器的三个状态都形成
了一个八进制的字，可用于描述一串伪随机选择的数字

跳频时间	二进制码			频率步进
	C_3	C_2	C_1	
1	1	1	1	7
2	0	1	1	3
3	1	0	1	5
4	0	1	0	2
5	0	0	1	1
6	1	0	0	4
7	1	1	0	6
8	1	1	1	7
⋮	码开始重复			⋮

图 5.36　最右边的一列是由 1 到 7 之间的数字组成的伪随机序列，数字由中间一列的八进制码决定

参考文献

[1] Dixon, R., Spread Spectrum Systems with Commercial Applications, New York: Wiley-Interscience, 1994.

[2] Seybold, J., Introduction to RF Propagation, New York: Wiley, 1958.

第6章 传统的通信威胁

6.1 引言

本章主要关注无线电传播的基本原理及其在通信电子战（EW）中的应用。本书中有很多章节都引用了本章的内容。

本章还将讨论对常规通信信号的截获、辐射源定位和干扰。对于以低截获概率信号为代表的复杂信号的电子战将在第 7 章讨论。

6.2 通信电子战

EW 是在阻止敌方从电磁频谱获益的同时保障己方从电磁频谱获益的技艺和科学。EW 是针对整个电磁频谱的。但本章只讨论战术通信中广泛使用的那部分频谱。本书中所说的战术通信包括点对点的军事无线电通信、基地与远程军事设施之间的指控和数据链路、对多个接收端的广播传输和武器的远程起爆。

本章首先对特高频（VHF）、超高频（UHF）和微波波段低端的电波传播进行一个简短的概述，然后讨论一些在这些波段进行电子支援（ES）、电子攻击（EA）和电子防护（EP）的原理和例子。

6.3 单向链路

对雷达的 EW 和对通信的 EW 之间最大的区别就是，雷达通常使用双向链路，即发射机和接收机通常（但不总是）位于同一个地方，接收的是目标反射回来的发射信号。在通信中，发射机和接收机通常位于不同的地方。所有类型的通信系统的目的都是把信息从一个地方送到另一个地方。所以，通信系统使用的是如图 6.1 所示的单向通信链路。

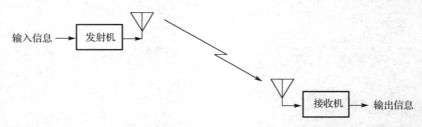

图 6.1 单向通信链路包括一部发射机、一部接收机、两个天线以及两个天线之间的传输过程

单向链路包括一部发射机、一部接收机、发射天线、接收天线以及信号在两个天线之间经历的所有环节。图 6.2 是对单向链路方程的图解。图中的横轴没有刻度，只是表示信号电平在通过整个链路过程中的变化。纵轴是链路中每个点的信号强度（dBm）。发射功率

就是发射天线的输入。图中所示的天线增益是正的，但实际中天线既可以是正的增益也可以是负的增益（dB）。需要重点说明的是，图中画的发射天线增益是在接收天线方向上的增益。发射天线的输出称为等效辐射功率（ERP），以 dBm 表示。这里使用 dBm 作为单位并不准确，因为信号在该点实际上表现为功率密度，通常用毫伏/米作为单位来描述。但是，如果紧挨着发射天线放置一个理想的各向同性天线（忽略近场效应），该天线的输出就是以 dBm 表示的信号强度。通过这个虚构的理想天线，我们就可以在链路的全程用 dBm 来讨论信号的强度，而无需转换单位，因此这种方法在实践中被广泛接受。以 dBm 表示的信号强度和以毫伏/米表示的场密度之间的转换公式为：

$$P = -77 + 20\log(E) - 20\log(F)$$

式中，P 是用 dBm 表示的到达天线的信号强度，E 是用毫伏/米表示的到达天线的场密度，而 F 是用 MHz 表示的频率。

　　反过来，到达的信号强度可通过下式转换成场密度：

$$E = 10^{[P + 77 + 20\log(F)]/20}$$

式中，E 是用毫伏/米表示的到达天线的场密度，P 是用 dBm 表示的信号强度，F 是用 MHz 表示的频率。

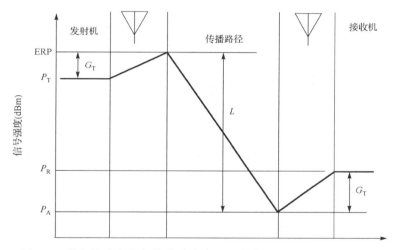

图 6.2　单向链路方程把接收功率表示成其他所有链路要素的函数

　　在发射天线和接收天线之间，信号被传输耗损衰减。下面将详细讨论各种类型的传播损耗。到达接收天线的信号没有通用的表示符号，本书为了方便讨论，将其记为 P_A。由于 P_A 位于天线外，也应当用毫伏/米来表示，但也可以使用同样的理想天线假设，以 dBm 作为单位。图 6.2 中所示的接收天线增益是正的，但在真实的系统中，接收天线的增益可以是正的也可以是负的。图中所示的接收天线增益是在发射机方向上的增益。

　　接收天线的输出是接收机系统的输入，称为接收功率（P_R），用 dBm 表示。单向链路方程可以用链路中的其他要素表示出 P_R，以 dB 表示的方程是：

$$P_R = P_T + G_T - L + G_R$$

式中，P_R 是用 dBm 表示的接收信号功率，P_T 是用 dBm 表示的发射机输出功率，G_T 是用 dB 表示的发射天线增益，L 是综合了所有因素的链路损耗，G_R 是用 dB 表示的接收天线增益。

有些文献中把链路损耗标记为增益,是一个负数(dB)。当使用这种标记方式时,方程式中需要加上而非减去链路增益。本书中将始终使用以正的 dB 数表示的链路损耗,因此在链路方程中要减去该项。

在线性单位下(即不使用 dB),方程变为:

$$P_R = (P_T G_T G_R) / L$$

式中的功率单位是瓦或千瓦。增益和损耗则是无量纲的纯数字。链路损耗位于分母上,是一个大于 1 的数。在后续的讨论中,不管是用 dB 形式还是用线性方式表示的损耗,都将被视为正数。

图 6.3 和图 6.4 给出了两个在电子战中应用单向链路方程的重要例子。图 6.3 所示为一个通信链路和一个从发射机到截获接收机的截获链路。要注意的是,发射天线在期望的接收机方向和截获接收机方向上的增益是不同的。图 6.4 所示为一个通信链路和一个从干扰机到接收机的干扰链路。在这种情况下,接收天线在期望的发射机方向和干扰机方向上的增益是不同的。两副图中的每一条链路都具有图 6.2 所示的要素。

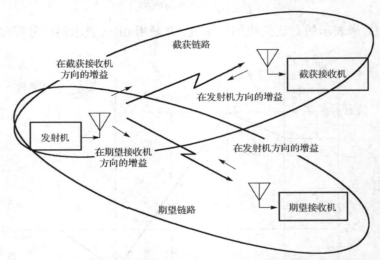

图 6.3   在通信信号被截获的场景中,需要考虑两条链路,一条是发射机到截获接收机的链路,另一条是发射机到期望接收机的链路

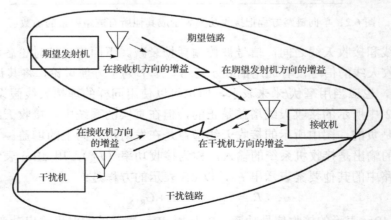

图 6.4   在通信信号被干扰的场景中,需要考虑两条链路,一条是期望发射机到接收机的链路,另一条是干扰机到接收机的链路

6.4 传播损耗模型

在前面对链路的描述中,链路损耗与发射/接收天线的增益是没有关系的。这意味着链路损耗指的是两个单位增益天线之间的链路损耗。按照定义,全向天线具有单位增益或 0 dB 增益。本节中对链路损耗的所有讨论都指的是全向天线之间的传播损耗。

广泛使用的传播模型包括:适用于户外传播的 Okumura 和 Hata 模型,适用于室内传播的 Saleh 和 SIR-CIM 模型。还有描述由多径引起的短期波动的小比例衰落模型。这些模型在参考文献[1]中均有论述。为了对传播环境中的每一条反射路径进行分析,这些模型都需要使用环境的计算机模型。

由于 EW 在本质上是动态的,在实际应用中通常并不需要使用详细的计算机分析,而是通过三种重要的近似模型来确定近似的传播损耗模型。这三种模型是:视距模型、双径模型和峰刃绕射模型。

参考文献[1]对这三种模型均有涉及。表 6.1 总结出了这三种模型的适用条件。

表 6.1 近似传播模型的选择

通视传播路径	低频、宽波束、近地面	链路比菲涅耳区距离长	使用双径模型
		链路比菲涅耳区距离短	使用视距模型
	高频、窄波束、远离地面		
有地形遮挡的传播路径	计算峰刃绕射形成的附加损耗		

6.4.1 视距传播

视距传播(LOS)损耗也叫做自由空间损耗或扩散损耗。这种模型用于描述空间中发射机和接收机之间的损耗,要求环境中没有明显的反射体,且传播路径与地面的距离远远大于信号的波长(见图 6.5)。

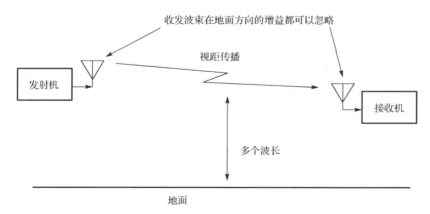

图 6.5 如果发射机和接收机都比地面高出多个波长,或者天线波束窄到不会向地面发射显著的能量,也不会从地面接收显著的能量,此时视距传播模型就是适用的

LOS 损耗公式来自于光学,光学中将发射孔径和接收孔径均投影到一个球心在发射机处的均匀球面上,以此来计算传播损耗。采用两个全向天线的几何模型后,该公式就可以

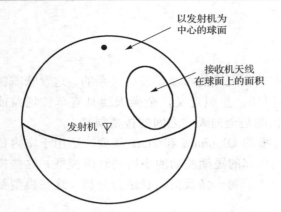

以发射机为
中心的球面

接收机天线
在球面上的面积

发射机 ▽

图 6.6 视距传播损耗是以发射机为中心、以传输距离
为半径的球面面积与接收天线的有效面积之比

用来计算射频传播的损耗。如图 6.6 所示，全向发射天线以球面波的形式传播信号，总能量分布到了整个球面上。球面以光速向外扩展，直到遇到接收天线。球面的面积是：

$$4\pi R^2$$

式中，R 是发射机到接收机之间的距离。

全向接收天线（具有单位增益）的有效面积是：

$$\lambda^2/4\pi$$

式中，λ 是发射信号的波长。

我们希望损耗值是一个大于 1 的数字，这样将发射功率除以损耗就可以得出接收功率。因此，将球面面积与接收天线有效面积之比作为损耗：

$$\text{Loss} = (4\pi)^2 R^2/\lambda^2$$

式中，半径和波长所用的单位一致（通常为米）。

有些作者把传播损耗作为一个增益项，用发射功率乘以传播损耗得出接收功率。此时只需把上式的右边取倒数即可。

如果用频率来表示波长，则损耗公式变为：

$$\text{Loss} = (4\pi)^2 R^2 F^2/c^2$$

式中，R 是用米表示的传输路径长度，F 是用 Hz 表示的发射频率，c 是光速（3×10^8 m/s）。

如果距离的单位取为 km，频率的单位取为 MHz，则需要一个转换因子。此时用 dB 表示的损耗值为：

$$L(\text{dB}) = 32.44 + 20\log_{10}R + 20\log_{10}F$$

式中，R 是用 km 表示的链路距离，F 是用 MHz 表示的频率。常量 32.44 综合了转换因子、c 和 π，并转换成了 dB 形式。基于这个常量，我们可以用最方便的单位来输入链路参数。

当距离的单位取为英里时，常量变为 36.52。当距离的单位取为海里时，常量变为 37.74。该公式在使用中要求的精度通常是 1 dB，则相应的常量可以分别简化为 32、37 和 38。

有一种广泛使用的列线图可以根据距离和频率给出以 dB 表示的视距传播损耗，如图 6.7 所示。使用该图时，在以 MHz 表示的频率和以 km 表示的链路距离之间画一条线，该线与中间轴线的交点就对应于用 dB 表示的 LOS 损耗值。图中，1 GHz 和 10 km 得出的交点刚好位于 113 dB 下方，而根据上面的公式计算出来的值是 112.44 dB。

6.4.2 双径传播

当发射天线和接收天线附近有一个巨大的反射面（地面或水面），且天线方向图宽到可以大面积地照射该反射面时，就得考虑使用双径传播模型。发射频率和天线高度决定了双径传播模型和 LOS 传播模型的适用性。

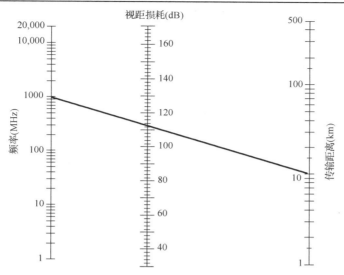

图 6.7 从频率值向传输距离值画一条线，与中间轴线的交点就是视距损耗值

双径传播又称为 $40\log(d)$ 衰减或 d^4 衰减，因为损耗与链路距离的四次方有关。双径传播的损耗主要来自于直达波和地面/水面的反射波的相位对消，如图 6.8 所示。衰减量取决于链路距离和收发天线在水面/地面以上的高度。与 LOS 衰减不同的是，双径损耗表达式中没有频率项。以非对数形式表示的双径损耗为：

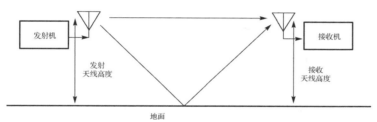

图 6.8 在双径传播中，主要的损耗来自于直达信号和反射信号的相位对消

$$L = d^4 / (h_T^2 \times h_R^2)$$

式中，d 是链路距离，h_T 是发射天线高度，h_R 是接收天线高度。

链路距离和天线高度的单位是一致的。

dB 形式的双径传播损耗是：

$$L = 120 + 40\log(d) - 20\log(h_T) - 20\log(h_R)$$

式中，d 是用千米表示的链路距离，h_T 是用米表示的发射天线高度，h_R 是用米表示的接收天线高度。

图 6.9 是用于计算双径损耗的列线图。使用该图时，首先在发射天线的高度和接收天线的高度之间画一条线，与中间的轴线形成了一个交点，然后在该点与传输路径长度之间画一条延长线，该线与传播损耗线的交点就是双径传播损耗的值。图中示例对应的收发天线高度是 10 m，距离是 30 km，图上读出的衰减值略低于 140 dB。而根据前面的两个公式计算出的实际衰减值是 139 dB。

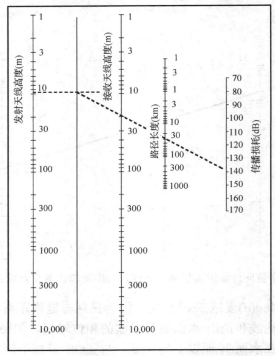

图 6.9   双径传播损耗可以用列线图确定

6.4.3 双径传播的最小天线高度

图 6.10 所示为不同传输频率下双径传播模型要所求的最小天线高度。图中共有五条线，分别对应于：

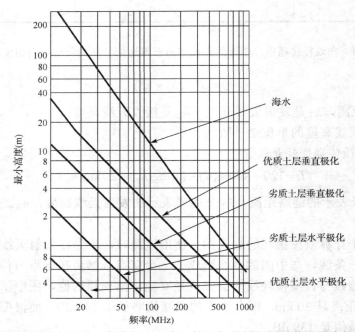

图 6.10   如果天线在图中的最小高度之下，在计算双径传播损耗时使用图中标出的最小高度

- 海面上的传输；
- 优质土层上的垂直极化传输；
- 劣质土层上的垂直极化传输；
- 优质土层上的水平极化传输；
- 劣质土层上的水平极化传输。

优质土层的地面比较平整。如果任何一个天线的高度低于图中对应曲线所示的最小高度，在计算双径衰减时，必须用最小天线高度来代替真实天线高度。如果一个天线位于地平面上，则图 6.9 的列线图是严重不可信的。

6.4.4　天线很低的情况

在通信理论著作中，在讨论天线很低的情况时，仍然要求天线的高度在地面上至少有半个波长的高度。最近有一项不太充分的测试对天线高度低于半个波长时的情况进行了一些研究。一个工作在 400 MHz、高度为 1 m 的垂直极化发射天线在距离匹配接收机的不同距离上移动，而接收天线距离地面的高度低于 1 m。对于水平面上的干燥地面，当接收天线位于地面上时，接收功率下降了 24 dB。在接收机附近沿着传输路径挖一条 1 m 深的沟，接收功率只下降了 9 dB。

6.4.5　菲涅耳区

如前所述，信号在地面或水面附近传播时既会经历 LOS 传播耗损，也会经历双径传播损耗，具体取决于天线高度和传输频率。菲涅耳区距离就是相位对消开始超过扩散损耗时的距离。如图 6.11 所示，如果接收机距离发射机的距离小于菲涅耳区距离，则使用 LOS 传播耗损模型；如果接收机距离发射机的距离大于菲涅耳区距离，则使用双径传播损耗模型。不论是哪种情况，使用的传播损耗模型都是对整个链路距离而言的。

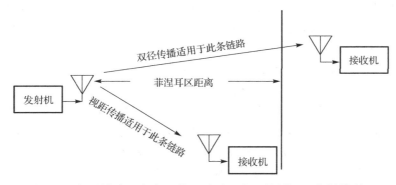

图 6.11　如果链路距离小于菲涅耳区距离，使用视距传播模型；
如果链路距离大于菲涅耳区距离，使用双径传播模型

菲涅耳区距离可由下式计算：

$$FZ = 4\pi h_T h_R / \lambda$$

式中，**FZ** 是用米表示的菲涅耳区距离，h_T 是用米表示的发射天线高度，h_R 是用米表示的接收天线高度，λ 是用米表示的传输波长。

相关文献中关于菲涅耳区距离有不同的计算公式。我们之所以选择这个公式，是因为在这个公式计算出的距离上，LOS 衰减和双径衰减是相等的。该公式还可以简化为：

$$FZ = [h_T \times h_R \times F]/24000$$

式中，FZ 是用千米表示的菲涅耳区距离，h_T 是用米表示的发射天线高度，h_R 是用米表示的接收天线高度，F 是用兆赫兹表示的传输频率。

6.4.6　复杂反射环境

考虑反射非常复杂的场景，例如图 6.12 所示的沿着山谷传输的情况。有的文献认为在这种情况下，LOS 传播损耗模型比双径传播损耗模型更为精确。

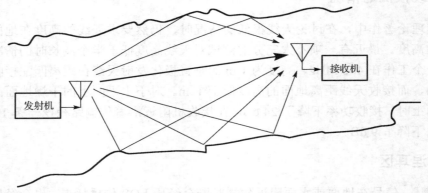

图 6.12　对于非常复杂的反射环境，如沿着山谷传播的情况，
实际的传播损耗更接近于视距传播，而非双径传播

6.4.7　峰刃绕射

在山脊上的非 LOS 传播通常认为是在峰刃上传播。在实践中经常遇到这种情况，很多 EW 专业报告认为地面上实际的损耗与用峰刃绕射模型估计出来的损耗非常接近。

计算山脊上的非 LOS 传播损耗时，通常先假设峰刃不存在，计算出对应的 LOS 损耗，然后再加上峰刃绕射（KED）衰减。需要注意的是，当存在峰刃（或等效的峰刃）时，使用的是 LOS 损耗模型，而非双径损耗模型，如图 6.13 所示。

链路在峰刃上的几何关系如图 6.14 所示。H 是假设峰刃不存在时，从峰刃顶端到 LOS 的距离。从发射机到峰刃的距离为 d_1，从峰刃到接收机的距离为 d_2。只有 d_2 大于或等于 d_1 时，才会发生 KED。如果接收机到峰刃的距离小于发射机到峰刃的距离，则接收机处于盲区，只能依靠对流层散射（损耗很大）来连通链路。

如图 6.15 所示，即使 LOS 越过了山顶，峰刃仍会引起损耗，除非 LOS 路径高出山顶多个波长。因此，高度值 H 既可以是峰刃上的距离，也可以是峰刃下的距离。

图 6.16 是计算 KED 的列线图。左边的刻度是距离值 d，可由下式算出：

$$d = [\sqrt{2}/(1 + d_1/d_2)]d_1$$

表 6.2 给出了 d 的一些计算值。

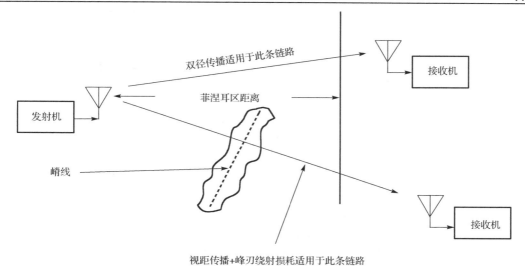

图 6.13　即使链路距离大于菲涅耳区距离，但由于中间存在嵴线，视距传播模型仍然适用

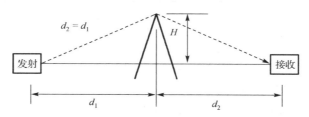

图 6.14　峰刃绕射的几何关系由发射机到峰刃的距离、峰刃到
接收机的距离和峰刃相对于视距传播路径的高度决定

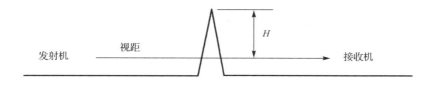

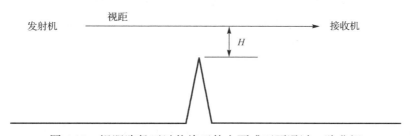

图 6.15　视距路径可以从峰刃的上面或下面通过，除非视
距路径远远高出峰刃，否则必然会发生峰刃绕射

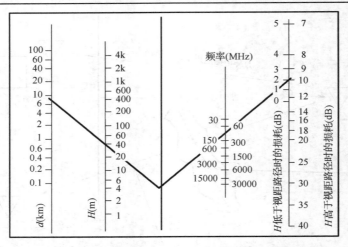

图 6.16　峰刃绕射可以根据 d, H 和频率的值通过作图来确定

表 6.2　d 的值

	d		d
$d_2 = d_1$	$0.707d_1$	$d_2 = 5d_1$	$1.178d_1$
$d_2 = 2d_1$	$0.943d_1$	$d_2 \gg d_1$	$1.414d_1$
$d_2 = 2.41d_1$	d_1		

如果跳过这一步并直接令 $d = d_1$，对 KED 衰减值的估计精度只会下降 1.5 dB。

回到图 6.16，从 d(km) 到 H(m) 的连线的延长线与中间的轴线有一个交点。此时并不考虑 H 是峰刃上还是峰刃下的距离。再从中间轴线上的交点向右边的传输频率（兆赫兹）引一条线，与最右边轴线的交点就是 KED 衰减值。此时要区分 H 是在峰刃上还是在峰刃下。如果 H 是在峰刃上的距离，则 KED 的衰减值在左边的刻度上读取；如果 H 是在峰刃下的距离，则 KED 的衰减值在右边的刻度上读取。

在图中所示的例子中，d_1 是 10 km，d_2 是 24.1 km。LOS 路径位于峰刃下 40 m。查图 6.16 可得 d 是 10 km，H 是 40 m，频率是 150 MHz。如果 LOS 路径位于峰刃上 40 m，KED 衰减为 2dB。但 LOS 路径实际上在峰刃下，则 KED 衰减为 10 dB。

总的链路损耗是不存在峰刃时的 LOS 损耗加上 KED 衰减。

$$\text{LOSloss} = 32.44 + 20\log(d_1 + d_2)\,20\log(\text{以 MHz 表示的频率})$$
$$= 32.44 + 20\log(34.1) + 20\log(150) = 32.44 + 30.66 + 43.52$$
$$\approx 106.6\text{dB}$$

故总的链路损耗是 106.6+10=116.6 dB。

6.4.8　KED 的计算

KED 的数学计算过程十分复杂，参考文献[1]给出了 KED 的分段近似值。

首先，计算出一个中间值 v：

$$v = H\sqrt{\frac{2(d_1 + d_2)}{\lambda d_1 d_2}}$$

式中的 d_1、d_2 和 H 的值如图 6.14 所示，λ 是传输波长。

表 6.3 给出了 KED 增益与变量 v 的对应关系。注意，dB 形式的 KED 损耗与 dB 形式的增益互为相反数。

这种分段近似方法可以在 Excel、Mathcad 或其他相似的软件中制成文件进行自动计算。但对于手动计算，推荐使用图 6.16 中的列线图。

表 6.3　KED 增益与 v 的对应关系

v	G(dB)	v	G(dB)
$v < 1$	0	$-24 < v < -1$	$20\log_{10}(0.4 - \mathrm{sqrt}[0.1184 - (0.1v + 0.38)^2])$
$0 < v < 1$	$20\log_{10}(0.5 + 0.62\,v)$	$v < -24$	$20\log_{10}(0.225/v)$
$-1 < v < 0$	$20\log_{10}(0.5\exp[0.4 - [0.95v]])$		

6.5　对敌方通信信号的截获

6.5.1　对定向传输的截获

图 6.17 所示的场景为敌方接收机对数据链路的截获。发射机用定向天线指向期望的接收机，敌方接收机位于发射天线方向图的主瓣之外。发射机和接收机都位于高处，故接收天线不会受到附近地面反射电波的照射。这意味着传播损耗由 6.4.1 节所述的 LOS 模型确定。

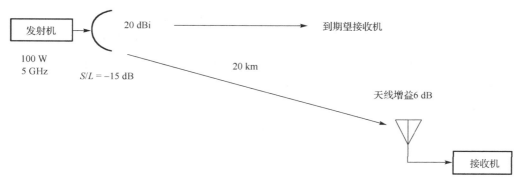

图 6.17　从敌方发射机到截获接收机的截获链路分析决定了截获的质量

截获接收机收到的功率是，发射机功率乘以发射天线在截获接收机方向上的增益，除以传播损耗，再乘以接收天线在发射机方向上的增益。接收功率的计算公式如下：

$$P_R = P_T + G_T - [32.44 + 20\log(d) + 20\log(f)] + G_R$$

式中，P_R 是接收功率，G_T 是发射天线增益（在接收机方向上），d 是链路距离（km），f 是频率（MHz），G_R 是接收天线增益（在发射机方向上）。

链路的发射机输入到发射天线的功率为 100W（即 50 dBm），频率为 5 GHz。发射天线的视轴增益是 20 dBi，接收机在 20 km 外，且位于–15 dB 的旁瓣内（即比主瓣的峰值增益低 15 dB），发射天线对截获链路的增益是 5 dB。接收天线指向发射机，增益为 6 dB。截获接收机的接收功率为：

$$P_R = +50 \text{ dBm} + 5 \text{ dBi} - [32.44 + 26 + 74 \text{ dB}] + 6 \text{ dBi} = -71.4 \text{ dBm}$$

6.5.2　对非定向传输的截获

在图 6.18 所示的截获场景中，发射机和接收机都在地面附近，且天线的角度覆盖范围都比较宽，这种场景服从 LOS 或双径传播模型。具体适用于哪种传播模型取决于菲涅耳区距离（见 6.4.5 节）：

$$\text{FZ} = (h_T \times h_R \times f) / 24000$$

式中，FZ 是菲涅耳区距离（km），h_T 是发射天线高度（m），h_R 是接收天线高度（m），f 是发射频率。

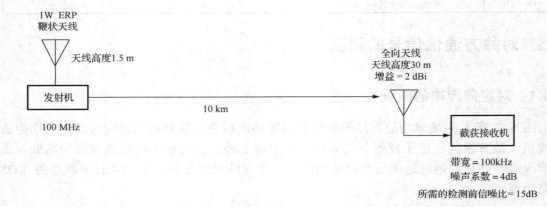

图 6.18　从地面发射机到地基截获系统的信号既可以经历视距传播
损耗，也可以经历双径传播损耗，取决于链路的几何关系

如果发射机到接收机的路径长度小于菲涅耳区距离，就使用 LOS 传播模型；如果路径长度大于菲涅耳区距离，就使用双径传播模型。

图 6.18 中的目标辐射源是一个使用鞭状天线的手持式对讲系统，距离地面 1.5 m。鞭状天线的有效高度是天线底部对应的高度。接收天线的增益为 2 dB。目标辐射源的等效辐射功率是 1W(30 dBm)，频率是 100 MHz。菲涅耳区距离是：

$$(1.5 \times 30 \times 100)/24000 = 188 \text{ m}$$

菲涅耳区距离远远小于 10km 的路径距离，故应当使用双径传播模型。

根据 6.4.2 节的公式，传播损耗为：

$$120 + 40\log(d) - 20\log(h_T) - 20\log h_R$$

截获接收机的接收功率可由下式计算：

$$P_R = \text{ERP} - [120 + 40\log(d) - 20\log(h_T) - 20\log(h_R)] + G_R$$

将图 6.18 中的数值代入上式，可得：

$$P_R = 30\text{dBm} - [120 + 40 - 3.5 - 29.5] + 2\text{dB} = -95\text{dBm}$$

这种截获问题面临的一个难题就是截获接收机的带宽比较宽。如果发射机的典型带宽为 25 kHz，为了更快地进行频率搜索，接收机的带宽通常要取为 4 倍的发射带宽。

为了确定信号是否成功截获，必须使用下面的公式计算出接收机的灵敏度：

$$\text{Sens} = kTB + \text{NF} + \text{Rqd RFSNR}$$

式中，Sens 是用 dBm 表示的接收机灵敏度，NF 是用 dB 表示的接收机噪声系数，Rqd RFSNR 是用 dB 表示的所需检测前信噪比。

灵敏度是接收机能够接收和工作的最小信号强度。

$$kTB = -114\,\text{dBm} + 10\log(\text{带宽}/1\,\text{MHz}) = -124\,\text{dBm}$$

接收机系统的噪声系数是 4 dB，所需的 RFSNR 是 15 dB，故：

$$\text{Sens} = -124 + 4 + 15 = -105\,\text{dBm}$$

接收到的信号功率比接收机系统的灵敏度高出了 10 dB，即截获接收机有 10 dB 的性能余量。

6.5.3　机载截获系统

在图 6.19 中，截获系统位于一架直升机上，距离敌方发射机 50 km，高度为地面上 1000 m。目标辐射源是一个工作在 400 MHz 的手持式发射机，ERP 为 1 W。鞭状天线的底部位于地面上 1.5 m。

图 6.19　由于接收机高度的提升降低了传播损耗，机载截获系统可以实现很高的性能

首先，根据前面给出的公式计算出截获链路的菲涅耳区距离：

$$\text{FZ} = (h_T \times h_R \times f)/24000$$
$$= (1.5 \times 1000 \times 400)/24000 = 25\,\text{km}$$

由于传输路径比菲涅耳区距离长，会发生双径传播，故：

$$P_R = \text{ERP} - [120 + 40\log(d) - 20\log(h_T) - 20\log(h_R)] + G_R$$

接收到的截获信号强度为：

$$P_R = 30\,\text{dBm} - [120 + 68 - 3.5 - 60]\text{dB} + 2\,\text{dBi} = -94.5\,\text{dBm}$$

6.5.4　非 LOS 截获

图 6.20 所示为越过距离辐射源 11 km 处的嵴线对战术通信辐射源进行截获的场景。图中，发射机到截获接收机的直达路径长度是 31 km，发射天线的高度是 1.5 m，截获天线的高度是 30 m。发射信号的 ERP 是 1 W，频率是 150 MHz，接收天线的增益是 12 dBi（G_R）。

如 6.4.7 节所述，链路损耗是 LOS 损耗（忽略地面的干涉）加上 KED 损耗因子。如果山脊位于地面上 210 m（假设地球是平的），则山脊比两个天线之间的 LOS 链路高出了 200 m。

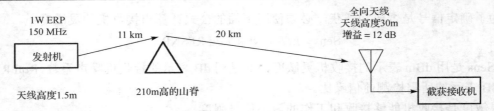

图 6.20   如果截获系统与目标辐射源之间需要翻越一个嵴线，且截获系统与嵴线间的距离远
远大于目标发射机与嵴线间的距离，传播损耗是视距损耗加上一个峰刃绕射因子

根据 6.4.1 节给出的公式，LOS 损耗是：

$$32.4 + 20\log D + 20\log f$$

这里使用大写的 D 来表示整个链路的距离，避免与计算 KED 损耗时使用小写的 d 混淆。

$$\text{LOS los} = 32.4 + 20\log(31) + 20\log(150) = 32.4 + 29.8 + 43.5 = 105.7 \text{ dB}$$

向上取整后是 106 dB。

为了确定 KED 损耗，先用下式计算出 d：

$$d = [\text{sqrt}(2)/(1+(d_1/d_2))]d_1$$

式中，d 是 KED 损耗列线图中的距离项，d_1 是发射机到山脊的距离，d_2 是山脊到接收机的距离。

在本例中，$d=[\text{sqrt}(2)/1.55]11=10$，但也可以直接令 $d=d_1$，这对 KED 计算精度的影响很小。

图 6.21 是 6.4.7 节中的列线图，图中使用本例中的参数取值来计算 KED 损耗。由图可见，本例中的参数取值（$d=10$ km, $H=200$m, $f=150$ MHz）引起的 KED 损耗是 20 dB，则链路损耗是：

$$\text{LOS loss} + \text{KED loss} = 106 \text{ dB} + 20 \text{ dB} = 126 \text{ dB}$$

进而得出截获接收机收到的功率为：

$$P_R = \text{ERP} - \text{Loss} + G_R = 30 \text{ dBm} - 126 \text{ dB} + 12 \text{ dB} = -84 \text{ dBm}$$

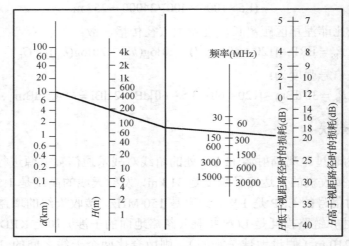

图 6.21   如果得出的 d 的值是 10 km，嵴线在直达信号路径之上
200 m，信号频率为 150 MHz，峰刃绕射损耗为 20 dB

6.5.5　强信号环境下对弱信号的截获

图 6.22 是截获接收机系统的框图。系统的有效带宽是 25 kHz，接收机噪声系数是 8 dB，预放大器的增益为 20 dB，噪声系数是 3 dB。天线和预放大器之间的耗损是 2 dB，预放大器和接收机之间的电路损耗是 10 dB。

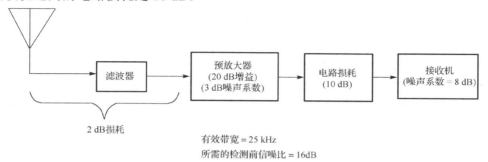

图 6.22　截获系统用前端滤波器来抑制二阶杂散响应。信号经过预放大器后，通过分布网络馈入多个接收机。图中只给出了到达其中一个接收机的路径

系统必须在带内存在大量强信号的环境下接收弱信号（提供 16 dB 的检测前信噪比），因此需要确定系统的动态范围。

首先，使用 6.5.2 节所述的方法确定系统的灵敏度。灵敏度是 kTB、系统噪声系数和所需的检测信噪比之和。

$$kTB = -114\,\text{dBm} + 10\log(\text{有效带宽}/1\,\text{MHz}) = -130\,\text{dBm}$$

系统的噪声系数由图 6.23 决定。从横轴上接收机噪声系数对应的点（8dB）上画一条垂直的线，再从纵坐标上预放大器噪声系数+预放大器增益−接收机前的损耗所对应的点上画一条水平线。这两条线的交点就是降级因子，即 1 dB。系统的噪声系数是：预放大器之前的损耗+预放大器的噪声系数+降级因子，故系统的噪声系数是 2 dB + 3 dB + 1 dB = 6 dB。

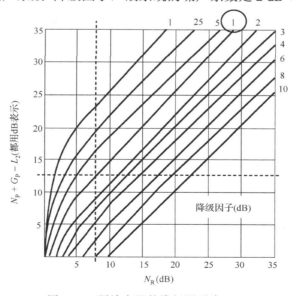

图 6.23　预放大器的降级因子为 1 dB

然后得出系统灵敏度为：

$$-130\,\text{dBm} + 6\,\text{dB} + 16\,\text{dB} = -108\,\text{dBm}$$

如果从接收天线进入系统的信号功率为–108 dBm，则预放大器输出的功率为–90 dBm（预放大器之前的 2 dB 损耗加上预放大器的 20 dB 增益）。

系统设计滤除了二阶杂散响应，因此系统的动态范围主要取决于预放大器的三阶杂散响应。本例中选择的预放大器的三阶截点是 20 dBm。

图 6.24 可用于确定接收机系统的动态范围。在预放大器输出基波电平为 20 dBm 处画一条斜率为 3∶1 的线。然后在–90 dBm 上画一条水平线（–108 dBm–2 dB 的预放大器前损耗+20 dB 的预放大器增益）。这是天线输入电平为灵敏度电平时预放大器的输出电平。三阶杂散线和灵敏度线的交点到预放大器输出的基波电平线之间的垂直距离是 70 dB。由此得出接收机系统的动态范围是 70 dB。

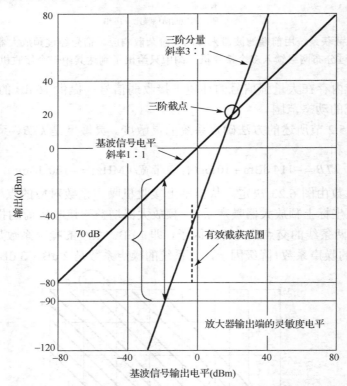

图 6.24　本图来自 2007 年三月出版的 EW101，图中所示的系统动态范围是 70 dB

这意味着当存在–38 dBm 的强信号时，系统能够截获–108 dBm 的弱信号。

6.5.6　搜索通信辐射源

军事组织不仅不会公布他们的工作频率，还会千方百计地阻止敌方获知这些频率。但是，为了实施各种电子战行动，必须要知道敌方的工作频率。因此，频率搜索就是一项重要的电子战功能。接下来将讨论频率搜索的基本原理，并强调一些必须做出的折中。当使用宽带接收机时，也需要做出类似的折中，除非可以瞬时覆盖整个感兴趣的频率范围。

6.5.7　战场通信环境

现代战争中几乎所有的设施都需要大量的机动，因此高度依赖于无线电通信，包括大量的语音通信和数据链。对战术通信环境通常的描述是有10%的信道被占用。这会引起一点误解，因为这指的是在所有可用的射频信道中，每毫秒内可能有10%的信道处于活动状态。但如果在每个信道中驻留数秒，信道的占用率就会远远高于 10%，接近 100%。这意味着对特定辐射源的搜索必须在大量的非目标辐射源中进行。

6.5.8　一种有用的搜索工具

图 6.25 所示为一种在频率搜索方法的开发或评估中广泛使用的辅助工具。这是一幅频率－时间图，图中可以画出目标信号的特性，还可以画出一个或多个接收机的时间－频率覆盖范围。频率刻度应当覆盖整个感兴趣的频率范围（或者频率范围的某些部分），时间刻度应当足够长，以显示出搜索策略。对信号的描述给出了每个信号的带宽和期望的持续时间。如果信号是周期性的或者以某种可预测的方式改变频率，这些特性都可以显示在图上。图中的接收机被调谐到一个特定的频率上，并给出了带宽和覆盖特定频率范围的时间。

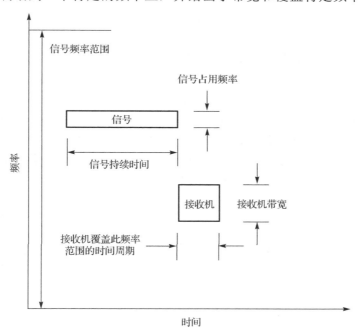

图 6.25　频率－时间图是一款有用的搜索分析工具，图中给出了接收机和目标信号的频率－时间特性

图 6.26 所示为一种典型的扫频接收机策略。图中的平行四边形代表扫频接收机的频率和时间覆盖范围。接收机带宽是平行四边形的高，平行四边形的斜率是接收机的扫频速率。图中的信号 A 代表最优接收的情况（接收了整个带宽和整个持续时间）。信号 B 代表无法接收整个带宽的情况。信号 C 代表无法接收整个持续时间的情况。可以根据信号特性和搜索意图来设置相匹配的搜索规则。

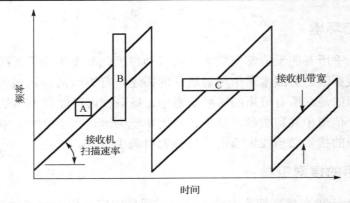

图 6.26　基于接收机搜索方案和感兴趣的目标信号来分析截获概率

6.5.9　技术因素

多年以前，军用截获接收机是机械调谐的，要么以手动方式调谐，要么在整个带宽内以近乎线性的方式进行单向的自动调谐。这种方法通常被称为碎片收集，因为需要对环境中的每个信号进行检查，并从收集到的大量的不感兴趣的信号中挑选出极少量的感兴趣的信号。训练有素的操作员需要经过相当复杂的分析才能识别出感兴趣的信号。50 年前，计算机由装满几间屋子的电子管组成，需要大量的强迫风冷，性能也远远不及现代计算机。

随着数字调谐接收机和高速大内存单机计算机（甚至更小的单片计算机）走向实用，更先进的搜索方法得以实现。现在可以把已知信号的频率存储下来，并将收到信号与存储的信号自动进行比对。对每个潜在的感兴趣信号做傅里叶变换（FFT），再用计算机进行谱分析。根据谱分析的结果可以判断信号是否属于感兴趣的信号。如果系统具有测向或辐射源定位能力，还可以根据辐射源的位置信息对信号进行更准确的判定。

6.5.10　数字调谐接收机

图 6.27 所示为一个数字调谐的超外差接收机。数字调谐接收机中有一个频率合成器（本振）和一个电子调谐的预选器，预选器可以在调谐范围内非常快速地选择信号频率。调谐既可以由操作员进行，也可以由计算机控制。

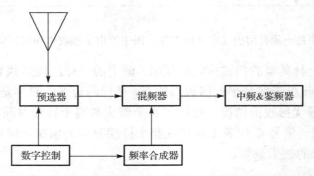

图 6.27　数字调谐接收机可在任意时刻快速调谐到波段内的任意频率

图 6.28 所示是一个锁相环频率合成器的框图。压控振荡器锁相到一个精确稳定的晶振频率的倍数上。这意味着数字调谐接收机的调谐是精确且可重复的，可以实现前述的搜索方法。频率合成器中反馈环路的带宽需要在低的噪声信号输出（要求环路带宽窄）和高的调谐速度（要求环路带宽宽）之间做出最优折中。搜索模式下，在对所选的瞬时带宽范围内的任何信号进行分析之前，必须给频率合成器留出一定的时间以达到锁定状态。

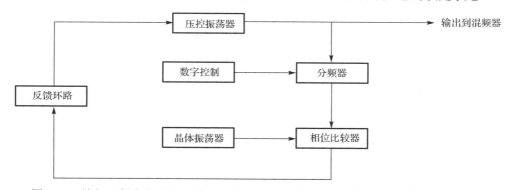

图 6.28　锁相环频率合成器可将压控振荡器调谐到特定的频率，并使其分频信号与晶体振荡器的相位一致，数控的分频系数决定了频率合成器输出的频率

当数字调谐接收机处于搜索模式时，接收机会被调谐到一些离散的频率上，如图 6.29 所示。搜索不必以线性的方式在整个感兴趣的波段内移动，可以直接查看特定的频率，或者以期望的任意顺序扫描感兴趣的频率子带。通常需要在调谐步进之间提供 50% 的重叠，以防止对感兴趣信号的带缘截获。50% 的重叠导致需要两倍的时间才能覆盖整个感兴趣的信号频率范围。在特定的环境下，为了实现最优的搜索，必须对重叠量做出折中。

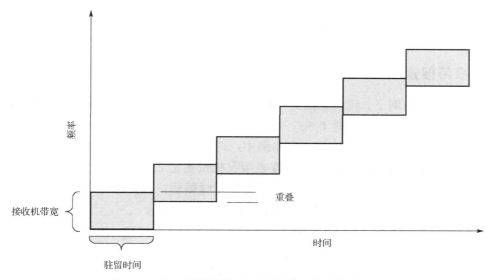

图 6.29　数字调谐接收机可以调谐到离散的频率上

如图 6.30 所示，截获系统通常会使用多个由特殊的搜索接收机控制的监视接收机。当搜索接收机收到一个信号时，会对该信号进行快速分析，以确定该信号是否属于感兴趣的信号，以及是否有足够高的优先级来调用一个监视接收机。如果是感兴趣的信号且优先级

足够高，一个监视接收机会调谐到该信号的频率上，而且监视接收机的工作参数（例如解调方式）会根据信号进行适当的设置。每个监视接收机的输出都可以送到操作员席位，也可以送到自动记录器或内容分析器上。

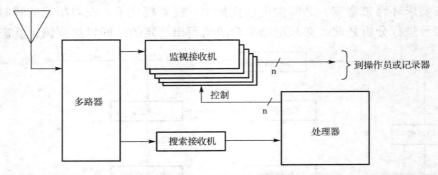

图 6.30   搜索接收机可用于确定感兴趣的信号频率，并使监视接收机快速调谐到最高优先
级的信号上。搜索接收机可以是宽带接收机，也可以是最优扫描的窄带接收机

6.5.11   影响搜索速度的实际因素

对于接收机的扫描速度，理论上只要使信号在接收机带宽内的驻留时间达到带宽的倒数（带宽为 1 MHz 时，对应的时间为 1 μs）即可。但实际上，系统软件还需要一定的时间来确定是否有信号存在。这通常需要 100～200 μs，远远大于带宽的倒数所对应的时间。

对存在的每个信号进行处理（例如调制分析或辐射源定位）所需的时间通常比识别出信号是否属于感兴趣的信号所需的时间长。对每个发现的信号进行这种级别的处理可能需要一个或多个毫秒。而在所有可用的信道中，10%的信道中可能存在信号。例如，在 30～88 MHz 的频带内，有 2320 个 25 kHz 的信道，因此在进行全频带搜索时可以预期有信号的信道数是 232 个。

6.5.12   窄带搜索举例

举个窄带搜索的例子。我们想找到一个位于 30～88 MHz 频带内的带宽为 25 kHz 的通信信号。假设信号的持续时间是 0.5 s。这么短的信号很可能一个按压电键的信号，这是截获接收机必须要应对的最短的信号。在本例中，时间将向最近的毫秒数取整。

接收天线的方位覆盖范围是 360°，搜索接收机带宽是 25 kHz。接收机必须在每个调谐步进上驻留带宽的倒数所对应的时间。为了避免带缘截获，调谐步进重叠 50%。

$$驻留时间=1/带宽=1/25 \text{ kHz}=40 \text{ μs}$$

图 6.31 所示为使用 6.5.8 节中的频率-时间图描述的搜索问题。接收机覆盖范围的重叠导致每个调谐步进在频率上只能移动 12.5 kHz。

为了实现对感兴趣信号 100%的发现概率，接收机必须在 0.5 s 内覆盖所有 58 MHz 的频率范围，所需的带宽数是：

$$58 \text{ MHz}/25 \text{ kHz} = 2320$$

当调谐步进有 50%的重叠时，58 MHz 的频率范围需要的调谐步进数是 4640 个。

每个步进上驻留 40 μs，4640 个步进需要 186 ms。

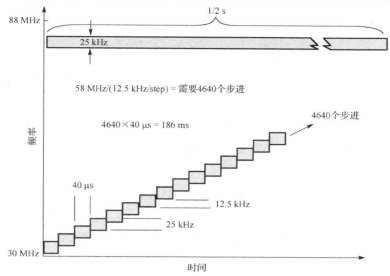

图 6.31　搜索带宽为 25 kHz 且有 50% 的重叠，每个步进的驻留时
间为 40 μs，则需要 186 ms 来覆盖 58 MHz 的频率范围

这意味着接收机可以在信号最小持续时间的一半以内发现感兴趣的信号，所以 100%
的发现概率很容易实现。

但是，这里有两个前提假设：一是我们实施了最优搜索；二是信号可以立即被识别为
感兴趣的信号。为了使问题更有趣，我们假设使用了一个可以在 200 μs 内识别出信号调制
方式的处理器。这意味着我们必须在每个频率上驻留 200 μs，故总共需要 928 ms 才能覆盖
58 MHz 的频率范围。

$$200 \text{ μs} \times 4640 = 928 \text{ ms}$$

这种搜索方法无法在给定的 0.5 s 内发现信号，如图 6.32 所示。

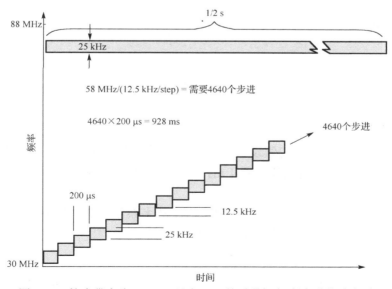

图 6.32　搜索带宽为 25 kHz 且有 50% 的重叠，每个步进的驻留时
间为 200 μs，则需要 928 ms 来覆盖 58 MHz 的频率范围

6.5.13 增加接收机带宽

如果搜索接收机的带宽增加到 150 kHz（覆盖 6 个目标信号信道），判定带宽内信号的频率所需的处理时间仍为 200 μs，搜索能力就会增强。现在只需要 773 个步进就可以覆盖感兴趣的频率范围。

$$4640/6=773$$

每个调谐步进上驻留 200 μs，需要 155 ms 来覆盖 2320 个信道（调谐步进重叠 50%），如图 6.33 所示。

$$773×200\ μs=155\ ms$$

带宽增加到 150 kHz 会使接收机的灵敏度下降近 8 dB。如果接收机进一步增加带宽，带内同时出现多个信号的概率就会增加，进而会产生其他的问题。

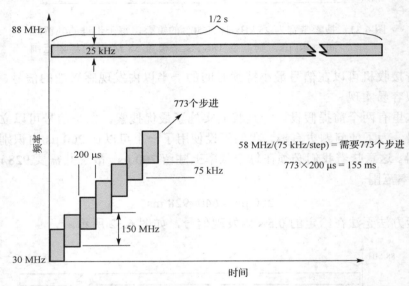

图 6.33 搜索带宽为 150 kHz 且有 50%的重叠，每个步进的驻留时间为 200 μs，则需要 155 ms 来覆盖 58 MHz 的频率范围

6.5.14 增加测向仪

为了使问题更加有趣，我们假设接收机是测向系统的一部分，而且必须要测出感兴趣信号的波达方向（DOA）。测向仪需要 1 ms 的时间来确定 DOA。如果没有其他信号存在，搜索时间只增加 1 ms。

前面已经讨论过战术通信环境中的信号密度，战术系统信道占用率的典型取值是 10%。这意味着 58 MHz 的频率范围内存在的信号数为：

$$2320×0.1=232$$

当搜索带宽为 150 kHz 且有 50%的重叠时，接收机可以在 139 ms 内覆盖 2088 个空闲信道。

$$(2088/6) \times 2 \times 200 \ \mu s = 139 \ ms$$

232 个占用信道需要额外的 232 ms。故搜索过程总共需要 371 ms(139+232)，所以我们的搜索策略会以 100%的概率发现目标信号并测定出 DOA。

在第 7 章中讨论对跳频信号的搜索时，我们还会涉及到这个问题。

6.5.15　用数字化接收机搜索

本节研究使用 FFT 信道化接收机来发现感兴趣的信号（在 30～88 MHz 的频率范围内）。接收机使用的是 VME 总线，其数据率的上限是 40 MBps。为了满足奈奎斯特采样率，将输入信号的频带限制为 20 MHz。

图 6.34 所示为数字化接收机的框图。通过 FFT，可以在 3 个步进内覆盖整个感兴趣的频率范围，如图 6.35 所示。

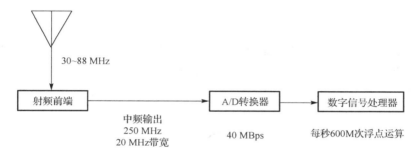

图 6.34　数字调谐接收机可以在任意时刻调谐到通带内的任意部分

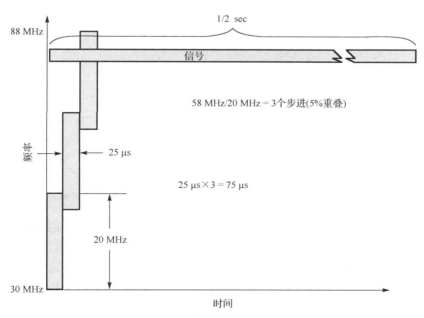

图 6.35　数字调谐接收机可以调谐到离散的频率上

6.6   通信辐射源定位

对 EW 系统最重要的需求之一就是对威胁辐射源进行定位。通信辐射源的频率较低，对其进行定位会面临特殊的困难。较低的频率意味着较长的波长，需要较大的天线孔径。通常，通信电子支援（ES）系统需要提供瞬时 360°的覆盖范围和足够的灵敏度来定位远处的辐射源。通信 ES 系统必须能够适应所有的通信调制方式，包括低截获概率（LPI）传输（将在第 7 章讨论）所使用的调制。通信 ES 系统要处理的全部都是非协作的辐射源（例如：敌方的辐射源）。因此，对协作系统的定位技术在这里是不适用的。

本节将讨论一些常用的方法和最重要的技术。本节讨论的是对常规辐射源的定位，第 7 章会讨论对 LPI 辐射源的定位。在讨论所有的系统应用时，都必须重视现代军事环境中的高信号密度问题。

6.6.1   三角定位

三角定位是对非协作通信辐射源最常见的定位方法。如图 6.36 所示，这种方法需要两个或多个位于不同位置的接收系统。每个接收系统都必须能够确定目标信号的 DOA，通常还必须以某种方式建立角度参考，通常以真北为参考。为了便于讨论，我们把这种系统称为测向（DF）系统。

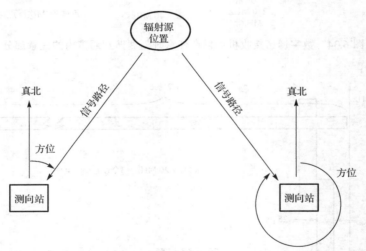

图 6.36   三角定位通过多个已知位置的测向站测量信号到达的方位角来确定辐射源的位置

由于地形遮挡或其他因素的影响，两个 DF 系统看见的可能是不同的信号（在常规密度的信号环境中），故实际中通常使用三个以上的 DF 系统来实施三角定位。如图 6.37 所示，来自三个 DF 系统的 DOA 矢量会形成一个三角形。理想情况下，这三条矢量应当相交于辐射源处，如果三角形的面积足够小，可以对这三条线的交点取平均来计算出辐射源的位置并上报。

这些 DF 站之间的距离通常都很远，故各站测得的 DOA 信息必须上报给一个分析单元，由分析单元计算出辐射源的位置。这里隐含着一个前提，即每个 DF 站的位置是已知的。

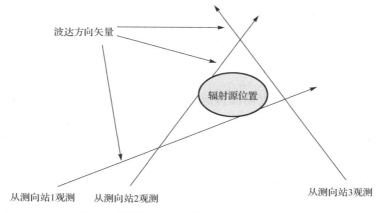

图 6.37　三角定位一般通过三个定位站来实现，三个波达方向矢量会
形成一个三角形，这个三角形越小，辐射源定位的质量越高

在三角定位中，要确保每个 DF 站都能接收到目标信号。如果 DF 系统安装在飞行平台上，通常要求这些系统与目标辐射源之间满足视距（LOS）条件。如果地面上满足 LOS 条件，地基系统可提供更精确的定位。对于超视距的辐射源，地基系统也能以可接受的精度确定出辐射源的位置。

三角定位的最优几何关系是：从辐射源的位置看到的两个 DF 站之间的角度是 90°。

三角定位也可以由单个移动的 DF 站实施，如图 6.38 所示。这种方法通常应用在机载平台上。最优的几何关系仍然是：从辐射源处看到的两条示向线之间的夹角为 90°。因此，对辐射源进行精确定位所需的时间既取决于 DF 平台的飞行速度，也取决于飞行路径与目标之间的距离。

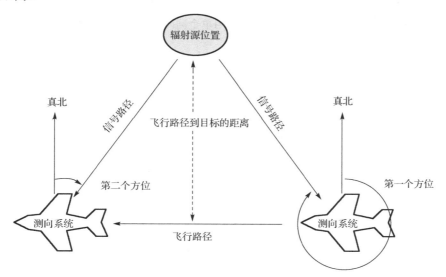

图 6.38　移动的测向系统沿着飞行路径多次测量方位角也可以实现三角定位

例如，DF 平台的飞行速度为 100 节，距离目标辐射源约 30 km，需要接近 10 分钟的时间才能完成最优的定位几何关系。这对于静止的辐射源是没有问题的，但如果想跟踪移动的辐射源，这个速度就太慢了。为了保证定位精度，要求目标辐射源在整个数据收集期

间内的移动幅度不能大于所需的定位精度。为了使运动单站定位易于实施，需要降低对最优几何关系的要求（即降低对定位精度的要求）。

6.6.2 单站定位

有两种情形可以利用单个定位站测得的方位和距离来确定敌方发射机的位置。一种情形适用于地基系统且要求信号的频率低于 30 MHz，另一种情形适用于机载系统。

低于 30 MHz 的信号可以被单站定位，如图 6.39 所示。这些信号会被电离层折射。由于信号是以互易的角度返回地面的，因此说这些信号是被电离层反射了，如图 6.40 所示。在定位站，如果测得了信号到达的方位角和俯仰角，就可以定位发射机。距离可以根据俯仰角和反射点的电离层高度计算出来，因为电离层的反射角和入射角是一样的。这个过程中最大的困难在于对反射点电离层的精确描述。通常，距离计算的精度远低于方位角的测量精度，导致计算出的位置分布在一个狭长的区域内。

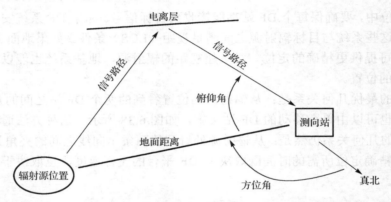

图 6.39   对于频率在 30 MHz 以下的辐射源，可以用单个测向站通过测量方位角和俯仰角来实现定位

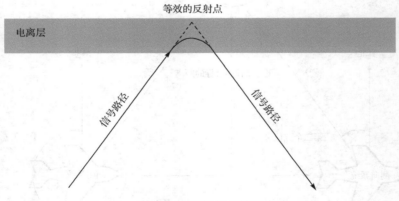

图 6.40   30MHz 以下的信号被电离层反射

如图 6.41 所示，如果一个机载定位系统测得地面上非协作辐射源的方位角和俯仰角，就可以计算出辐射源的位置。为了确定距离，飞机需要知道自己的位置和高度，还必须有一套当地地形的数字地图。到辐射源的地球表面距离是从机下点到信号路径与地面的交点的距离。

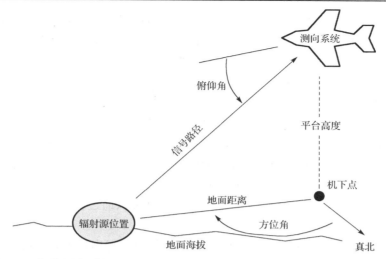

图 6.41　机载测向系统可以通过测量方位角和俯仰角对地面辐射源进行定位

6.6.3　其他定位方法

下面将要讨论一些对辐射源的精确定位方法，这些方法使用两个相距较远的定位站接收目标信号，比较信号的参数，从数学上推导出可能的辐射源位置所形成的轨迹，如图 6.42 所示。辐射源可以非常接近用这些方法得出的轨迹，但轨迹的长度通常可以达到数千米。通过增加第三个定位站，可以计算出第二条和第三条轨迹曲线。这三条轨迹曲线的交点就是辐射源的位置。

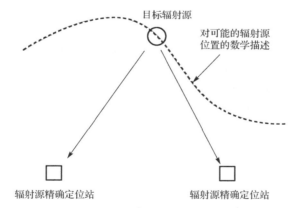

图 6.42　两个相距较远的辐射源精确定位站可以对接收到的
信号进行分析，得出对可能的辐射位置的数学描述

6.6.4　均方根误差

DOA 测量系统的精度通常用均方根（RMS）误差来表示。RMS 误差考虑的是 DF 系统的有效精度，并没有定义可能出现的峰值误差。即使出现少量的峰值误差，系统仍能保持相对较小的 RMS 误差。定义 DF 系统的 RMS 误差时，假设误差是由随机变化的因素（如噪声）引起的。有的系统存较大的系统误差，这种误差是由系统的实现方式引起的，并且

是已知的。当少量的大误差与大量的小误差取平均时，得到的 RMS 误差是可以接受的。但是，在某些可预测的条件下，误差是 RMS 误差值的几倍，这会降低辐射源定位的可靠性。如果在处理过程中对这种已知的峰值误差进行了校正，就能实现合适的 RMS 误差指标。

为了确定 RMS 误差，需要在完全均匀分布的频率和到达角上做大量的 DF 测试。对于每个数据采集点，真实的到达角必须是已知的。在地面系统中，将 DF 系统安装在校准过的转盘上可以获得真实的到达角，也可以用独立的跟踪器来测量出测试发射机的真实到达角，但要求跟踪器的测量精度要远远高于 DF 系统的测量精度（理想情况是高出一个数量级）。在机载 DF 系统中，可以根据测试发射机的已知位置信息和飞机平台的位置和方向信息计算出真实的到达角，飞机平台的位置和方向信息可以通过机上的惯性导航系统（INS）获得。

DF 系统每测得一个 DOA，将其与真实的到达角相减得出误差，并对这个误差取平方。

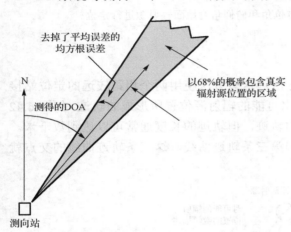

图 6.43　去掉了平均误差的±均方根误差在测得的 DOA 周围形成了一个楔形区域，该楔形区域包含真实辐射源的概率是 68%

对所有平方后的误差取平均，再取平方根就得出了系统的 RMS 误差。RMS 误差可以分解成两个部分：

$$(\text{RMS 误差})^2 = (\text{标准差})^2 + (\text{平均误差})^2$$

如果平均误差可以通过数学手段去掉，RMS 误差就等于标准差。如果误差的起因是正态分布的，则标准差是 34%。如图 6.43 所示，RMS 误差线围绕着真实的示向线形成了一个区域，该区域有 68% 的概率包含到达角的任何测量值。也可以说，当系统对特定的角度进行测量时，真实的辐射源位置有 68% 的可能位于图中所给出的楔形区域内。这里有一个假设前提，即平均误差在数据处理过程中已经被去除了。

6.6.5　校准

校准也需要前面所述的误差数据的采集过程。但这里的误差数据用于生成校准表。这些表存在计算机内存里，包含了对不同的 DOA 和频率值的角度修正量。当在一个特定的频率上测得一个到达方位时，用相应的角误差对其进行调整并报出校准后的到达角。如果一个 DOA 的测量值落入两个校准点（角度或频率）的中间，可以对相邻的两个校准点取内插来确定校正因子。对某些特定的 DF 技术，校准策略的微小变化就能显著地改善测量结果，详见后面对相关 DF 技术的讨论。

6.6.6　圆概率误差

圆概率误差（CEP）是一个炮兵术语，指的是围绕着一个瞄准点形成的圆的半径，超过半数的炸弹和炮弹会落入该圆。在评估辐射源定位系统时，用这个术语来表示围绕着测得的辐射源位置形成的圆的半径，该圆有 50% 的概率包含真实的辐射源，如图 6.44 所示。CEP 越小，说明系统越精确。90% CEP 是指围绕着测量位置形成的圆有 90% 的概率包含真实的辐射源。图 6.45 给出了两个用于辐射源定位的 DF 系统的 CEP 和 RMS 误差。这两个系统相对于目标具有理想的几何关系（即从目标处看，两个系统的夹角是 90°）。

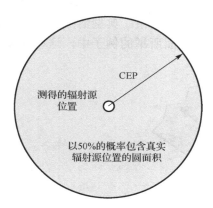

图 6.44　CEP 是以测得的辐射源位置为圆心的圆的半径，该圆以 50% 的概率包含真实的辐射源位置

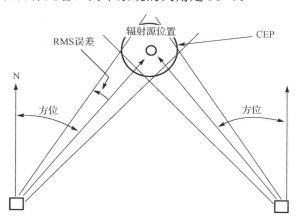

图 6.45　CEP 与两个测向站的 RMS 误差有关，两个测向站用三角定位来计算目标辐射源的位置

6.6.7　椭圆概率误差

椭圆概率误差（EEP）是指两个测量站相对于目标不具备理想的几何关系时，能够以 50% 的概率包含真实辐射源的椭圆。90% EEP 也比较常用。如图 6.46 所示，EEP 可以画在地图上，不仅标出了测得的辐射源位置，还为指挥官提供了该位置测量的可信度。

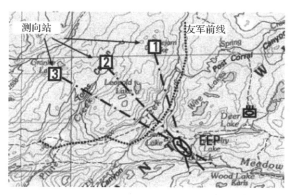

图 6.46　测得的辐射源位置的 EEP 可以叠加到战术地图上，为指挥官提供辐射源位置的可信度

根据以下公式可由 EEP 计算出 CEP：

$$CEP = 0.75 \times SQRT(a^2 + b^2)$$

式中，a 和 b 分别是 EEP 椭圆的半长轴和半短轴。

在对辐射源的精确定位技术中，也定义了 CEP 和 EEP，后面将会讨论。

6.6.8 站址和对北

为了实施三角定位或单站定位，每个 DF 站的站址必须是已知的，并且要输入到处理程序中。对于波达角（AOA）系统，必须有一个方向参考（通常以真北为参考）。前面提到的辐射源精确定位方法也需要站址信息。如图 6.47 所示，站址误差和参考方向误差会引起目标辐射源 AOA 的误差。图中以夸张的方式显示了误差的效果。典型情况是，站址误差和参考方向误差与测量精度误差处于同一个数量级。在后面所举的例子中，这些误差通常只有几度。

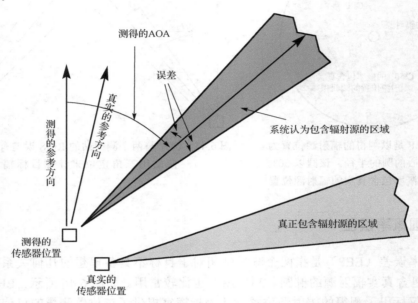

图 6.47   在 AOA 系统中，传感器位置误差和参考方向误差会导致上报的辐射源位置不准确

图 6.48 也是以夸张的方式给出了由测量误差、站址误差和参考方向误差引起的定位误差。如果一项误差对定位精度的作用是固定的，则该项误差必须直接加到定位精度上。站址误差的作用通常认为是固定的。但是，如果误差源是随机且相互独立的，它们就会被"均方根"，即最终的 RMS 误差是各种误差的平方均值的平方根。

1980 年代中期以前，确定 DF 站的站址是非常困难的。地基 DF 系统需要使用勘察技术确定 DF 站的站址并手动输入系统。对北则需要 DF 天线阵列固定指向一个特定的方向，或者天线阵列的指向可以自动测量并输入系统。对于移动站，自动寻北是至关重要的。

磁力计是一种能够感知当地磁场并以电子形式输出相应数值的设备，功能上相当于一个数字式的磁罗盘。当磁力计集成到地基系统的天线阵列中，其磁性的对北信息可以自动输入到实施三角定位运算的计算机中。在计算每个站的方位参考时，本地的磁偏角（即磁北相对于真北的差异）必须手动输入系统。磁力计的精度通常为 1.5°。如图 6.49 所示，磁力计通常集成在 AOA 系统的 DF 阵列中，这避免了将天线阵列与磁北对准的复杂过程，从而显著降低了系统的部署时间。

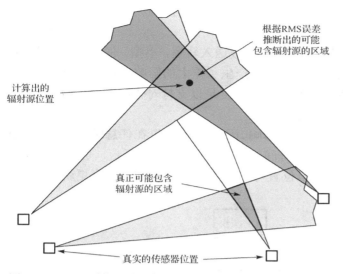
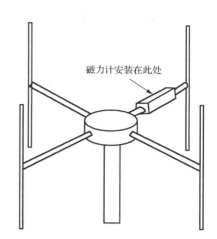

图 6.48　AOA 系统对敌方辐射源的定位精度与测量误差、
　　　　　传感器位置误差、参考方向误差都有关系

图 6.49　安装在测向阵列上的磁力计可
　　　　　以测出阵列相对于磁北的方向

　　舰载的 DF 系统可以通过船上的导航系统获得非常精确的位置和方向参考。船上的惯性导航系统（INS）可以由训练有素的导航员进行手动校正，可以在较长时期内提供精确的位置和方向。

　　机载 DF 系统也需要知道每个 DF 系统的位置和方向，并输入到三角定位的计算程序中。机载 INS 可以提供这些信息，但机载 INS 在每次飞行任务前都需要大量的初始化操作。如图 6.50 所示，INS 从两个旋转的机载陀螺仪（指向相差 90°）中得出北向参考，从三个指向相互垂直的加速计中得出横向位置参考。每个陀螺仪只能测量与自己的旋转轴垂直的角运动，因此需要两个陀螺仪来提供三个维度上的指向。综合所有加速计的输出信息，可以得到横向速度和位置变化（每个加速计负责一个方向）。陀螺仪和加速计安装在 INS 内一个机械控制的平台上，INS 在飞机机动的时候可以保持稳定的方向。当飞机离开机场的罗盘或从航母上起飞后，因为陀螺仪的漂移和加速计的累计误差，位置和指向精度会随着时间线性下降。因此，机载平台对辐射源定位的精度与任务持续时间有关。

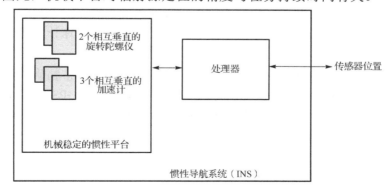

图 6.50　老式的惯性导航系统需要一个机械稳定的惯性平台，该平台与两个指向
　　　　　相差 90°的陀螺仪保持固定的方向，并通过三个相互垂直的加速计来测
　　　　　量横向运动。在校准后，系统的位置和指向精度会随着时间线性下降

　　另外，有效的机载 DF 系统只能部署在足够大的空中平台上，因为 INS 系统需要较大的安装空间（体积约为 2 立方英尺）。

　　1980 年代后期，全球定位系统（GPS）卫星开始被送入轨道，小型、便宜、耐用的 GPS 接收机开始变得普及。GPS 对移动设备定位的方式产生了重大的影响。现在，小飞机、地面车辆甚至个人的位置都可以被 GPS 自动测量，且精度足以支持对辐射源的定位。这使得许多低成本的 DF 系统能够提供非常好的定位精度。

　　GPS 对 INS 设备的工作方式也产生了重大影响。因为 GPS 可以在任意时刻直接测量出绝对位置，INS 的位置精度不再受任务持续时间的影响。如图 6.51 所示，可以使用 GPS 接收机的数据对惯性平台的输入进行更新。位置可以直接由 GPS 测量，角度更新也可以通过多个位置测量而得出。

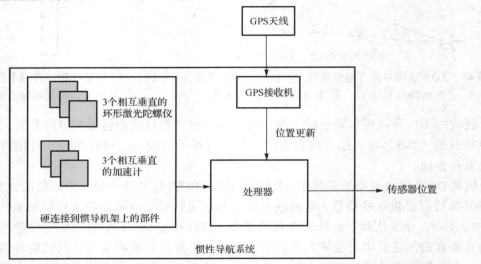

图 6.51　GPS 增强的惯导系统使用来自 GPS 接收机的位置信息，可以长期保持定位精度

　　由于新型加速计和陀螺仪的发展，以及电子设备在小型化方面取得的显著进步，现在的 INS 系统的体积和重量可以做得非常小，并且没有活动部件。环形激光陀螺仪在闭合回路（由三面精确的镜子组成）内反射一个激光脉冲，测量激光脉冲通过圆形路径的时间，即可确定出角速度。对角速度进行积分即可确定方向。为了确定三个轴的方向，需要三个环形激光陀螺仪。压电式加速计已经取代了老式的重力弹簧式加速计。还有非常小的压电陀螺仪可以测量出角速度。

　　GPS 还有一个用途是为固定的或移动的辐射源定位站提供非常精确的时钟。后面要讨论的精确定位技术需要精确的时钟。GPS 接收机/处理器能够与 GPS 卫星上的原子钟同步起来。这相当于在一个印制电路和天线上建立了虚拟的原子钟。（实际原子钟的体积比面包盒大。）GPS 使辐射源精确定位技术在小型平台上的应用成为可能。

6.6.9　中等精度的辐射源定位方法

　　中等精度的系统是指测向仪，其精度可以用 RMS 角精度来定义。中等精度对应的 RMS 典型值是 2.5°。这是大多数未经校准的 DF 方法可以达到的精度。此处的校准指的是在测量信号的 AOA 时进行系统性的测量和误差校正。后面还会详细地讨论校准。

目前在用的中等精度系统有很多，这些系统能够适应电子战斗序列信息的发展。这些系统能够定位敌方的辐射源，且精度足以支持对敌军的组织类型、物理位置以及动向进行分析。专业的分析人员使用这些信息来判定敌方的战斗序列并预测敌方的战术意图。

这些系统通常体积较小、重量较轻且比较便宜。一般而言，系统精度越高，站址和参考方向就得越精确。对于小尺寸低成本系统，这曾经是个重大难题。但是，随着小型低成本惯性测量单元（IMU）的日益普及，这个问题变得容易解决了。结合 GPS 提供的位置参考，IMU 可以为中等精度的 DF 系统提供足够精确的站址和角度参考。

对通信辐射源定位的两种典型的中等精度方法是沃特森-瓦特方法和多普勒方法。

6.6.10　沃特森-瓦特测向方法

如图 6.52 所示，沃特森-瓦特测向系统中，三个接收机与一个圆形天线阵列相连，圆形天线阵列由偶数个（4 个或更多）天线加上位于圆形阵列中心的参考天线组成。圆形阵列的直径约为 1/4 个波长。

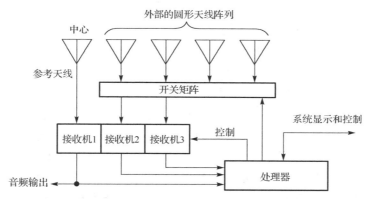

图 6.52　沃特森-瓦特测向系统使用了一个圆形的外部天线阵列和一个位于中心的参考天线。外部圆形阵列中的两个（一对）天线接入到接收机 2 和 3

外部圆形阵列中的两个天线连接到两个接收机，位于中心的参考天线连接到第三个接收机。在处理过程中，将两个外部天线收到信号的幅度差与中心的参考天线收到的信号的幅度相除。这组信号在三个天线周围形成了一个心形的方向图，如图 6.53 所示。通过开关矩阵，把外部圆形阵列中的另一对天线连接到接收机 2 和 3，就可以形成第二个心形的方向图。在切换开关时，就会在心形方向图上得到了两个点。顺序切换所有的天线对，数次以后，就可以计算出信号的 DOA。

沃特森-瓦特方法适用于所有的信号调制类型，且在未校准的情况下可以达到 2.5° 的 RMS 精度。

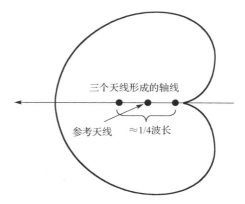

图 6.53　在沃特森-瓦特阵列中，以中心的参考天线对两个相对的外部天线之间的相位差进行归一化，就会形成一个心形的阵列天线方向图

6.6.11   多普勒测向方法

如图 6.54 所示，如果一个天线围绕着另一个天线旋转，运动天线 A 收到的发射信号频率将不同于固定天线 B 收到的信号频率。当运动天线向发射机的方向移动时，多普勒频移会导致收到的信号频率增大。当运动天线向远离发射机的方向移动时，收到的信号频率会下降。这种频率变化表现为正弦曲线，可以据此确定发射信号的 DOA。本图中，辐射源的方向就是正弦波由负变为零时对应的方向。

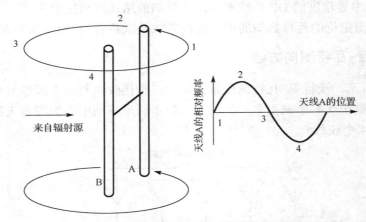

图 6.54   天线 A 围绕着固定的天线 B 旋转时，接收到的广播信号的
频率随着天线与来波方向夹角的变化而呈现出正弦变化

在实际中，多个天线布成一个圆形阵列并顺序接入接收机 A，接收机 B 与圆形阵列的中心的天线相连，如图 6.55 所示。系统每次切换一个外部天线连接到接收机（A）时，都对接收到的信号的相位变化进行测量。旋转几圈之后，系统就能根据相位变化数据构建出天线 A 相对于天线 B 的频率的正弦变化曲线，进而确定出发射信号的 AOA。

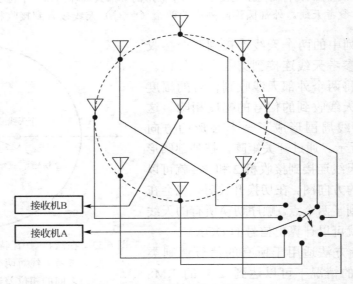

图 6.55   在多普勒测向系统中，外部天线顺序接入接收机 A，中心天线接入接收机 B

多普勒测向方法在商业应用中使用比较广泛，最小规模的配置只需要三个外部天线加一个中心参考天线。这种方法通常可以达到 2.5° 的 RMS 精度。但是，这种方法难以适应频率调制信号，除非频率调制可以与顺序切换外部天线形成的多普勒频移明显地区分开来。

6.6.12　定位精度

如图 6.56 所示，敌方辐射源位置的线性误差(Δ)既与角度误差有关，又与辐射源的距离有关。线性误差的公式为：

线性误差=Tan（角度误差）×距离

在 20 km 的距离上，2.5° 的角度误差引起的线性误差(Δ)是 873 m。

辐射源定位系统的战术效用通常用其所能提供的 CEP 来确定。下面以两个距离目标辐射源均为 20 km 的 2.5° DF 系统所能提供的 CEP 为例，来评估中等精度 DF 系统的有效定位精度。在计算中将采用理想的战术几何关系，即从辐射源处看到两个站的夹角为 90°。

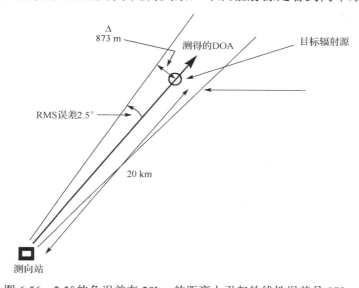

图 6.56　2.5° 的角误差在 20km 的距离上引起的线性误差是 873 m

为了计算这种场景下的 CEP，首先要确定两个 DF 站的 RMS 角度误差所形成的区域，如图 6.57 所示。在数学上可以将该区域近似成边长为 2Δ 的正方形。据 6.6.4 节所述，如果将 DF 系统的平均误差从 RMS 误差中去掉，剩下的就是标准差（σ）。本例中假设已经从 RMS 误差中去掉了平均误差，则图中由指定的到达方向线和 1 倍标准差线（1σ）所围成的楔形区域有 34.13% 的可能性包含真实的 AOA。

由两组 1σ 线围成的正方形的边长是 2Δ。根据前面所述的数学原理，该正方形包含真实辐射源位置的概率是 46.6%。敌方辐射源位置的 CEP 是以 50% 的可能包含真实辐射源位置的圆的半径。可以下式计算：

$$CEP = sqrt[4\Delta^2 \times 1.074/\pi]$$

正方形包含真实辐射源位置的概率为 46.6%，而以 CEP 为半径的圆包含真实辐射源位置的概率是 50%，式中的 1.074 就是用来弥补这个概率差的修正因子。

将线性误差值代入公式，即可得出 CEP 为 1.02 km。

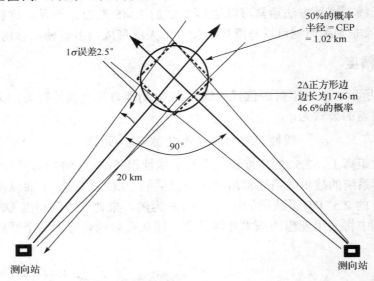

图 6.57　从两个没有位置误差的测向站各引出一组±1σ线，围
成的区域有 46.6%的概率包含真实的辐射源位置

6.6.13　高精度的方法

我们所说的高精度辐射源定位方法通常都是指干涉仪测向。干涉仪经过校准通常可以提供 1° 量级的 RMS 误差。根据配置的不同，有的干涉仪可以提供优于 1°的精度，有的干扰仪的精度比 1° 差。干涉仪只能确定信号的 AOA，因而只是个测向仪。辐射源的位置还需要使用前面讨论过的方法（如三角定位）来确定。

下面先讨论单基线干涉仪，然后讨论相关干涉仪和多基线干涉仪。

6.6.14　单基线干涉仪

虽然所有的干涉仪在本质上都使用了多个基线，但单基线干涉仪指的是每次只使用一个基线。多基线可以解模糊，也可以进行多次独立的测量，通过对测量结果取平均可以降低多径和其他误差源的影响。

图 6.58 是一个干涉仪 DF 系统的基本框图。对两个天线收到的信号的相位进行比较，根据测得的相位差即可确定信号的 DOA。发射信号是以光速行进的正弦波。该正弦波在一个周期内（360°相位）行进的距离叫做波长。发射信号的频率与波长的关系为：

$$c = \lambda f$$

式中，c 是光速（3×10^8 m/s），λ 是波长（单位为米），f 是频率，即每秒的周期数（单位是 1/秒）。

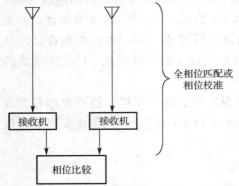

图 6.58　干涉仪比较两个天线收到的信号的相位，根据相位差计算出到达角

图 6.59 所示的干涉仪三角可以很好地解释干

涉仪的原理。图 6.58 中的两个天线形成了一个基线。假设两个天线间的距离和天线的位置是精确已知的。波前是一条垂直于信号波达方向的直线。这是来波信号的等相位线。信号从发射天线处是以球面的形式扩散的，故波前实际上是圆形的一段。但是，由于假设基线长度远远小于发射机的距离，图 6.59 中将波前画成直线是合理的。测向站的精确位置是基线的中心。由于信号沿着波前具有相同的相位，故 A 点和 B 点的相位是相等的。故两个天线（即点 A 和点 C）上的信号的相位差就等于点 B 和点 C 上信号的相位差。

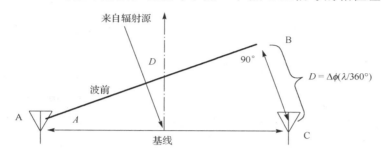

图 6.59　通过干涉仪三角可以很好地解释干涉仪的工作原理

线段 BC 的长度可由下式得出：

$$BC = \Delta\phi(\lambda / 360°)$$

式中，$\Delta\phi$ 是相位差，λ 是信号波长。

根据定义，图中 B 点的角度是 90°，故 A 点的角度（称为角 A）为：

$$A = \arcsin(BC/AC)$$

式中，AC 是基线的长度。

信号的 AOA 是以基线中点处的垂线为参考的，因为干涉仪在这个角度上的精度是最高的。相位度数与角度数的比值在这里也是最大的。通过几何作图，可以发现角 D 和角 A 是相等的。

干涉仪几乎可以使用任何类型的天线。图 6.60 所示为一个典型的干涉仪阵列，该阵列可以安装在一个金属表面上，例如飞机外壳或船体上。图中所示的水平阵列可以测量到达的方位角，而垂直的阵列可以测量俯仰 AOA。图中的天线都是背腔式的螺旋天线，其前后比通常较大，因此只能提供 180° 的角度覆盖。测角精度和角度模糊取决于阵列中天线的间距。最右边的天线具有非常大的间距，因此可以提供很好的精度。但其相位响应存在模糊，如图 6.61 所示。由图可见，相同的相位差（两个天线上的信号之间）对应着几个不同的波达角。这种角度模糊可以通过左边的两个天线来解决，这两个天线的间距小于波长的一半，因此不存在模糊。

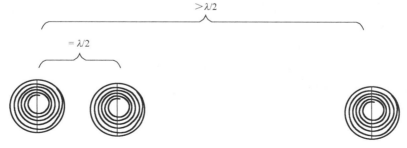

图 6.60　飞机和船上经常使用由三个背腔螺旋天线组成的干涉仪

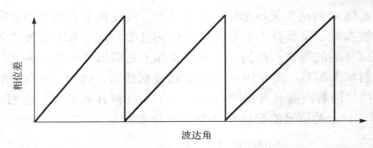

图 6.61　天线间距远远大于半波长时，相位差和波达角的关系是严重模糊的

　　地基系统通常使用由垂直偶极子组成的阵列，如图 6.62 所示。为了避免图 6.61 所示的模糊，天线间距必须小于半个波长。但是，如果天线间距小于十分之一个波长，干涉仪的精度就不够了。因此，单个阵列只能在 5：1 的频率范围内提供测向。有的系统在垂直方向上叠加多个偶极子阵列，每个阵列有不同的偶极子长度和天线间距（在更高的频率范围内使用更短且间距更近的偶极子）。四个天线可以形成 6 条基线，如图 6.63 所示。

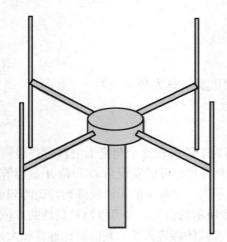

图 6.62　地基干涉仪通常使用地基偶极子天
　　　　　线组成的阵列来提供 360 度的覆盖

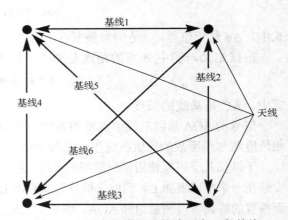

图 6.63　四个天线组成的阵列有 6 条基线

　　由于这些偶极子阵列在方位上覆盖了 360°，干涉仪存在如图 6.64 所示的前后模糊，这是因为从图中的两个角度到达的信号具有相同的相位差。这个问题可以使用不同的天线对进行二次测量来解决，如图 6.65 所示。正确的 AOA 在两次测量中是相关的，而模糊的 AOA 在两次测量中则是不相关的。

　　图 6.66 所示为一种典型的干涉仪 DF 系统。每次切换两个天线送入相位比较器，并测出 DOA。如果有四个天线，则顺序使用六条基线。通常对每条基线交换两个天线的输入，进行两次测量，以此来平衡掉信号路径长度的细微差异。最后对 12 个 AOA 结果取平均得到上报的 DOA。

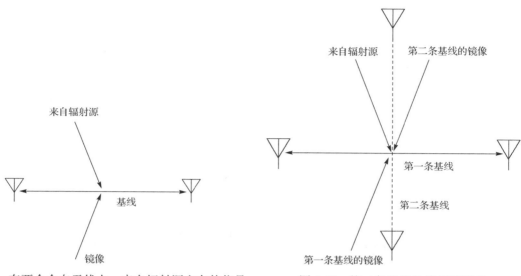

图 6.64　在两个全向天线上，来自辐射源方向的信号　　　　图 6.65　第二条基线的前后模糊角
　　　　和来自镜像方向的信号具有相同的相位差　　　　　　　　　　度与第一条基线的不同

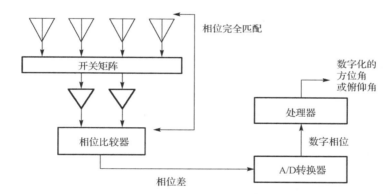

图 6.66　干涉仪系统顺序切换进入相位测量接收机的天线对，并依次对每条基线计算波达角

6.6.15　多基线精确干涉仪

虽然多基线干涉仪的典型应用是在微波频段，但只要能够满足天线阵列的安装条件，多基线干涉仪可以在任意的频率范围内使用。在图 6.67 中，多个基线的长度都大于半波长，图中三条基线的长度分别是 5 倍、14 倍和 15 倍的半波长。

同时使用三条基线测得的相位进行模运算，可以确定 AOA 并解模糊。这种干涉仪的优点是精度可以达到单基线干涉仪的 10 倍。缺点是在较低频率上的天线阵列会非常长。

6.6.16　相关干涉仪

相关干涉仪系统使用的天线较多，通常为 5 到 9 个。每一对天线形成一条基线，故有很多条基线。天线间距是大于半波长的，通常为一到两个波长，如图 6.68 所示。所有基线的计算结果都存在模糊。但是，基于大量的 DOA 测量结果可以对相关数据进行稳健的数学分析。正确的 AOA 具有更大的相关值，据此可以上报正确的 AOA。

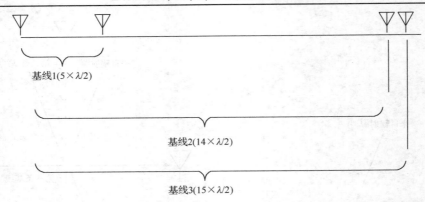

图 6.67　多基线精确干涉仪使用了多条很长的基线，能够以很高的精度计算出波达角

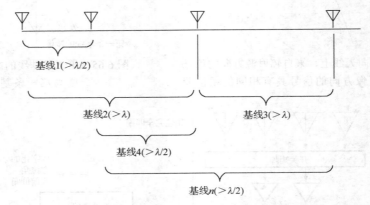

图 6.68　相关干涉仪使用了多条基线，每条基线的长度都大于半波长

6.6.17　精确的辐射源定位方法

通常，精确的辐射源定位方法提供的辐射源位置的精度足以支持目标瞄准。这意味着定位精度与武器的爆炸半径（几十米）相近。还有一些其他的应用也可以得益于超高的定位精度，例如判定两个辐射源是否共址。

我们将讨论两种精确的定位方法，即时差（TDOA）方法和频差（FDOA）方法，然后讨论这两种方法的结合。TDOA 和 FDOA 都要求每个接收站有一个高度精度的参考振荡器。在早期，每个接收站需要一个原子钟，但现在的 GPS 能够以极小的尺寸和重量提供同等精确的时钟。

6.6.18　TDOA

TDOA 是基于信号以光速传播这一基本事实的，故一个信号到达两个接收站的时间差与距离差成正比，如图 6.69 所示。如果我们知道信号离开发射机的精确时间以及信号到达每个接收机的精确时间，就可以计算出每个接收站到发射机的距离，进而可以知道辐射源的精确位置。在协作系统如 GPS 中就是这样做的，GPS 的发射信号携带了关于信号的发射时刻的信息。

但是，对于敌方的信号，我们无法得知信号离开发射机的时间。我们只能确定信号到达两个接收站的时间差。由于通信信号是连续的，确定到达时间差的唯一方式就是将离辐射源最近的接收机收到的信号进行延迟，直到两个接收机收到的信号的调制相关起来，如图 6.70 所示。这需要每个接收机都具有可调延迟的能力，因为每个接收机都有可能是离辐射源最近的接收机。相对延迟的整个变化范围相当于对辐射源位置可能存在的区域进行了完全搜索。

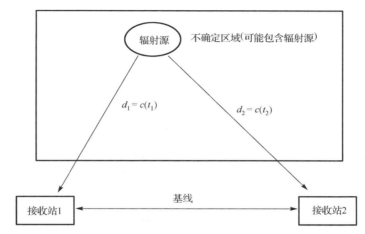

图 6.69　信号以光速传播，到达两个接收站的时间差与距离差成正比

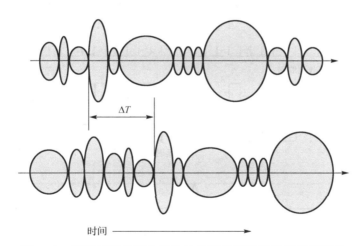

图 6.70　相距较远的两个接收站收到的模拟信号具有相同的
调制，但由于存在距离差，信号在时间上会有偏移

　　在实际应用中，相对延迟每改变一次，每个接收站都对收到的调制信号进行数字化，数字化以后的信号送到一个单独的站进行相关处理。为了保证相关处理的精度（几十纳秒），要对收到的信号以非常高的速率进行采样和数字化。这需要两个接收站和进行相关处理的站之间有足够的链路带宽。

　　如图 6.71 所示，当延迟等于信号到达两个接收站的时间差时，两个数字信号的相关会形成一个平缓的相关峰。

　　如果目标辐射源发射的是数字信号，且两个接收站能够对收到的信号解调并恢复出数字化的数据，则两个接收站将输出相同的数字信号（由于存在相对传播延迟，故时间上有偏移），此时两个站的相关可以做得更加精确。当延迟变化时，数字信号的自相关会形成图钉型的相关图案。当两个信号不同步时，相关度约为50%。当最近的接收机的信号延迟量等于到达时间差时（1比特以内），相关度会升到50%以上。当使两路信号的数据接近同步时，相关度会上升到接近100%。这种情况称为图钉型相关，如图6.72所示。这种相关处理要求延迟增量小于传输的比特周期，因而在实际中是很难实现的。如果不确定区域（如图6.69所示）比较大，实施相关处理所需的时间会变得很长，所需的链路带宽也是不可实现的。

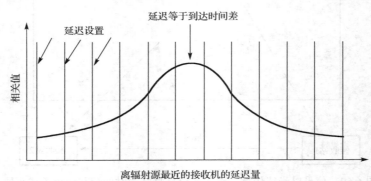

图 6.71　对两路接收信号中的一路进行延迟，当延迟等于到达时间差时，会产生一个平缓的相关峰

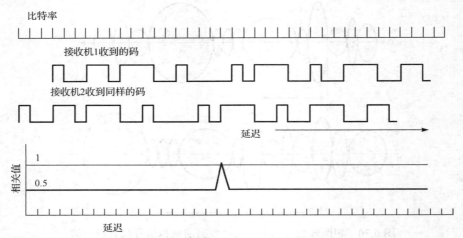

图 6.72　如果两路信号是相同的，将其中一路相对于另一路进行延迟，当两路信号达到同步时，会产生一个很尖的相关峰

6.6.19　等时线

知道了时间差，就可以得出距离差。一个固定的距离差在空间中定义了一个双曲面。这个双曲面与地面相交（假设地面是平的）会形成辐射源位置的双曲线，叫做等时线。现在已知辐射源的位置就在这条双曲线上。如果对时间差的测量非常精确，辐射源就会非常接近这条线（相距几十米），但这条线的长度是无限的。图 6.73 给出了一组等时线，每一条等时线对应一个不同的 TDOA。

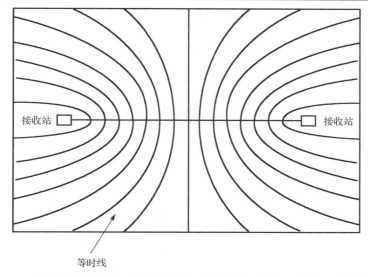

图 6.73　每个时差值对应一条由辐射源可能位置组成的双曲线，叫做等时线

　　信号的实际位置需要使用第三个接收站来确定，如图 6.74 所示。每一对接收站形成一条基线，每条基线定义了一条等时线。图中所示的两条基线的等时线的交点就对应于辐射源的位置。实际上，还有第三条基线（由接收机 1 和 3 形成）定义的第三条等时线与另两条等时线相交，交点也在辐射源处。

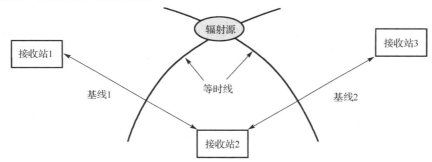

图 6.74　目标辐射源位于两条基线形成的等时线的交点上

6.6.20　FDOA

　　FDOA 方法可以在运动平台上对地球表面的固定辐射源进行定位。不论是发射机还是接收机在运动，收到的信号与发射信号之间就会存在一个频率差。我们将发射机固定，让接收机运动起来。由多普勒频移导致的频率差是：

$$\Delta F = F \times V \times \cos(\theta) / c$$

式中，ΔF 是接收信号相对于发射信号的频率变化，即多普勒频移，F 是发射信号的频率，V 是接收机的运动速度，θ 是接收机速度矢量和信号的 DOA 之间的真实球面角，c 是光速。

　　图 6.75 所示为两个运动的接收机接收同一个信号。每个接收机收到的信号频率取决于自身的速度矢量和目标信号的波达方向。两个运动的接收机形成了一条基线。每个接收机

收到的信号频率都是发射信号频率加上当时的多普勒频移（$F+\Delta F$）。FDOA 就是两个接收机收到的信号频率之差。

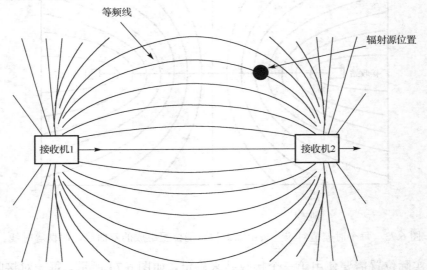

图 6.75   每个到达频率差定义了一条曲线，该曲线包含了所有可能的辐射源位置

对于给定的频率差，其所对应的所有可能的辐射源位置组成了一个复杂的曲面。如果目标辐射源位于地球表面，曲面会在地球表面切出一条曲线，这条曲线包含了所有可能的辐射源位置。

由于两个接收机可以具有任意的速度矢量（即在任意的方向上具有任意的速度），故曲线的形状有很多种变化。图 6.76 给出一种特殊的情形，即两个接收机以相同的速度朝着相同的方向运动，FDOA 并不要求平台必须以这种尾追的方式飞行。图 6.75 给出的是一组称为等频线的频率差曲线。这组曲线有时也称为等多普勒线。每一条等频线都是由一个特定的 FDOA 所对应的所有可能的辐射源位置组成的。如果辐射源的位置在图中，系统只知道辐射源在由接收机 1 和接收机 2 组成的基线形成的 FDOA 所对应的等频线上的某处，但不知道具体的位置。

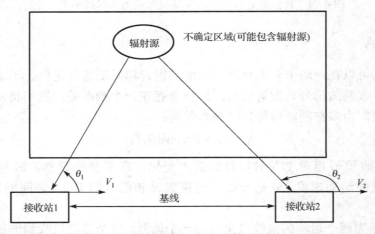

图 6.76   两个运动平台上的接收机以不同的频率接收辐射源的信号，频率差取决于平台的速度矢量

为了确定辐射源的实际位置，需要引入第三个运动的接收机，如图 6.77 所示。接收机 2 和 3 形成了第二条基线，进而可以计算出第二条等频线，其与第一条等频线的交点就对应于辐射源的位置。与 TDOA 方法类似，实际上还存在着由接收机 1 和 3 形成的第三条基线，由这条基线又可以得出第三条等频线，这条等频线也经过了辐射源的位置。

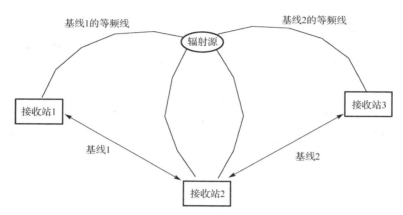

图 6.77　辐射源的位置可以通过两条基线的等频线的交点来确定

6.6.21　频率差的测量

FDOA 系统需要测量每个接收站收到信号的频率。这需要极度精确的频率参考，过去需要用铯束频标才能实现，现在用 GPS 接收机输出的频率参考即可实现。与 TDOA 不同，FDOA 不需要进行耗时的相关处理，只需要对每个接收站的频率进行测量，直接相减即可得出 FDOA。因此，只需要带宽很窄的数据链路即可实现三个接收平台和 FDOA 计算站之间的通信。

如果辐射源也是运动的，此时既有接收机运动引起的多普勒频移，又有辐射源运动引起的多普勒频移。这种情况下，很难确定等频线的轮廓，除非有足够多的运动接收机和非常强大的处理能力。FDOA 很难对运动的目标辐射源实施定位。

6.6.22　TDOA 和 FDOA 的结合

与 TDOA 接收机一样，FDOA 接收机中的关键单元是极度精确的时间/频率参考。随着 GPS 的广泛应用，小型的运动平台上也可以实现极度精确的时间/频率参考。这意味着 TDOA 和 FDOA 都可以在安装有接收机的直升机或固定翼飞机上实施。如图 6.78 所示，每一条基线既可以计算出等时线，也可以计算出等频线。这意味着每一条基线都可以通过等时线和等频线的相交来确定辐射源的位置。

通常情况下有三个接收机平台，形成了三条基线，可以定义六条经过辐射源位置的轮廓线（三条等时线和三条等频线）。TDOA 和 FDOA 的结合所增加的测量参数可以实现更好的定位精度，优于单独的 TDOA 或 FDOA 处理所能提供的精度。

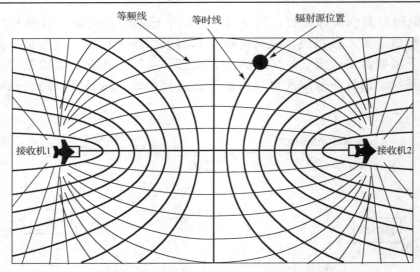

图 6.78   如果两个运动平台既能测量出到达时间差，又能测
量出到达频率差，则可以同时定义等时线和等频线

6.6.23   TDOA 和 FDOA 辐射源定位系统的 CEP 计算

在地图上以计算出的辐射源位置为中心，可以画出辐射源精确定位系统的椭圆概率误差（EEP）。这不仅给出了计算出的辐射源位置，还给出了辐射源位置的可信度。在所有的辐射源定位方法中，EEP 都是指以 50% 的概率包含真实辐射源位置的椭圆。90%EEP 则是指以 90% 的概率包含真实辐射源位置的椭圆。但是，在比较不同的辐射源定位方法时，更重要的参数是 CEP 或 90%CEP。如前所述，CEP 和 EEP 的关系是：

$$CEP = 0.75 sqrt(a^2 + b^2)$$

式中，a 和 b 是 EEP 椭圆的半长轴和半短轴。

6.6.24   TDOA 和 FDOA 精度的闭定表达式

参考文献[2]以各种误差源的形式给出了 TDOA 辐射源定位系统等时线和 FDOA 辐射源定位系统等频线的 1 倍标准差宽度（1σ）的闭定表达式。

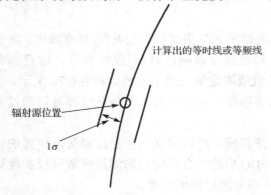

图 6.79   等时线或等频线的宽度通常用±1σ线来定义

图 6.79 所示的±1σ线定义了等时线或等频线的宽度，即线的实际方向的不确定性。在正态分布函数中，1σ表示有 34.13% 的概率接近正确值。故实际的辐射源位置有 68.26% 的概率位于±1σ之间。在图 6.80 中，来自两条基线的等时线或等频线在计算出的辐射源位置处相交。两条基线的±1σ线形成了一个平行四边形，该平行四边形有 46.59% 的概率包含真实的辐射源位置（假设误差函数服从高斯分布）。

　　如果沿着平行四边形的方向画一个椭圆，并令椭圆有 50%的概率包含真实的辐射源位置，这就是 EEP，如图 6.81 所示。

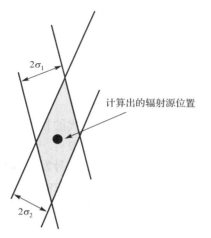

图 6.80　两条基线的±1σ 线形成了一个平行四边形

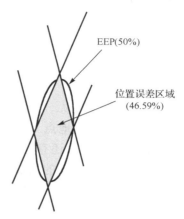

图 6.81　沿着平行四边形的方向画一个椭圆，椭圆面积为平行四边形面积的 1.073 倍，该椭圆就是 EEP

　　参考文献[3]讨论了只使用几何误差源的 CEP 表达式，还提供了根据截获几何关系定义平行四边形的方法。参考文献[4]讨论了 EEP 椭圆和 CEP 之间的关系。

6.6.25　散点图

　　还有一种更精确的方法可以确定 TDOA 或 FDOA 辐射源定位系统的 EEP 和 CEP，即散点图。在计算机上根据截获几何关系对辐射源的位置进行多次计算（可能达到 1000 次）。每次计算中，根据每个变量的概率分布（例如给定标准差的高斯分布）随机选择变量的值。对于每次计算，相对于正确的辐射源位置画出计算出的辐射源位置，就会形成散点图。然后以真实的辐射源位置为中心画一个椭圆，令椭圆包含 50%（或 90%）的已标绘出的辐射源位置，该椭圆就是 EEP，如图 6.82 所示。

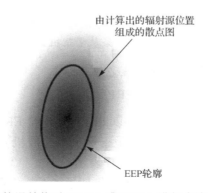

图 6.82　基于正态分布的误差值对 TDOA 或 FDOA 进行多次仿真，得出的辐射源位置会形成一个椭圆图案，画一个能够包含 50%的散点的椭圆，即为 EEP

6.6.26　对 LPI 辐射源的精确定位

对低截获概率（LPI）辐射源的精确定位涉及一些重要的问题。这些内容将在第 7 章进行讨论。

6.7　通信干扰

通信的目的是将信息从一个地点送到另一个地点。相应地，通信干扰的目的就是阻止敌方的信息到达其期望的地点。图 6.83 所示为一个通信干扰场景。场景中有一个从发射机到接收机的有用信号链路，还有一个从干扰机到接收机的干扰链路。有用信号发射功率（P_S）乘以发射天线在接收机方向的增益（G_S）就是有用信号的等效辐射功率（ERP_S）。在计算传播损耗时要用到有用信号发射机到接收机的距离（d_S）。对于干扰链路，对应的值为 P_J，G_J，ERP_J 和 d_J。任何类型的通信干扰都是通过把干扰信号注入接收机的方式使接收机无法正常接收有用信号。图中的每个链路都是一条通信链路。从有用信号链路接收到的功率为 S，S 的计算公式为：

$$S = ERP_S - L_S + G_R$$

式中，S 是接收机收到的有用信号功率（以 dBm 表示）。ERP_S 是有用信号发射机在接收机方向的等效辐射功率（以 dBm 表示）。L_S 是有用信号发射机到接收机之间的链路损耗（以 dB 表示），G_R 是接收天线在有用信号发射机方向的增益（以 dB 表示）。

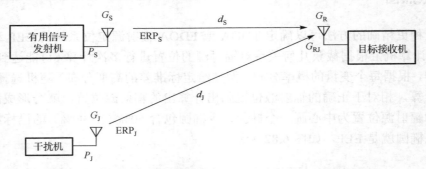

图 6.83   通信干扰场景包括一条从有用信号发射机到接收机的
有用信号链路和一条从干扰机到接收机的干扰链路

从干扰机接收到的功率为 J，J 的计算公式为：

$$J = ERP_J - L_J + G_{RJ}$$

式中，J 是接收机收到的干扰信号功率（以 dBm 表示）。ERP_J 是干扰信号发射机在接收机方向的等效辐射功率（以 dBm 表示）。L_J 是干扰机到接收机之间的链路损耗（以 dB 表示），G_{RJ} 是接收天线在干扰机方向的增益（以 dB 表示）。

有用信号链路和干扰链路的链路损耗都包括了 6.4 节和第 5 章所述的所有要素：

- LOS 或双径传播损耗；

- 大气损耗；
- 雨衰；
- KED。

这些损耗项要根据每条链路的具体情况进行取值。两条链路不一定要采用相同的传播模型。

6.7.1　对接收机的干扰

通信干扰的目标只能是接收机，而不会是发射机。这似乎是显而易见的，但在复杂的场景中很容易搞混。造成这种混淆的一个重要原因是雷达干扰。雷达的发射机和接收机通常位于同一地点（而且通常还使用同一个天线），所以对雷达实施直接反向干扰是可取的，即直接向产生雷达发射信号的地方发射干扰信号。对于通信信号，发射机和接收机必须位于不同的地点，此时必须要牢记干扰的目标是接收机而非发射机。例如，要想干扰图 6.84 所示的无人机数据链，干扰信号必须指向地面站，因为数据链将信息从无人机传送到地面站。干扰指向无人机时，对数据链并不会产生影响。

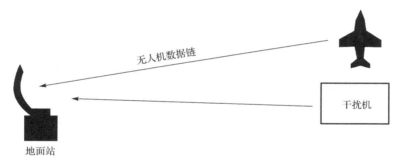

图 6.84　无人机数据链把信息从无人机传送到地面站，所以干扰机必须对准地面站实施干扰

6.7.2　对网络的干扰

如果干扰如图 6.85 所示的敌方通信网络，所有的敌方通信站都有可能是无线电收发机，即同时具备发射和接收功能。在一个对讲网络中，一个通信站发射时（操作员按下发射开关），其他通信站只能接收。当干扰信号发射到该网络的区域中时，会被所有处于接收模式的通信站收到。从干扰机到每个接收机的信号流都对应一条单向链路。这些链路中的每一条都可以分别进行定义。但在实际中通常是定义一条由干扰机到网络中所有接收机的平均链路。当讨论特定的技术时，使用的图纸中只有一个发射机、一个干扰机和一个接收机，但在实际中，这个接收机可以是敌方网络中任意一个处于接收模式的单元。所以，干扰了这个代表性的接收机就是干扰了整个网络。但是，从干扰机到网络中不同接收站的距离差别可能非常大，如图 6.86 所示。在计算对敌方通信网络的干扰参数时必须要考虑到这一点。

从图 6.86 还可以看出，与干扰机相配合的接收机也可以接收到发射站的信号。这就是截获链路，在第 7 章讨论的几种复杂干扰技术中需要重点考虑截获链路。

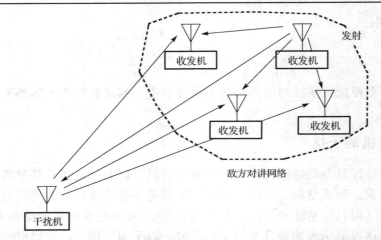

图 6.85　当干扰机干扰敌方对讲网络时，所有处于接收模式的通信站都会受
到干扰。位于干扰机处的截获接收机也可以收到敌方发射站的信号

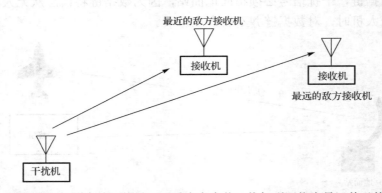

图 6.86　在对敌方网络实施干扰时，要重点考虑从干扰机到网络中最远单元的链路距离

6.7.3　干信比

接收机收到的干扰信号功率与有用信号功率之比称为干信比（J/S），用 dB 表示。由于收到的信号功率是用对数形式的 dBm 表示的，故用 J 减去 S 即可得出 J/S。J 和 S 在前面已经用公式定义过了，则 J/S 可进一步由下式定义：

$$J/S = J - S = \mathrm{ERP_J} - \mathrm{ERP_S} - L_J + L_S + G_{RJ} - G_R$$

式中的每一项在前面都有定义。

由于通信收发机通常采用鞭状天线，发射和接收都近似为 360° 覆盖。这意味着接收天线在有用信号发射机方向和干扰机方向上的增益是一样的。由此可以将 J/S 的公式进一步简化为：

$$J/S = \mathrm{ERP_J} - \mathrm{ERP_S} - L_J + L_S$$

6.7.4　传播模型

在 6.4 节中，我们讨论了描述战术链路性能最常用的三种传播模型。在 6.7.2 节中，我们讨论了有用信号链路、截获链路和干扰链路，这些都是战术通信链路。每条链路都可以适用于任何一种传播模型，这正是我们在 *J/S* 公式中没有将损耗项进一步化简的原因。

由于每条链路可以适用于任何一种传播模型，在解决一个通信干扰问题时，首先必须为每一条链路确定合适的损耗模型。这需要考虑每条链路的几何关系，通常还需要计算出每条链路的菲涅耳区距离。在空对空的场景中，有用信号发射机、接收机和干扰机都远离地面，有用信号链路和干扰链路都符合 LOS 传播模型。当通信干扰发生在微波频率且采用的天线是窄波束定向天线时，通常也符合 LOS 传播模型。但是，对于 VHF 和 UHF 波段的地对地或空对地干扰，确定所需的传播模型的唯一方法就是计算出每条链路的菲涅耳区距离。

6.7.5　地基通信干扰

直接考虑最复杂的情景：目标通信链路和干扰机都位于地面上，如图 6.87 所示。目标链路工作在 250 MHz 频率上，发射机功率为 1 W，距离接收机 5 km。发射和接收天线都是增益为 2 dBi 的鞭状天线，架设高度均为地面上 2 m。干扰机的发射机功率为 500 W，天线是增益为 12 dBi 的对数周期天线，架设在 30 m 高的桅杆上。干扰机距离目标接收机 50 km。所有三个站互相都在视距内。下面来计算 *J/S*。

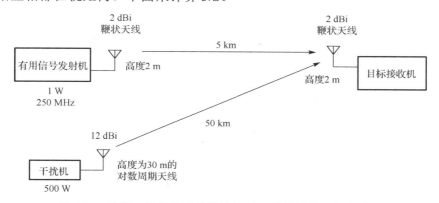

图 6.87　地面干扰机的干信比取决于干扰场景的几何关系。

第一步是计算出有用信号链路和干扰链路的菲涅耳区距离。6.4.5 节给出了计算菲涅耳区距离的公式，为：

$$FZ(km) = [h_T(m) \times h_R(m) \times F(MHZ)]/24000$$

对于有用信号链路，FZ 为：

$$[2 \times 2 \times 250]/24000 = 0.0417\ km = 41.7\ m$$

对于干扰链路，FZ 为：

$$[30 \times 2 \times 250]/24000 = 0.625\ km = 625\ m$$

两条链路的距离都远远大于菲涅耳区距离，故两条链路都符合双径传播模型，如图 6.88 所示。

由于接收天线是鞭状天线，在干扰机和有用信号发射机方向上的增益相等，故 *J/S* 的公式为：

图 6.88　链路距离和菲涅耳区距离的关系确定了适用的传播模型

$$J/S(dB) = ERP_J(dBm) - ERP_S(dBm) - Loss_J(dB) + Loss_S(dB)$$

干扰机的 ERP 为：

$$ERP(dBm) = P_T(dBm) + G_T(dB)$$
$$= 10\log(500000\ mW) + 12\ dB = 57 + 12 = 69\ dBm$$

有用信号发射机的 ERP 为：

$$ERP(dBm) = 10\log(1000mW) + 2\ dB = 32\ dBm$$

6.4.2 节给出了链路的双径损耗公式，为：

$$Loss(dB) = 120 + 40\log d(km) - 20\log h_T(m) - 20\log h_R(m)$$

干扰链路的双径损耗为：

$$[120 + 68 - 29.5 - 6] = 152.5\ dB$$

有用信号链路的双径损耗为：

$$[120 + 28 - 6 - 6] = 136\ dB$$

则 J/S 为：

$$J/S(dB) = 69\ dBm - 32\ dBm - 152.5\ dB + 136\ dB = 20.5\ dB$$

6.7.6　公式简化

如果已知有用信号链路和干扰链路都符合双径传播模型，则在处理相关问题时，可以使用 J/S 的简化公式：

$$J/S(dB) = ERP_J(dBm) - ERP_S(dBm) - Loss_J(dB) + Loss_S(dB)$$
$$= ERP_J(dBm) - ERP_S(dBm) - (120 + 40\log d_J - 20\log h_J$$
$$- 20\log h_R) + 120 + 40\log d_S - 20\log h_S - 20\log h_R$$

式中，d_J 是干扰机到目标接收机的距离（km），d_S 是有用信号发射机到目标接收机的距离（km），h_J 是干扰机天线的高度（m），h_S 是有用信号发射天线的高度（m），h_R 是目标接收机天线的高度（m）。

由于两条链路的接收天线是相同的，公式可进一步简化为：

$$J/S = ERP_J - ERP_S - 40\log d_J + 20\log h_J + 40\log d_S - 20\log h_S$$

6.7.7 机载通信干扰

考虑如图 6.89 所示的情形。要干扰的通信网络没变，但把干扰机安装到了一架在 500 m 高度上悬停的直升机上。干扰机距离目标接收机的距离仍为 50 km。干扰发射机的输出功率为 200 W，干扰天线是增益为 2 dB 的偶极子天线，安装在机腹上。求此时的 J/S。

首先需要确定干扰链路的菲涅耳区距离。

$$FZ(km) = [h_T \times h_R \times F]/24000 = [1000 \times 2 \times 250]/24000 = 20.8\,km$$

由于干扰机和接收机之间的距离大于 20.8km，则干扰链路符合双径传播模型。由此得出干扰链路损耗为：

$$Loss_J = 120 + 40\log d - 20\log h_T - 20\log h_R = 120 + 68 - 6 - 54 = 128\,dB$$

干扰 ERP 为：

$$ERP_J = 10\log(200000\,mW) + 2\,dBi = 53\,dBi + 2\,dB = 55\,dBm$$

得出 J/S 为：

$$J/S(dB) = ERP_J - ERP_S - Loss_J + Loss_S$$
$$= 55\,dBm - 32\,dBm - 128\,dB + 136\,dB = 31\,dB$$

由于干扰机的升空，虽然干扰 ERP 下降了 14 dB，但 J/S 增加了将近 10 dB。

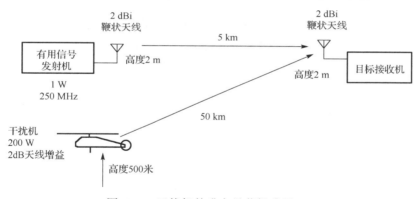

图 6.89 干扰机的升空显著提升了 J/S

6.7.8 高空通信干扰机

考虑如图 6.90 所示的干扰情形。一架固定翼飞机在 3000 m 的高度上对工作在 250 MHz 的通信网进行干扰，通信网内的站间距为 5 km。目标网络中所有的站都是无线电收发机，都使用增益为 2 dB 的鞭状天线，天线高度为 2 m。每部收发机的发射机输出功率都是 1 W。干扰飞机与目标网络工作区域之间的距离是 50 km。干扰机的输出功率是 100 W，天线增益为 3 dBi。求此时的 J/S。

首先，必须确定每条链路的传播模型。目标链路的菲涅耳区距离是：

$$FZ = (2 \times 2 \times 250)/24000 = 0.0417\,km = 47.7\,m$$

该距离远远小于目标链路的传输路径长度（5 km），所以目标链路符合双径传播模型。

则目标链路的耗损是：

$$LOSS_S = 120_S = 120 + 40\log(距离) - 20\log(h_T) - 20\log(h_R)$$
$$= 120 + 40\log(5) - 20\log(2) - 20\log(2) = 120 + 28 - 6 - 6 = 136 \text{ dB}$$

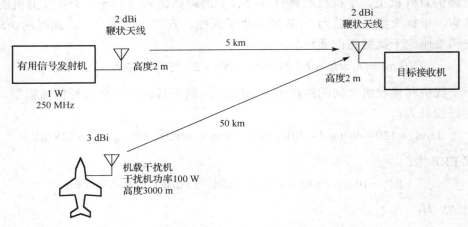

图 6.90　高空机载干扰机可以实现很高的 J/S

干扰链路的菲涅耳区距离是：

$$FZ = (3000 \times 2 \times 240)/24000 = 62.5 \text{ km}$$

该距离大于干扰链路的传输距离，故干扰链路符合视距传播模型。干扰链路的损耗是：

$$LOSS_J = 32.4 + 20\log(距离) + 20\log(频率)$$
$$= 32.4 + 20\log(50) + 20\log(250)$$
$$= 32.4 + 34 + 48 = 114.4 \text{ dB}$$

目标链路的发射机 ERP 是：

$$30 \text{ dBm} + 2 \text{ dBi} = 32 \text{ dBm}$$

干扰机的 ERP 是：

$$50 \text{ dBm} + 3 \text{ dBi} = 53 \text{ dBm}$$

则 J/S 为：

$$J/S = ERP_J - ERP_S - LOSS_J + LOSS_S = 53 - 32 - 114.4 + 136 = 42.6 \text{ dB}$$

机载干扰链路只经历了 LOS 损耗，使机载干扰机可以对经历双径传播耗损的目标网络产生很高的 J/S。

6.7.9　防区内干扰

现在考虑防区内干扰机，目标网络与 6.7.8 节相同。由于干扰机非常接近接收机，因此所需的功率较低。这种情况下，可能会有大量的低功率干扰机遍布目标网络的工作区域。每部干扰机都使用高度为 0.5 m 的鞭状天线，ERP 都为 5 W。图 6.91 所示为一个距离接收机 500 m 的干扰机。我们将考虑这种典型的干扰场景（即防区内干扰机距离目标网络内每个无线电收发机的距离都约为 500 m），并计算其 J/S。

图 6.91 防区内干扰可以用较低的干扰功率实现高的 J/S

根据 6.7.8 节的描述，有用信号链路符合双径传播模型。ERP 是 32 dBm，且链路损耗是 136 dB。

计算干扰链路的 FZ：

$$FZ = (h_T \times h_R \times 频率)/24000 = (0.5 \times 2 \times 250)/24000 = 0.01 \text{ km} = 10 \text{ m}$$

该距离小于 500 m 的干扰链路距离，因此干扰链路符合双径传播模型。

干扰 ERP 是 37 dBm(5 W)。

干扰链路损耗是：

$$LOSS_J = 120 + 40\log(距离) - 20\log(h_T) - 20\log(h_R)$$
$$= 120 + 40\log(0.5) - 20\log(0.5) - 20\log(2) = 120 - 12 + 6 - 6 = 108 \text{ dB}$$

J/S 为：

$$J/S = ERP_J - ERP_S - LOSS_J + LOSS_S = 37 - 32 - 108 + 136 = 33 \text{ dB}$$

由于干扰机距离目标接收机很近，所以低功率的干扰机可以实现高的 J/S。

6.7.10 干扰微波频段的无人机链路

下面考虑从地面上对无人机（UAV）链路的干扰。UAV 必须有一条从控制站到 UAV 的控制链路（上行链路）和一条从 UAV 到控制站的数据链路（下行链路）。对这两条链路的干扰都会讨论。这两条链路的工作频率都在 5 GHz 附近。

图 6.92 所示为 UAV 的控制链路。控制站的碟形天线的增益为 20 dBi，旁瓣隔离度为 15 dB，即天线的平均旁瓣增益比主瓣增益（即对 UAV 方向的天线增益）低 15 dB。上行链路的发射机功率为 1 W。UAV 距离地面站 20 km，所用的鞭状天线增益为 3 dBi。下行链路的发射机（在 UAV 上）功率为 1 W。干扰机的功率为 100 W，所用的对数周期天线增益为 10 dBi。

由于两条链路都工作在微波频段，可以使用 LOS 传播模型。

6.7.10.1 控制链路

首先考虑对控制链路的干扰，如图 6.92 所示。当干扰机天线指向 UAV 时，求 J/S。

有用信号 ERP 是 30 dBm(1 W)+20 dB=50 dBm。干扰机 ERP 是 50 dBm(100 W)+10 dB= 60 dBm。

控制站距离 UAV20 km，则控制链路损耗为：

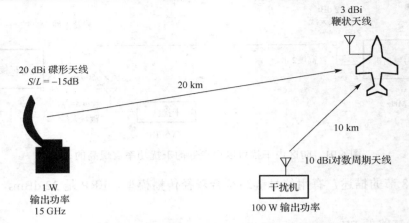

图 6.92   干扰无人机的上行链路需要向无人机发射干扰

$$\text{LOSS}_S = 32.4 + 20\log(\text{距离}) + 20\log(\text{频率})$$
$$= 32.4 + 20\log(20) + 20\log(5000)$$
$$= 32.4 + 26 + 74 = 132.4\,\text{dB}$$

干扰机距离 UAV 10 km，则干扰链路的损耗为：
$$\text{LOSS}_J = 32.4 + 20\log(\text{距离}) + 20\log(\text{频率})$$
$$= 32.4 + 20\log(10) + 20\log(5000)$$
$$= 32.4 + 20 + 74 = 126.4\,\text{dB}$$

由于 UAV 上的接收天线是鞭状天线，在地面站方向和干扰机方向上的增益相等。则 J/S 为：

$$J/S = \text{ERP}_J - \text{ERP}_S - \text{LOSS}_J + \text{LOSS}_S = 60 - 50 - 126.4 + 132.4 = 16\,\text{dB}$$

6.7.10.2   数据链路

再来考虑对数据链路的干扰。如图 6.93 所示，干扰机距离控制站 20 km，干扰机天线发射的干扰信号只能通过控制站天线的旁瓣进入控制站。求此时的 J/S。

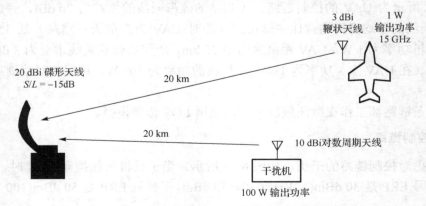

图 6.93   干扰无人机的下行链路需要向地面站发射干扰

数据链路的发射机输出功率为 1 W，天线增益为 3 dBi。有用信号链路的 ERP 为

30 dBm(1 W)+3 dBi=33 dBm。有用信号链路的损耗与 6.7.10.1 节中对控制链路的计算结果是一样的，即 132.4 dB。

6.7.10.1 节中计算出的干扰机 ERP 是 6 dBm。由于干扰机距离控制站 20 km，则干扰链路的损耗与有用信号链路的损耗是一样的，即 132.4 dB。

控制站的天线是方向性的。在 UAV 方向上的增益（G_R）是 20 dBi，但在干扰机（位于旁瓣）方向上的增益（G_{RJ}）要低 15 dB，即 5 dBi。则 J/S 为：

$$J/S = \text{ERP}_J - \text{ERP}_S - \text{LOSS}_J + \text{LOSS}_S + G_{RJ} - G_R$$
$$= 60 - 33 - 132.4 + 132.4 + 5 - 20 = 12 \text{ dB}$$

参考文献

[1] Gibson, J. D., (ed.), Communications Handbook, Ch. 84: Boca Raton, FL: CRC Press, 1997.

[2] Chestnut, P., "Emitter Location Accuracy Using TDOA and Differential Doppler,"IEEE Transactions on Aerospace and Electronic Systems, Vol. 18, March 1982.

[3] Adamy, D., EW 102: A Second Course in Electronic Warfare, Norwood, MA: Artech House, 2004.

[4] Wegner, L. H., "On the Accuracy Analysis of Airborne Techniques for Passively Locating Electromagnetic Emitters," RAND Report, R-722-PR, June 1971.

第 7 章　现代通信威胁

7.1　引言

通信威胁正在发生巨大变化，同时带来新的挑战。首先，低截获概率（LPI）通信的推广应用对通信链路电子战带来了巨大挑战。其次，当前防空导弹和与导弹关联的雷达严重依赖于互连数据链。此外，无人飞行器（UAV）正越来越广泛地被应用于侦察、电子战和武器投送，但无人飞行器极度依赖于通过指挥和数据链与地面站实现互联。最后，在非对称环境中，手机不仅普遍用于指挥和控制，还被用来引爆简易爆炸装置（IED）。

与第 4 章中描述的现代雷达威胁一样，现代通信威胁与之大致相同。因此可以在不涉及涉密信息的情况下，对电子战技术进行描述。随后补充填入涉密资料中的参数，你就能够在真实环境中应用电子战技术。

7.2　低截获概率通信信号

低截获概率通信使用的信号经过了特殊调制，因此这些信号很难被常规接收机所探测。理想情况下，敌方接收机甚至无法确定该信号是否存在。由于低截获概率通信信号通过扩展频率范围来实现这一目标，因此低截获概率信号也被称为扩频信号。如图 7.1 所示，低截获概率信号通过独特的二次调制来扩展自身的频谱。其使用的扩频调制方式有三类：

（1）跳频：跳频发射机按照伪随机方式进行周期性跳频。跳频范围比携载通信信息的信号带宽（即信息带宽）大很多。

（2）线性调频：线性调频发射机在比信息带宽大得多的频带内进行快速调谐。

（3）直接序列扩频：按照比携载信息需求高很多的速率对信号进行数字化，从而将信号能量扩展至宽频带内。

有些低截获概率信号不止使用上述一种扩频技术。

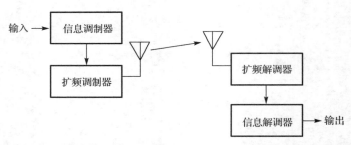

图 7.1　为保证传输安全，低截获概率通信系统中加入了特殊的扩频调制

为了对扩频调制信号进行解调（如图 7.2 所示），图 7.1 中的扩频解调器（在接收机内）

必须与扩频调制器（在发射机内）同步。解调后的信号具有与扩频前相同的带宽，这个带宽称为信息带宽。同步过程要求使用相同的伪随机函数对调制器和解调器进行控制，该函数基于数字码序列。另外，接收机内的代码必须与发射机内的代码同相。这要求系统启动及一旦接收机或发射机在某段时间通信丢失，必须进行一次同步过程。除了同步需求之外，扩频/解扩过程对于发送和接收信息的人员和计算机来说是透明的。在某些情况下，同步会要求在传输开始前有个延迟。

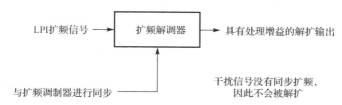

图 7.2　通过与扩频调制器同步，要接收的信号可以去除扩频调制，而干扰信号则不行

后续章节中，我们将对每种扩频调制技术展开讨论，并对与之相应的干扰技术进行描述。注意，第 2 章中曾对码的产生和使用进行过讨论。

7.2.1　处理增益

LPI 信号去除扩频调制的过程产生了处理增益。其含义是，扩频信号被普通接收机接收时其信噪比（SNR）很低，而在经过解扩之后，接收到信号的信噪比显著提升。然而，不具备正确扩频调制的信号不会被解扩，因此不会产生处理增益。另外，事实上窄带信号经过扩频解调器后将会被扩展，降低了输出通道里该信号的强度，如图 7.3 所示。

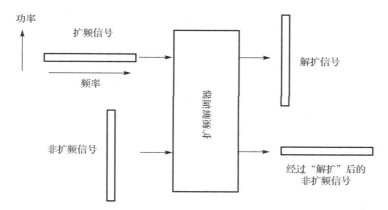

图 7.3　扩频解调器对匹配的 LPI 信号进行压缩使其还原为自身的信息带宽。同时，扩频解调器将窄带信号进行扩展

7.2.2　抗干扰优势

图 7.4 展示了低截获概率通信系统的抗干扰优势。低截获概率通信的抗干扰优势是指，如果要产生相同的干信比（*J/S*），LPI 系统接收机接收的干扰功率的总和大于非扩频系统接

收机接收的干扰功率。两者的比值是 LPI 信号的传输带宽和信号带宽的比值。后续我们将介绍，在某些情况下先进的干扰技术能够部分地克服 LPI 通信的这一优势。

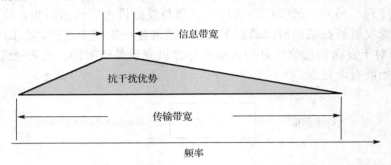

图 7.4　传输带宽和信息带宽的比值体现了 LPI 通信的抗干扰优势

7.2.3　LPI 信号必须是数字信号

从本章你将发现，每种扩频技术都要求输入信号采用数字格式。数字化允许信号进行时间压缩，并按照扩频方案的需求进行广播。此外，调制方式的特性也要求使用数字格式。由于不同扩频技术的需求不一样，这个问题将在后面的应用章节中再做讨论。注意，第 5 章涵盖了数字通信的更多细节。

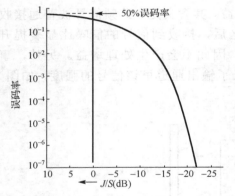

对扩频信号的成功干扰只需要 0 dB 的干信比，需要的干扰占空比可能远小于 100%。对数字信号的干扰具有高效性，是因为干扰能够造成误码。误码率是指接收到的不正确比特占接收到总比特数的比值。如图 7.5 所示，无论干信比为多少，误码率永远不会超过 50%。在干信比为 0 dB 时，误码率接近50%。在 0 dB 干信比的基础上继续提升干扰功率，误码率增加的极少。广泛认同的观点是，根据过往经验大家认为一旦在超过毫秒量级时间段内的误码率超过 33%，则无法从

图 7.5　数字信号接收机的误码率不会超过 50%。0dB 干信比情况下误码率接近 50%

被干扰信号中对信息进行还原（还有些学者认为误码率不能超过 20%）。

下一节将介绍，正是由于 LPI 信号的数字特性使得某些灵巧干扰技术能够被运用。

7.3　跳频信号

跳频可能是最重要的一类 LPI 信号，这不仅是因为其应用广泛，还因为跳频可以提供非常宽的频率扩展。

图 7.6 给出了一个跳频信号的频率随时间的变化图。跳频信号在一个频率点短暂驻留，然后切换到其他频点，频率点的选择是随机的。信号在一个频点的驻留时间被称为跳周期。跳频速率是指在一秒钟内跳变的次数。跳频范围是指可供选择的传输频率带宽。每次跳频，

整个信号带宽转移至指定频率。"美洲虎" VHF 跳频无线电是一个典型的例子。其信号带宽为 25 kHz，可在 30～88 MHz 范围内进行跳频（即跳频范围为 58 MHz）。

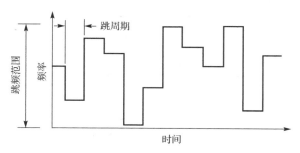

图 7.6　跳频信号在信息传输过程中多次改变传输频率

图 7.7 给出了跳频发射机的方框图。通过一个伪随机选择频率的合成器，数字化调制信号转化为跳频信号。跳频接收机前端的合成器调谐到与发射机中的合成器相同的频率。这就要求发射机和接收机同用一个同步方案。接收机首次开机时需要经过一个漫长的同步过程。每当接收到一个新的信号，接收机必须经过一个有限的再同步过程。为了满足这个同步周期，按下跳频收发器的发射键后，需要在听筒中插入一个短音，以延迟语音的传输。当传输数字数据时，这个延迟可以是自动的。

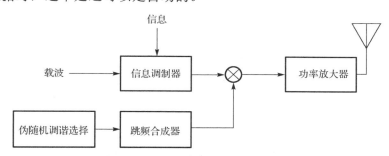

图 7.7　跳频发射机利用伪随机调谐合成器，在宽的频率范围内对传输信号进行快速跳变

7.3.1　慢速跳频和快速跳频

跳频系统分为慢速跳频和快速跳频。慢速跳频（如上文提到的"美洲虎"）在每个跳周期传输多个比特。而快速跳频则会在每个数据比特期间多次改变频率。这两类波形如图 7.8 所示。

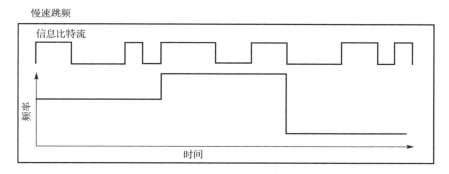

图 7.8　慢速跳频的每次跳变传输多个比特；快速跳频的每个比特可有多次跳变

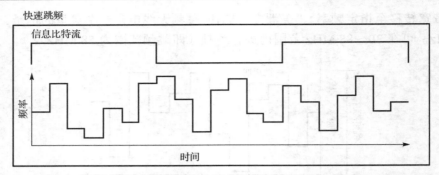

图 7.8　慢速跳频的每次跳变传输多个比特；快速跳频的每个比特可有多次跳变（续）

7.3.2　慢速跳频

慢速跳频使用图 7.9 所示的锁相环合成器。该合成器能够覆盖非常宽的频率范围，并支持大量跳频点。例如，"美洲虎"的信息带宽为 25 kHz，其跳频范围为 58 MHz。因此其具备多达 2320 个跳变频率。需要说明的是，该系统也能使用更小的跳频范围（为避免大量占用频率带宽，可在 58 MHz 的跳频带宽内指定 256 或 512 个跳频点）。

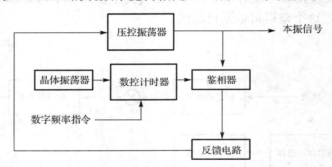

图 7.9　慢速跳频的特点是使用锁相环合成器，合成器的回路带宽根据建立时间和信号质量进行了优化

由于信号在单个传输频率驻留的时间足以传输多个比特，相对而言慢速跳频更容易被其他接收机发现。然而，由于系统持续对频率进行不可预测的变更，因此很难对其实施发射机定位和干扰等电子战手段。

为了优化性能，需要对锁相环合成器反馈回路的带宽进行设计。频带越宽，合成器跳变至新频点的速度越快；频带越窄，信号的质量越好。跳频系统使用的典型合成器完成频率变换的时间近似为其跳周期的 15%。因此，如果每秒进行 100 次跳频，每次跳频的起始阶段系统将花费 1.5 毫秒等待合成器达到稳态。如图 7.10 所示，系统只有在经过建立时间后才能开始传输信息。在这 15% 的数据（或语音）中断时间内，系统是不可用的。

为了接听和理解语音信号，需要使用连续信号。因此，有必要对发射机的输入信号进行数字化，并将数字信号输入先入先出（FIFO）装置。假设一个输入信号的速率为 16 kbps，除去合成器的建立时间，信号从 FIFO 输出的速率可能达到 20 kbps。在接收机端，这一过程正好相反，即 20 kbps 的数据输入 FIFO，FIFO 输出 16 kbps 的连续信号。

当发射机和接收机完成跳变时间和频率的同步，并去除建立时间形成的中断后，跳频过程对使用者来说基本是透明的。尽管以上讨论的是音频信号，但对数字数据传输显然也是适用的。

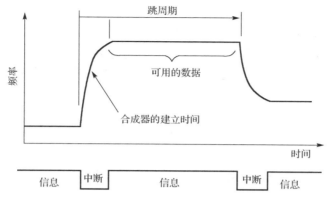

图 7.10　慢速跳频每次必须等合成器建立新的频率后才能开始传输

7.3.3　快速跳频

快速跳频信号的频率变化更快，因此会给敌方接收机带来更大的挑战。信号在接收机带宽内的驻留时间和接收机需要的带宽成反比关系。根据常用的经验法则，驻留时间是带宽的倒数（即 1 μs 的驻留时间需要 1 MHz 的带宽）。由于系统携载信息的带宽比接收机的带宽窄得多，因此接收机的灵敏度会大幅下降。

同步接收机能够去除跳变，所以同步接收机的工作带宽可以是携载信息的信号带宽。而敌方的接收机不能够去除跳频，因此它的工作带宽必须更宽。这使得敌方接收机很难探测到信号的存在，从而增加了传输的安全性。

快速跳频带来的一个问题是合成器更加复杂。图 7.11 给出了直接合成器的结构框图。合成器有多路振荡器，将其中的一路或多路快速切换输入到合成/滤波网络，即可产生单个输出频率。由于这一过程比锁相环调节快得多，直接合成器能够在每个数据位期间多次变换频率。由于直接合成器的复杂性和其能够输出的信号数目成正比，通常快速跳频系统拥有的跳变频率点比慢速跳频系统要少。

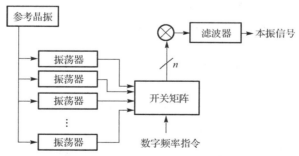

图 7.11　快速跳频通常使用直接合成器。直接合成器更加复杂，从而限制了跳变频率的数目

7.3.4　抗干扰优势

跳频系统的抗干扰优势（无论是慢速跳频还是快速跳频）是跳频范围和信息带宽两者

的比值。跳频接收机在整个跳频范围内接收到的干扰信号的总功率，必须乘上这个比值才能达到与固定频率系统相同的 *J/S*。以"美洲虎"VHF 系统为例，58 MHz/25 kHz = 2320 或 33.7 dB。

对跳频系统实施有效干扰的主要问题在于，被干扰系统在同一时刻只使用一个通道（随机选择），而干扰机需要对目标发射机所有的可用通道进行干扰。

对跳频系统的干扰通常有三种方法：阻塞干扰、部分带宽干扰和跟踪干扰。

7.3.5　阻塞干扰

阻塞干扰机覆盖目标系统的整个跳频范围，如图 7.12 所示。因此，无论目标发射机/接收机选择哪个通道都会被干扰。阻塞干扰的突出优点是干扰机不需要接收跳频信号，因此，它不需要对信号进行间断观察。由于对远距离干扰机来说很难实现间断观察，所以阻塞干扰可能是理想的方法。

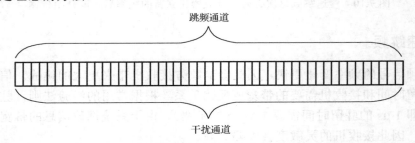

图 7.12　阻塞干扰机将功率分布在所有的跳变通道

阻塞干扰有两大缺点。一是无差别干扰，阻塞干扰同时会对干扰区域内的所有友方通信（固定频率或跳频）造成干扰；第二个缺点就是众所周知的效率低下。因为你需要对所有可能的通道进行干扰，每个通道获得的功率由下式确定：

每个通道的干扰功率=干扰总功率/所有可用的跳频通道数目

解决这两个问题的办法是将干扰机靠近敌方接收机。*J/S* 是目标接收机接收到的干扰信号强度和有用信号强度之比。信号强度按照发射机到接收机距离的平方或四次方进行衰减（取决于频率和几何关系，见第 6 章）。因此，随着干扰机和目标接收机距离的缩小，*J/S* 增大。如果干扰机到目标接收机的距离比友方接收机的距离小得多，那么对友方通信的影响将显著降低。

如果敌方接收机的位置已知，一切都简单明了。但在通常的战术环境中，发射机定位系统无法对接收机进行定位。然而，你可以利用其他条件对接收机进行定位。例如，如果敌方网络使用收发两用机，就可以通过对发射机进行定位从而确定接收机的位置。还有一个重要的例子是射频简易爆炸装置（RFIED），其接收机和炸药在一起，而炸药一般在选定的目标附近。第三个例子是干扰手机基站的上行数据链，接收机位于基站内。实际上，将阻塞干扰机靠近敌方具有很大的好处，它将产生最大的 *J/S*，同时对我方通信系统的影响最小。这也适用于部分带宽干扰。

图 7.13 中给出了一个例子。ERP 为 1 瓦特的 VHF 频段发射机与目标接收机的距离为 10 千米。发射机和接收机都使用鞭状天线，天线距离地面的高度为 2 米。跳频信号有超过

1000 个跳频通道。阻塞干扰机的 ERP 为 1 瓦特，干扰机距离地面的高度为 2 米，距离目标接收机的距离为 1 千米。两个链路的传播模型均为双径传播。根据 6.7 节中的公式，总的干扰功率和接收到有用信号功率（在同一时间只使用一个通道）之比为 40 dB。干扰功率分散在 1000 个跳频通道上，因此每个通道的功率等于干扰总功率的 1/1000（即–30 dB）。因此干扰机对目标接收机的有效 J/S 为 10 dB。（根据 7.2.3 节所述，J/S 只需达到 0 dB 就能够实现有效干扰。）假设友方接收机距离干扰机 25 千米，友方接收机所受到干扰的 J/S 为–16 dB。如果该接收机有 1000 个跳频通道，则有效 J/S 为–46 dB。

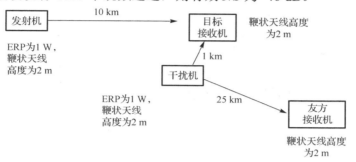

图 7.13　距离目标接收机 1 千米、友方干扰机 25 千米的阻塞干扰机能够在对目标产生良好 J/S 的同时，有效地避免对己方造成干扰

7.3.6　部分带宽干扰

如图 7.14 所示，部分带宽干扰仅覆盖跳频范围的部分频率。干扰机需要覆盖的频率范围根据以下步骤确定：

（1）确定整体的 J/S（以 dB 表示）：接收到的总的干扰功率/接收到的有用信号功率。

（2）将 J/S（以 dB 表示）转换成线性形式，例如，30 dB 表示比率为 1000。

（3）确定干扰频率覆盖的频段：

$$J/S \times 跳频通道的带宽$$

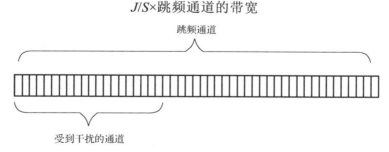

图 7.14　部分带宽干扰将干扰分布在部分通道，遵从的原则是每个被干扰通道的 J/S 达到 0 dB

在上面的例子中，干扰信号分配到 1000 个跳频通道，J/S 降低了 30 dB，被干扰覆盖的每个跳频通道的 J/S 为 10 dB。

由于目标信号在整个跳频范围内进行随机跳频，干扰占空比等于受干扰通道占所有跳频通道的比例。

通常认为数字语音需要的占空比为 33%，但有些电子战专家认为在很多情况下 20% 或更低的占空比也能够实现有效干扰。

部分带宽干扰的例子如下。假设每个跳频通道的带宽为 25 kHz，跳频范围为 58 MHz。如果一个干扰机产生的整体 *J/S* 为 29 dB，那么可以覆盖 794 个通道（19.9 MHz）、对每个通道的 *J/S* 为 0 dB。总的跳频通道数目为：

$$58 \text{ MHz}/25 \text{ kHz} = 2320$$

干扰占空比为：

$$794/2320 = 34.2\%$$

部分带宽干扰的几个要点：

（1）由于 0dB 干扰和 33% 占空比能够产生有效的干扰，因此这是对干扰机最高效的使用方式（也就是说，利用特定的可用干扰 ERP 能达到的最佳干扰效果）。

（2）传输过程中的每一秒都必须要达到要求的干扰占空比，否则，有用信息仍能够传输。

（3）干扰带宽必须在跳频范围内不断移动，否则，目标系统可通过缩小跳频范围的方式来避开受到干扰的通道。

（4）如果目标系统使用纠错码，需要提高干扰占空比来提供有效干扰。

7.3.7　扫频干扰

扫频干扰机覆盖部分的跳频范围，但其干扰频段在跳频范围内不断移动（如图 7.15 所示）。这属于部分带宽干扰的特殊应用，在远程干扰中十分有效。

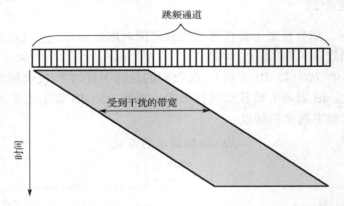

图 7.15　扫频干扰机的占空比小于 100%，但它能够覆盖所有的跳频通道

7.3.8　跟踪式干扰机

跟踪式干扰机能够在远远小于跳周期的时间内确定跳频信号的频率，然后将干扰机设定到该频率，并对剩下的跳周期进行干扰。宽带数字接收机能够使用快速傅里叶变换（FFT）处理来快速测量信号的频率。然而，高密度的战术信号环境对系统提出更多的要求。图 7.16 显示了在低密度信号环境中频率与发射机的位置。图中的每个点代表了一个信号频率及其发射机位置。跳频通信在一个地理位置拥有很多个频率点。实际情况中，在同一时刻有 10% 的信道被占用。假设信号通道的带宽为 25 kHz，则在 30～88 MHz 的 VHF 频段大概有 232 个信号。跟踪式干扰机必须确定这 232 个信号的频率和位置，选出从目标位置发出的信号频率，然后将跟踪式干扰机的频率设定至该频率。

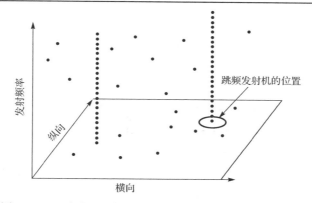

图 7.16 跟踪式干扰机对目标位置发射机的频点实施干扰

请注意：我们一直强调，你的干扰对象是接收机，而不是发射机。然而，通过确定敌方网络中的发射机频率，能够知道敌方接收机的频率变化。通过对发射频率进行干扰，从而对敌方网络中的所有接收机进行干扰。

跟踪式干扰机的最大优点是，它将所有的干扰功率用于干扰敌方跳频系统正在使用的通道。它的优势还包括，它只对敌方正在使用的频率进行干扰。友方的跳频系统在同一时刻使用相同频率的可能性很小。因此，对己方系统的影响降低到了最小程度。

图 7.17 给出了跟踪式干扰机的时序图。在跳周期的初期，跳频信号设定至新的频率。然后，干扰机必须确定当前所有信号的频率和位置，并从中找出需要干扰的频率（也就是从目标信号地点发射的频率）。之后需要考虑传播延迟的影响。完成这些过程，跳周期的剩余部分就是有效干扰部分。如果干扰时间不小于整个跳周期的 1/3，干扰将有效。

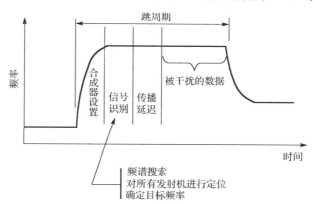

图 7.17 跟踪干扰需要足够快的分析，为频率设置、传输延迟和获得足够的干扰占空比而争取时间

7.3.9 FFT 时间

接收机的架构和处理器的速度决定了跟踪式干扰机找准干扰频率的速度。假设系统架构如图 7.18 所示，干扰机采用相位匹配的双通道干涉仪来确定每个接收信号的到达方向。射频前端覆盖感兴趣的频率范围，并输出中频信号至数字转换器。I&Q 数字转换器通过非常快的采样率获得中频信号的幅度和相位。数字信号处理器（DSP）运行 FFT 来确定信号通道中包含的所有信号的相位。FFT 将数字化的中频数据进行信道化处理，信道数量等于

样本数量的一半。例如，如果采用 2000 个样本进行 FFT 处理，信号将被处理送入 1000 个信道。注意，I&Q 样本是独立的，因此 1000 个 I&Q 样本可以进入 1000 个信道进行分析。

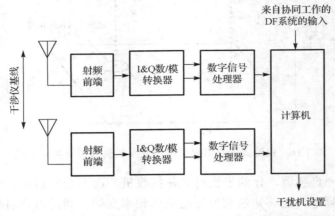

图 7.18　跟踪式干扰机必须确定当前环境中所有信号的频率和位置

　　如果另一套数字干涉仪系统同时输入当前存在的所有信号到达方向的信息，计算机控制的干扰机将知道每个接收到信号的位置，并将干扰机的频率设置为目标地点信号的瞬时频率（即目标信号的跳变频率）。

　　在文献[1]中对典型的数字干涉测向仪进行了描述。根据文章描述的系统限制，系统需要 1.464 ms 来确定 30～88 MHz 范围内的 232 个信号的频率和方位。两套这样的系统协同工作，在此时间内能够确定所有 232 个信号的发射机位置。

7.3.10　跟踪干扰的传播延迟

　　无线电信号以光速传播。发射机发出的信号首先要到达干扰设备。在完成分析和频率设置后，干扰机信号需要传播到接收机的位置。图 7.19 给出了干扰的几何图解。目标系统发射机和接收机距离 5 千米，因此必然会对系统造成 16.7 μs 的传输延迟。为便于讨论，我们将干扰机安放在 50 千米外。此时，两个方向均存在 167 μs 的传输延迟。这意味着在发射机设定至新的跳变频率后，对干扰机来说有 334 μs 的时间是无法用于分析或干扰的。

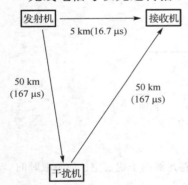

图 7.19　跟踪式干扰机的效能受到传播延迟的严重影响

7.3.11　可用的干扰时间

　　根据上述系统和地理分布，定位分析和传输延迟合计 1.798 ms（167 μs+1.464 ms+167 μs=1.798 ms），这段时间将无法用于干扰。如果一个跳频系统 1 秒钟内进行 100 次跳变，对每个跳变点的有效干扰时间为：

$$10 \text{ ms} - 15\% \text{的建立时间} - 1.798 \text{ ms} = 10 - 1.5 - 1.798 \text{ ms} = 6.702 \text{ ms}$$

　　与目标发射机的有效数据传输时间相比（10 ms−1.5 ms−16.7 μs=8.483 ms），我们对其中 80% 的传输比特进行了干扰。因此干扰将有效。

然而，如果目标信号在每秒内进行 500 次跳变，则每次只持续 2 ms，如果采用 15%的时间进行设置后，只有 1.7 ms 的时间用于数据传输。我们的分析和传播延迟的时间（1.798 ms）比这还长，这种空间分布下干扰将无效。

为提供额外的抗干扰能力，有时将跳频中的信号数据前置，如图 7.20 所示。这减少了敌方接收机用于确定目标发射机跳变频率的可用时间。

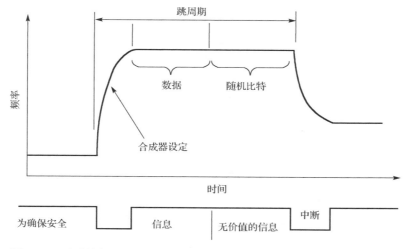

图 7.20　通过将信号数据置于跳频周期的前部来获得额外的抗干扰能力

这次讨论的观点是，需要根据数字化参数和部署对跟踪式干扰机的效能进行预测。在每秒跳频 500 次的例子中，显然就需要一个更快的数字化转换器和/或更短的干扰距离。

7.3.12　慢速跳频和快速跳频

上述讨论的所有技术都适用于慢速跳频。然而，跟踪干扰对快速跳频（每个比特均跳频）无效。在合理的战术条件下，传播延迟将使得分析和设置不具有可操作性。因此，对付快速跳频必须使用阻塞干扰或后面将介绍的用于对抗直接序列扩频（DSSS）信号的干扰技术。

7.4　线性调频信号

雷达中常用线性调频来提升雷达的距离分辨率，而在通信中线性调频可用于抗干扰防护。频率调制，此时被称为线性调频（chirp），通过产生处理增益使得对信号的探测和干扰更加困难。

线性调频的应用有两种方式。一种是对数字信号进行线性扫描，扫频带宽比信息带宽要大得多。第二种方式是对数字信号的每个比特进行线性调制。这两种方式的处理增益都等于扫频范围和信号信息带宽的比值。通常，处理增益可使有效干信比（J/S）下降同等数量。下面讨论能够针对线性调频信号提升有效干信比的各种方法。

7.4.1　宽带线性扫描

如图 7.21 所示，数字调制的中频信号在比信号所携带的信息带宽大得多的频率带宽内进行扫描，这就产生了图 7.22 所示的传输波形。注意，扫描开始的时间是随机的，从而阻止敌方的接收机与之同步。预定的接收机具有相似的电路，电路中使用与发射机同步的扫描振荡器。与前面的跳频需要注意的一样，携载的信息必须为数字格式，因此能够在扫频的线性部分通过一个更快的比特率发送，并在接收机内转变为恒定的比特率。否则，将会存在明显的信号丢失，从而影响通信。

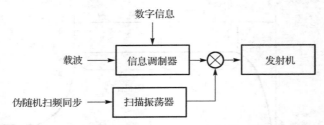

图 7.21   数字数据流能够通过线性调制实现反探测和抗干扰防护

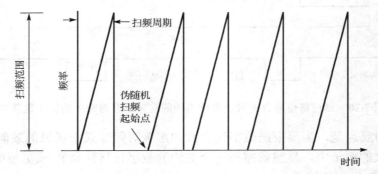

图 7.22   线性调频信号在大的频率范围进行扫描，并通过伪随机方式选择扫
描循环的起始时间，从而阻止敌方接收机与线性调频扫频实现同步

由于采用数字化的数据，最优的干扰是对接收到的信号产生 33% 左右的比特误码率，因此部分带宽干扰能够使用并不复杂的干扰机产生最有效的干扰效果。只有在线性调频的发射机使用固定的扫描同步样式或干扰信号能够实现延迟（比如使用 DRFM）的情况下，对线性调频样式进行分析和使用跟踪式干扰机才具备可操作性。这时，干扰将克服匹配接收机的处理增益，明显提升 J/S。需要注意，线性调频不一定是恒定的扫描速率，它可以采用任意想要的频率对时间的样式。

7.4.2   对每个比特进行线性调频

如图 7.23 所示，很多文献中的线性调频技术对每个数据比特进行了线性调频调制，并在接收机中对数据进行恢复。可以通过扫频振荡器或使用声表面波（SAW）调频发生器来实现线性调频。接收机中的 de-chirp 滤波器具有与频率特性相关的线性延迟，能够将特定线性调频特性的信号转变成脉冲。实际上，在线性调频周期结束前信号被延迟，从而产生一个输出脉冲。在图 7.23 中，使用了一个 up-chirp，因此 de-chirp 滤波器必须随着频率的增加而缩短延迟。这种线性调频技术允许使用两种方式来携载数字数据：并行二进制通道，或具备脉冲位置多样化的单通道。

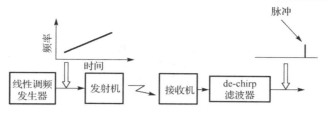

图 7.23　当对数字信号的一个比特使用扫频 FM，就能够通过匹配的 de-chirp 滤波器生成脉冲

7.4.3　并行二进制通道

在一些系统中，逻辑 1 代表一个线性调频方向（可能是频率增大），则逻辑 0 代表相反的线性调频方向（此时是频率降低）。这类系统如图 7.24 所示。典型地，线性调频频率的斜率是线性的。在接收机中，每个接收的比特从 de-chirp 滤波器产生一个输出脉冲。请注意，图中输入的数据流为 1、0、1、1、0，因此，上调频滤波器产生第 1、第 3 和第 4 比特的输出脉冲，同时下调频滤波器产生第 2 和第 5 比特的输出脉冲。这些脉冲转换成为逻辑比特，从而重新生成了输入发射机的数字信号。

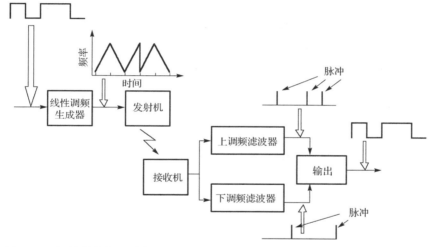

图 7.24　如果数字信号的每个比特在线性调频时使用 0 和 1 来代表不同的扫频
　　　　　方向，两个 de-chirp 滤波器（一个与上调频匹配，另一个与下调频匹
　　　　　配）将为每个 0 或 1 产生脉冲。这些脉冲将重现传输的数字信号

处理增益产生于线性调频的频率占用带宽和信息的比特带宽，即线性调频带宽和数据比特率的比值。如果采用平均频谱分析仪，传输波形将如图 7.25 所示。这样就能够确定线性调频调制的结束点。如果在该频率范围使用噪声干扰，J/S 将被处理增益减弱。然而，由于传输的信号是数字形式，可以使用脉冲干扰（随着干扰脉冲的提升，造成比特误码）来提升干扰效能。

如果通过频谱分析仪确定了线性调频的斜率和结束点，可以使用线性的线性调频信号作为干扰波形。线性调频干扰信号的斜率可以随机是正的或负的。因为一个数据信号拥有的 0 和 1 大概相等，半数的比特将被满 J/S 干扰。而 50% 的误码率完全能够阻止被干扰通道进行信息传输。

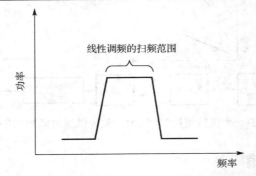

图 7.25   一个平均频谱分析将显示信号线性调频的频率范围

7.4.4   脉冲位置多样化的单通道

如图 7.26 所示，接收机中 de-chirp 滤波器脉冲的时序是与发射机中线性调频生成器的起始频率相关。因此，如果逻辑 1 从某个频率开始，那么逻辑 0 则从另一个频率开始。de-chirp 滤波器的脉冲时序能够依次将 0 和 1 区分开。在此例子中，使用上调频，线性调频为 0 的信号起始频率和结束频率比为 1 的高。这将使得为 0 的脉冲输出延迟相比为 1 的脉冲延迟更小。注意到，当输入的数据是逻辑 0，则 de-chirp 滤波器在时隙的左侧输出一个脉冲；如果输入的数据是逻辑 1，则输出脉冲位于时隙的右侧。由于图片显示出的输入数据流为 1、0、1、1、0，所以第 1、第 3 和第 4 比特对应的脉冲要晚些，而第 2 和第 5 比特的脉冲要早些。

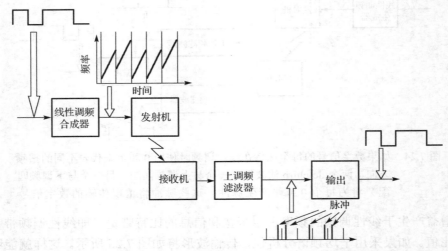

图 7.26   如果线性调频逻辑 0 与 1 的起始频率不同，与之匹配的 de-chirp 滤波器输出的脉冲将具备不同的延迟，从而能够恢复原来的数据流

上述使用 0 和 1 时间分隔的线性调频通信系统已获得专利，使用伪随机起始频率选择特性来保证安全。这导致了 de-chirp 滤波器的输出脉冲具有伪随机时间样式。目标接收机与发射机同步，因此能够处理这种时间随机。

覆盖线性调频范围的噪声干扰其 J/S 会因为处理增益而被降低。而脉冲干扰将提升干扰机的效率，使用与发射信号（使用随机的 0 和 1）匹配的线性调频波形将显著提升 J/S。

7.5　直接序列扩频信号

直接序列扩频（DSSS）信号是一种使用二次数字调制进行频率展宽的数字信号。数字信号拥有如图 7.27 所示的谱特性，典型的主瓣带宽等于调制比特率的两倍。图 7.28(a)所示是当只存在信息调制时信号的频谱；图 7.28(b)所示是使用更高比特率进行扩频调制后的频谱。扩频调制中的比特被称为码。在该图中，扩频调制码速率仅为信息调制速率的 5 倍，这与实际不符。实际上，为了产生足够的处理增益，扩频调制通常是信息比特率的 100 至 1000 倍。

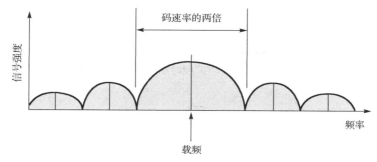

图 7.27　与所有数字信号一样，DSSS 信号在频谱内的能量分布取决于比特率

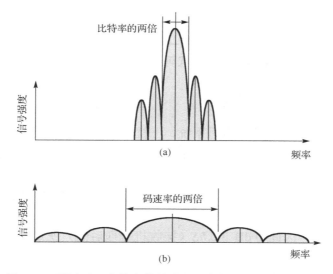

图 7.28　通过对一个数字信号进行展宽的二次数字调制，信号的频谱获得了展宽，同时降低了信号强度的密度

如图 7.29 所示，对接收的信号进行解扩调制能够去除扩频调制。因此，对信号进行解扩后，信号强度的提升等于原强度乘上扩频因子。例如，30 dB 表示扩频调制的码率是信息比特率的 1000 倍。这是接收机只针对预定的接收信号产生的处理增益。

扩频调制采用伪随机码。图 7.30 中的解扩器就是图 7.29 框图中的扩频解调器。它使用与发射机发射信号时相同的调制方式。这样能够去除对信号的扩频调制，从而恢复原始的信息信号。如果在接收机中使用的编码和发射机中使用的不同，信号不会被解扩而仍然保持其低信号强度（就是扩频状态）。注意，由于解扩过程和扩频过程相同，一个非扩频信号输入到接收机中将会被扩频，从而受扩频因子的影响而降低。这就使得 DSSS LPI 具备了抗干扰性能。

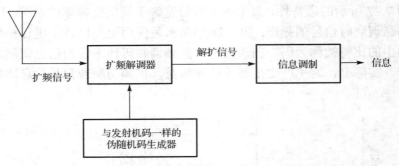

图 7.29   DSSS 接收机使用与扩频时相同的代码来去除扩频调制

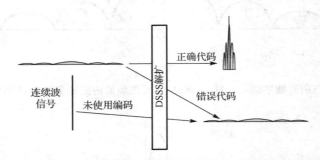

图 7.30   解扩处理对未使用匹配代码进行调制的信号进行了扩频和削弱

7.5.1   对 DSSS 接收机进行干扰

如果扩频代码已知，比如某些商用系统，干扰信号能够采用正确的调制，通过接收机会由于处理增益而增强。然而，在军事应用中，扩频代码是保密的，因此 *J/S* 将会被扩频因子削弱。

正如 7.3 节中所讨论的，对数字信号的最优干扰方式是产生错误代码，而且 0 dB 的 *J/S* 能够造成接近 50%的比特误差（最大误码率），继续增大干扰功率对接收机的影响很小。DSSS 信号是数字信号，因此 0 dB 的 *J/S*（接收机处理后的）就足够了。不要忘记有用信号的处理增益。

因为所有干扰信号被削弱的程度相同，所以干扰时可以使用 DSSS 发射器中频附近的简单连续波（CW）信号。

7.5.2   压制干扰

压制干扰能够用来对抗 DSSS 信号，但需要注意 *J/S* 会被处理器的处理增益削弱，压制干扰可以使用连续波信号（因为容易生成）。

压制干扰的优点是易于操作。因此，这种干扰类型很适合于单一的远距离干扰机，例如无人机搭载、弹载或手持式。

7.5.3　脉冲干扰

由于数字 DSSS 信号的误码率如果超过 33%（某些情况下更低）就会难以理解，因此干扰信号的占空比可以远小于 100%。通常脉冲干扰机使用的峰值功率比连续波干扰机大很多。

需要注意的是，如果目标通信系统使用交织纠错码，此时脉冲干扰可能就不起作用。

7.5.4　抵近干扰

根据第 6 章中的基础 *J/S* 公式，*J/S* 受干扰机和目标接收机间距离的影响很大。如果是通过视距传播，接收机接收到的干扰功率与干扰机和接收机的距离平方成反比。因此，*J/S* 的提升与缩短距离的平方成正比。如果采用双径传播模型，*J/S* 的提升将与缩短距离的四次方成正比。

抵近干扰将干扰机放置在目标接收机附近，该干扰机能够通过指令或自动定时开启。干扰机可以是压制干扰机，或使用其他宽谱干扰波形。理想情况下，抵近干扰与己方通信系统的距离足够远，从而避免对己方造成影响。

7.6　DSSS 和跳频

图 7.31 是跳频 DSSS 发射机的框图。信息信号采用数字化格式，直接序列调制器将信息信号转化为更高比特率的数字信号。

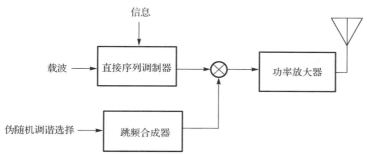

图 7.31　跳频 DSSS 发射机对数字化扩频信号进行数字跳频调制

图 7.32 给出跳频 DSSS 信号的频谱。频谱中的每个顶点代表图 7.27 典型数字频谱中的中心主瓣。选择跳变频率使数字频谱的主瓣重叠。例如，如果扩频码速率为 5 Mbps，则数字频谱的主瓣带宽将为 10 MHz，跳变频率可能会选择 6 MHz 左右的频率间隔。

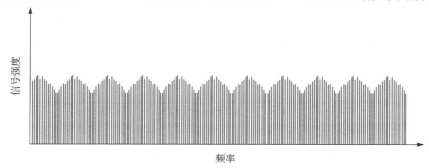

图 7.32　跳频 DSSS 信号以跳变频率为中心，数字谱相互重叠

对这种类型信号进行干扰，需要将干扰信号靠近跳变频率。假设使用的是脉冲干扰，干扰机必须对每个跳变频率进行干扰，或在侦察到跳变频率后对正在使用的跳变频率进行干扰。

7.7   对己方的误伤

只要使用通信干扰就有可能会对己方造成误伤，即对友方通信造成无意的干扰。尤其是进行宽带（压制）干扰，友方的指挥控制通信、数据链和指挥链路会受到明显的削弱。

很多人认为，由于干扰机的有效作用距离有限，在干扰机的有效距离之外的通信将不会被影响。图7.33旨在指出这种误解的危害性。干扰机的有效射程和枪支的有效射程十分相似。枪支的有效射程是指在该距离内，经过训练的人员使用枪支能够击中目标并对目标造成足够严重的伤害；但是子弹的飞行距离比有效射程要远得多。干扰机的有效射程指的是在该范围内，干扰机能够对敌方接收机产生足够的 J/S 从而阻止通信有效（具备一定的余量）。通常情况下，友方链路正常工作要求接收机中的 J/S 非常低。

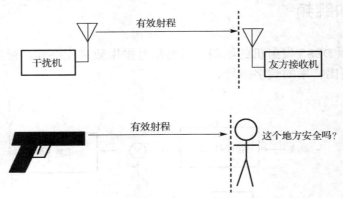

图 7.33   部署任何干扰机都必须认真考虑电子误伤

7.7.1   误伤链路

如图 7.34 所示，假设存在四条链路。目标接收机因为干扰而产生的 J/S 由下面等式确定：

$$J/S = ERP_J - ERP_{ES} - LOSS_{JE} + LOSS_{ES}$$

其中 ERP_J 是指干扰机的 ERP，ERP_{ES} 是指敌方发射机的 ERP，$LOSS_{JE}$ 是指干扰机和目标接收机的链路损耗，$LOSS_{ES}$ 是指敌方发射机和目标接收机的链路损耗。

现在，考虑链路误伤。根据上面的公式，能够很容易地写出对友方接收机造成的无意干扰 J/S。

$$J/S(误伤) = ERP_J - ERP_{FS} - LOSS_{JF} + LOSS_{FS}$$

其中 ERP_J 是指干扰机的 ERP，ERP_{FS} 是指友方发射机的 ERP，$LOSS_{JF}$ 是指干扰机和友方接收机的链路损耗，$LOSS_{FS}$ 是指友方发射机和友方接收机的链路损耗。

可惜，误伤评估没有经验法则。如果干扰发生在友方通信正在使用的频点上，需要使用合理的链路损耗模型（即视距、双径或边缘散射）、ERP、链路距离、天线高度、频率对两个公式都进行计算。有效的 J/S（误伤）通常应该远小于 0dB（−15 dB 较为合理）。

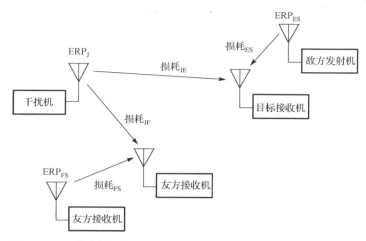

图 7.34 误伤分析需要对敌方和友方通信链路的 J/S 都进行计算

7.7.2 误伤最小化

图 7.35 总结了使误伤最小化的途径。这些方法要么降低友方接收机收到的干扰功率，要么对需要的信号进行增强来降低有效 J/S。

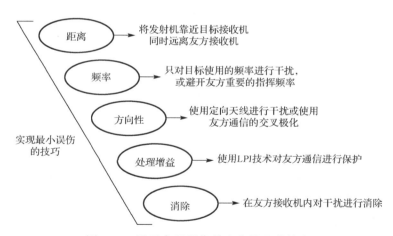

图 7.35 用于实现误伤最小化的几种技术

将干扰机到目标接收机的距离最小化，同时将干扰机到友方接收机的距离最大化。抵近干扰涉及对靠近敌方的干扰机进行远程操作，包括使用无人机上搭载的干扰机、弹载干扰机或手持式干扰机。遥控干扰机可以通过指令或定时等恰当的方式来实施干扰。通常，使用压制干扰机或扫频干扰机来确保覆盖敌方的工作频段，从而避免操作员的直接介入。图 7.36 中显示了利用链路距离的对比来实现防止误伤的好处。视距传播时带来的改善是两个链路距离比值的平方，双径传播带来的改善是两个链路距离比值的四次方。

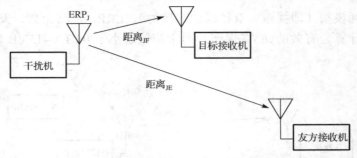

图 7.36   干扰机到目标接收机和友方接收机的相对距离直接影响到误伤

进行频率分隔。现实中最理想的情况是只对敌方在用的频率进行干扰。这样不仅干扰效率最大化，同时降低对己方误伤的可能性。这种假设是指挥和控制频率设定在不要求干扰的频段内。实际操作中也可以对宽带干扰进行滤波从而保护友方频率。

注意，当对敌方跳频进行跟踪干扰时，友方通信受到的影响最小，因为干扰机极少可能和友方工作在同一频点上。

在实际中**使用定向天线进行干扰**，如图 7.37 所示。如果干扰天线指向敌方接收机，则友方接收机很有可能处于干扰天线的低增益旁瓣。这将通过旁瓣隔离减少对友方接收机的有效干扰 ERP。

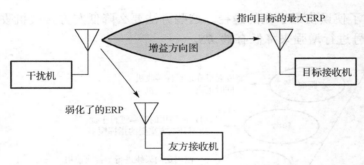

图 7.37   使用定向干扰天线能够降低指向友方接收机的 ERP

极化是天线的另一考量维度。实际中，选择干扰天线与敌方天线的极化匹配，并使友方通信天线的极化与干扰天线的极化正交。注意，如果大家都是用鞭状天线，则所有天线都是垂直极化，无法使用此方法。

对友方通信进行 LPI 调制。这将在接收机中为想要的信号提供处理增益，从而降低敌方或友方干扰机造成的有效 J/S。

有时能够通过**信号抵消技术**来降低干扰信号的效率。如图 7.38 所示，辅助天线用于接收干扰信号，并将接收到的干扰信号传送给 180° 移相器。将移相后的信号与正常通信天线接收的信号相加，干扰信号将被抵消（抵消数分贝）。注意，辅助天线指向干扰机时通常更有益（有时候为 10dB）。用于抵消的信号很难和干扰机的输出信号建立联系，但它恰好能够抵消原始信号。

实际情况中，通信天线接收到的信号是由多径信号组成的，辅助天线需要能够接收至少部分多径信号，从而提升抵消处理的质量。

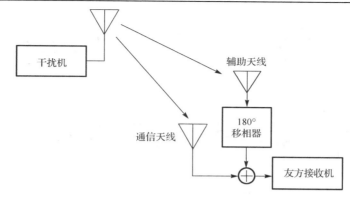

图 7.38　引入移相 180°的干扰信号后，接收机内的干扰信号将显著降低

7.8　对 LPI 发射机的精确定位

通常情况下，如果能够合理地把握时机，第 6 章中描述的所有定位技术都能够用于 LPI 发射机定位。然而，在 LPI 发射机的精确定位中涉及以下几个关键问题。

首先，考虑跳频信号。利用到达时差（TDOA）对发射机定位需要通过不同数值的相对延迟来对样本进行采样，以确定相关峰。相关峰根据延迟数据给出到达时差。通常这个过程耗时接近 1 秒，因此跳频在一个频点保持的时间越短（也就是跳周期），可供确定 TDOA 的时间就越不足。而到达频率差（FDOA）每个接收机只需要对频率进行一次测量，所以如果发射机在一个固定位置而接收机是机载的，就有足够的信噪比（SNR），因此 FDOA 具有可操作性。

其次，考虑线性调频扩频信号。对于 TDOA 来说，频率的快速变化对建立相关峰提出了很大挑战，同时对于 FDOA 来说进行精确的频率测量同样不切实际。

最后，考虑 DSSS 信号。如果伪随机扩展码已知（例如某个商用通信系统），也许可以使用 TDOA 或 FDOA 对发射机定位。然而，如果码未知，探测通道无法提供足够的信噪比来支撑 TDOA 或 FDOA 对信号进行定位。除非 DSSS 信号很强并使用一个非常短的码。理解这些条件，有助于在实践中对单独的信号谱线进行分离，并使用 TDOA 或 FDOA 进行分析。

7.9　对手机进行干扰

本节讨论对手机链路的干扰。首先，讨论手机系统的多种运作方式，然后考虑几种干扰情景。

7.9.1　手机系统

图 7.39 给出了一个典型的手机系统。数个基站与移动交换中心（MSC）相连接，移动交换中心控制整个处理过程。移动交换中心还与公用电话交换网络连接，这样手机就能够与有线电话实现互通。

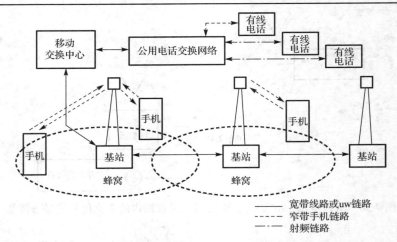

图 7.39　手机系统包含多个基站，这些基站与一个移动交换
中心连接，移动交换中心与公用电话交换网络相连

手机系统可以是模拟的也可以是数字的，这取决于基站和手机之间传输的通信信号。模拟系统中，通信通道是模拟的（频率调制），但控制通道是数字的。数字系统的控制和通信均使用数字通道。数字手机系统的每个频率均有多个通信通道。我们将以两个重要的数字系统（GSM 和 CDMA）作为代表。

7.9.2　模拟系统

在模拟手机系统中，基站和每个移动电话之间分配有两个射频通道，从而实现双工操作。一个通道是从发射塔到手机（下行链路），另一个是从手机到发射塔（上行链路）。通话过程中，用户会一直占用这两个射频通道。在通话的大部分时间中，这两个通道中传输的是语音信号，其间会中断语音信号并利用短间隙来传输数字控制数据。在某些系统中，控制数据被调制到语音信号中，从而不需要中断语音信号。图 7.40 显示了典型的模拟手机通道中信号的传输方式。其中少数的射频通道传输用于接入和控制功能的数字信号，这些射频通道就是控制通道。

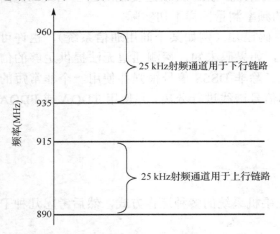

图 7.40　模拟手机系统的每个射频通道只用于一个通话。手机上行链路和下行链路间隔 45MHz

当一个手机被激活后，它会通过搜索控制通道来寻找最强的基站信号（也就是选择最近的发射塔）。在手机系统认证该手机用户为授权用户后，手机进入空闲模式，监听控制通道的来电呼叫。当手机被呼叫

后，基站发送一个控制信息，并分配两个射频通道。如果手机发起呼叫，基站通过发送控制信息为通话分配一对射频通道。如果没有可分配的通道，系统将随机延迟一段时间后重试。为延长手机的待机时间，手机的发射机在用户非通话期间保持关闭状态。语音通道中

的数字控制信号允许系统变更射频通道的分配、关闭手机的发射机,从而保持最小功率(进一步延长电池工作时间并避免干扰)。

模拟手机系统通常工作在 900 MHz,发射塔每个射频通道的发射功率最高可达 50 W。手机根据发射塔的控制指令在满足需求的情况下将发射功率调至最低,手机的最大发射功率为 0.6~15W,最小发射功率通常为 6 mW。

7.9.3　GSM 系统

全球移动通信系统(GSM)拥有很多射频带宽,每个带宽为 200kHz 并分成 8 个时隙,这样就允许 8 个用户共享一个射频带宽。图 7.41 显示了 GSM 系统在每个以帧为单位的数据块中携载了 8 个用户的数字化语音数据。射频通道每秒传输 33750 帧,因此每个通道的数据传输速率为 270 kbps。某些系统工作在半速模式下,此时每个用户每 2 帧分配一个时隙,这样 16 个用户共享一个频段。在接收机端,每个时隙的数据通过数模转换器(DAC)恢复为发射机对其进行数字化前的原始信号。

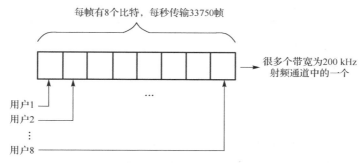

图 7.41　GSM 手机使用数字化的用户数据,一个射频通道用于上行链路,另一个通道用于下行链路

手机系统中的有些时隙会分配给控制通道,用于对射频通道和时隙进行编码及分配。

GSM 系统的运作与模拟手机系统非常类似。当一个手机被激活后,它通过搜索控制通道从而发现最强的基站信号,在经过授权后进入空闲模式,对控制通道进行来电监控。当手机被呼叫或者进行主动呼叫时,基站通过发送一个控制信息来分配一对射频通道(分别为上行链路和下行链路)。不同的是,GSM 系统还为用户在每个射频通道中分配一个时隙。

当没有通道/时隙可用时,系统会在随机延迟后进行重试。并且 GSM 系统和模拟系统一样,会通过对蜂窝电话的发射机功率进行管理来实现电池工作时间的最大化。

GSM 系统工作在 900 MHz、1800 MHz 和 1900 MHz。不同的射频通道分别用于上行链路和下行链路,从而实现全双工操作。需要注意,由于上行链路和下行链路使用不同的时隙,因此蜂窝电话的发送和接收并不是同时的。GSM 系统手机和基站的发射功率与模拟系统中的类似。

7.9.4　CDMA 系统

码分多址(CDMA)手机系统使用本章前面介绍的 DSSS 调制方式。每个用户的语音输入信号采用数字格式。发射机对每个用户的数字化语音信号进行高速率伪随机码数字化调制。这就将信号功率扩展到一个宽频带内,从而降低其信号密度。当接收机中运用相同的伪随机码，信号就会还原为初始样式。然后通过数模转换器，信号就能被想要的用户听见。如果没有对接收的信号使用正确编码，信号依然会很弱，导致接听者无法感觉到它的存在。CDMA 使用 64 种不同的编码，这 64 个编码经过优化从而保证信号的相互隔离。因此 64 个不同用户的语音信号能够使用同一个带宽为 1.23 MHz 的射频通道，如图 7.42 所示。CDMA 系统有多个射频通道，其中一些接入通道（编码和射频通道）用于实现控制功能。

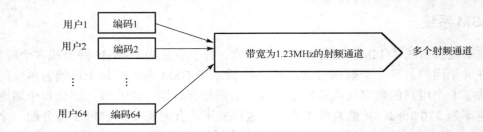

图 7.42　CDMA 手机每个射频通道能够传输最多 64 个用户的数字信号，每个信号使用不同的扩展码

　　CDMA 系统的运作与前面的 GSM 系统十分相似。不同的是，CDMA 控制信号分配的扩展码而不是 GSM 系统中的时隙。IS-95CDMA 系统在美国的工作频率为 1900 MHz，基站和手机的发射功率与模拟电话系统相似。

7.9.5　对手机进行干扰

　　现在我们考虑对手机的干扰情景，其中将使用第 6 章中给出的传播和干扰公式。

　　由于传播损耗模型适用于所有链路，在考虑通信干扰问题时首先要为所有涉及的链路确定恰当的损耗模型。由于手机和基站都靠近地表，上行链路（即手机到基站）和下行链路（即基站到手机）将会是视距传播或双径传播，这取决于两者之间的距离、频率和天线高度。这也适用于干扰机对手机或对基站的干扰链路。因此，分析手机干扰的第一个步骤是确定手机和干扰链路的菲涅耳区。然后，通过计算可得出 J/S。

　　后续将讨论四种情况：分别从地面和空中对上行链路和下行链路进行干扰。在每种情况中，手机系统工作在 800 MHz，而且干扰活动是针对整个射频通道进行干扰。如果手机系统是模拟信号，则只干扰一个用户。如果手机系统是数字化系统，干扰活动将对使用该射频通道的所有用户造成影响。如果只针对数字系统中的某个特定用户进行干扰，就要限定只针对需要的时隙进行干扰（对于 GSM 系统）或使用该用户的扩展码（对 CDMA 体系）。

7.9.6　从地面对上行链路进行干扰

　　如图 7.43 所示，移动电话离地高度为 1 米，基站高度 30 米，两者相距 2 千米。手机的最大 ERP 为 1 瓦。干扰机距离基站 4 千米，离地高度为 3 米，ERP 为 100 瓦。

　　由于上行链路是从手机到基站，因此我们必须对基站内的链路接收机进行干扰。移动电话的发射功率最小可以降低为 6 毫瓦，前提是能够满足基站内接收机必须的信噪比。然而，假设我们的干扰行为造成被干扰链路的信噪比很低，所以移动电话在干扰期间将保持最大发射功率。

　　首先，计算手机和干扰链路的菲涅耳区距离，计算公式为：

$$FZ = (h_T \times h_R \times F)/24000$$

其中，**FZ** 是菲涅耳区距离（单位：km），h_T 是发射机高度（单位：m），h_R 是接收机高度（单位：m），F 是链路频率（单位：MHz）。

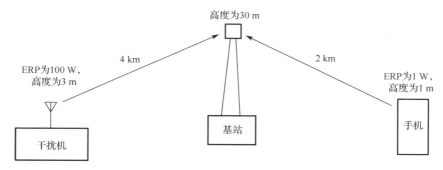

图 7.43　对手机上行链路进行干扰，干扰信号需要传播至基站

手机到基站链路的菲涅耳区距离为：

$$FZ = (1 \times 30 \times 800)24000 = 1\ km$$

手机距离基站 2 km，超过菲涅耳区半径，因此手机链路采用双径传输。

对于干扰链路：

$$FZ = (3 \times 30 \times 800)/24000 = 3\ km$$

由于链路距离大于菲涅耳区距离，采用双径传输。

当通信干扰中接收机天线在各个方向的增益基本相同时，J/S 计算公式如下：

$$J/S = ERP_J - ERP_S - LOSS_J + LOSS_S$$

式中，ERP_J 代表干扰机的 ERP（dBm），ERP_S 代表手机发射机的 ERP（dBm），$LOSS_J$ 表示从干扰机到接收机的损耗（dB），$LOSS_S$ 表示手机发射机到接收机的损耗（dB）。

将干扰机和手机的 EPR 转换成 dBm，100 W=50 dBm，1 W=30 dBm。干扰机到基站的损耗（双径传播模型）为：

$$LOSS_J = 120 + 40\log(4) - 20\log(3) - 20\log(30)$$
$$= 120 + 24 - 9.5 - 29.5 = 105\ dB$$

手机到基站的损耗（双径传播模型）为：

$$LOSS_J = 120 + 40\log(2) - 20\log(1) - 20\log(30)$$
$$= 120 + 12 - 0 - 29.5 = 102.5\ dB$$

因此 J/S 为：

$$J/S = 50\ dBm - 30\ dBm - 105\ dB + 102.5\ dB = 17.5\ dB$$

7.9.7　从空中对上行链路进行干扰

如图 7.44 所示，手机链路和前述例子中的一样，不同的是 100 瓦的干扰机位于距基站 15 千米外的 2000 米高空处。

手机和基站间的链路未发生变化，我们需要计算干扰机与基站链路的菲涅耳区距离。

$$FZ = (2000 \times 30 \times 800)/24000 = 2000\ km$$

由于干扰机到基站链路距离比 FZ 小很多，因此将肯定采用视距传播。此时，干扰链路损耗为：

$$LOSS_J = 32.4 + 20\log(d) + 20\log(F)$$

其中，d 表示链路距离（单位：km），F 表示工作频率（单位：MHz）。

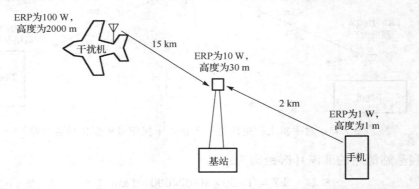

图 7.44　得益于干扰机的海拔高度，机载干扰机即使在远处也能够获得良好的 J/S

$$LOSS_J = 32.4 + 23.5 + 58.1 = 114 \text{ dB}$$

链路的其他数值保持不变（ERP_S，ERP_J 和 $LOSS_S$），因此 J/S 计算为：

$$J/S = 50 \text{ dBm} - 30 \text{ dBm} - 114 \text{ dB} + 102.5 \text{ dB} = 8.5 \text{ dB}$$

有趣的是，干扰机位置从 3 米的地面变为 2000 米的高空，J/S 减少 14 dB。

7.9.8　从地面对下行数据链进行干扰

尽管由于基站发射机的有效辐射功率比手机要大，降低能够产生的 J/S。但需要注意，对下行链路进行干扰相比上行链路干扰在操作中具备一些优势。这个优势就是基站的选定是通过上行链路进行的。如果我们对上行链路进行干扰（即干扰基站中的接收机），在基站接收到的信号质量下降后系统会选择另外一个基站。

对下行链路的干扰如图 7.45 所示。30 m 高基站的 ERP 为 10 W，手机高度 1 米且距离基站 2 千米。功率为 100 W 的干扰机高度为 3 m，距离手机 1 千米。

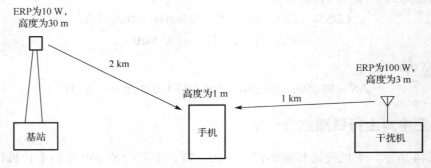

图 7.45　下行链路干扰机传播到手机的信号需要超过手机基站发射的功率

由于是对下行链路进行干扰，干扰链路是从干扰机到手机。下行链路 FZ 的计算和前面上行链路的计算相同（即 1 千米）。因此下行链路使用双径传播。干扰 FZ 为：

$$FZ = (3 \times 1 \times 800)/24000 = 100 \text{ m}$$

手机链路比菲涅耳区距离大，因此使用双径传播。干扰链路损耗为：

$$LOSS_J = 120 + 40 \log(1) - 20 \log(3) - 20 \log(1) = 120 + 0 - 9.5 - 0 = 110.5 \text{ dB}$$

基站的 EPR 为 10 W，即 40 dBm。其他参数（ERP_J 和 $LOSS_S$）和上行链路干扰时保持不变，因此 J/S 为：

$$J/S = 50 - 30 - 110.5 + 102.5 = 12 \text{ dB}$$

7.9.9　从空中对下行链路进行干扰

干扰机的高度为 2000 米，距离接收机的距离为 15 千米。干扰链路的 FZ 为：

$$FZ = (2000 \times 1 \times 800)/24000 = 66 \text{ km}$$

这比干扰链路的距离远，因此干扰链路采用视距传输，此时和从空中进行上行链路干扰时具有相同的损耗。

手机下行链路 ERP 为 10 W(40 dBm)，但其他参数和从空中进行上行链路干扰时一样。因此 J/S 为：

$$J/S = 50 \text{ dB} - 40 \text{ dB} - 110.5 \text{ dB} + 102.5 \text{ dB} = 2 \text{ dB}$$

同样地，干扰机位置从 3 m 的地面变为 2000 m 的高空，J/S 减少 14 dB。

参考文献

[1]　Journal of Electronic Defense, EW101 Column, December 2006.

第8章　数字射频存储器

数字射频存储器（DRFM）是推动电子对抗发展的一项重大发明。DRFM 能够对收到的复杂波形进行快速分析，并生成对抗波形。干扰系统使用 DRFM 后能够大幅提升对复杂波形的干扰效能。

8.1　DRFM 结构框图

如图 8.1 所示，DRFM 将接收到的信号进行下变频，转换为适宜数字化的中频信号，然后对中频信号进行数字化。数字信号被存入存储器并传送至计算机。计算机根据所采用的干扰技术的需要，可以任意地对信号进行分析和修改。修改后的信号先转换回模拟射频信号，然后利用下变频时所使用的本振将模拟射频信号上变频至接收到的频率。使用同一个振荡器保证了信号在下变频和上变频过程中的相位相干性。

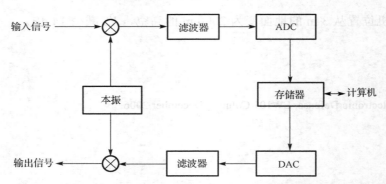

图 8.1　DRFM 将接收到的信号数字化，传送至计算机进行
修改，将修改后的信号重新生成相干的发射信号

DRFM 的关键部件是模数转换器（ADC）。ADC 的采样率必须达到采样带宽的 2.5 倍。ADC 必须输出一个 I&Q（同相和正交）数字信号。如图 8.2 所示，I&Q 采样的采样率为数字信号带宽的两倍，且 I 路和 Q 路的相位相差 90 度。这样可以获得信号的相位信息。注意，2.5 倍采样率比数字接收机要求的奈奎斯特采样率（2 倍）要高。过采样是为了信号的重建。数字信号通常用多个比特来表示一个样点，尽管有些情况下也会使用单比特采样或相位采样。

计算机对获取的信号进行分析，包括确定调制特征和参数。通常，计算机在对接收到的第一个脉冲进行分析后生成后续脉冲，后续脉冲具有相同的或系统性变化的调制参数。

产生射频输出信号的数模转换器（DAC）的位数多于 ADC 的位数，从而保证在射频信号重构过程中信号质量不会下降。

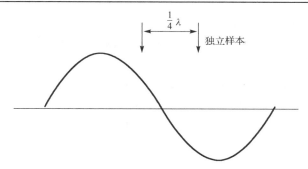

图 8.2　I & Q 采样设备对信号相距 1/4 波长的两个点进行数字化，从而获得信号的频率和相位

8.2　宽带 DRFM

宽带 DRFM 能够对包含有多个信号的中频宽带信号进行数字化。干扰系统在需要干扰的威胁信号频率范围内进行调谐，输出一个带宽与 DRFM 的处理能力相匹配的中频信号。如图 8.3 所示，下变频和之后的上变频使用的是同一个系统本振，这样能够保持相位相干。DRFM 带宽受到 ADC 采样速率的限制。由于带宽内可能存在多个信号，需要可观的无杂散动态范围，所以 ADC 需要尽可能大的有效采样位数。

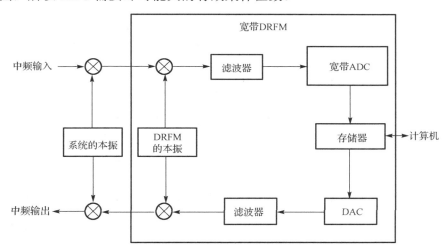

图 8.3　宽带 DRFM 工作频带内包含多个信号

第 6 章中对动态范围展开了详细讨论。数字电路的动态范围为：$20\log_{10}(2^n)$，其中 n 代表量化位数。需要特别注意的是，ADC 前面的模拟电路必须拥有和数字电路一样的动态范围。第 6 章中已对模拟动态范围进行了阐述。

当前对宽带 DRFM 的需求旺盛，因为它能够应对宽带调制和频率捷变威胁。本章还将对频率捷变威胁的应用展开详细讨论。

简单地说，随着数字转换器技术水平的提升，预计未来宽带 DRFM 的应用范围和数量将不断扩大。DRFM 的采样速度和位数之间是相互制约的关系；对未来 DRFM 的要求是采样速度更快，同时每个样本的位数更多。

和单个 ADC 相比，可以通过多种方法实现更快采样和更多位数。两种典型方法如下：

- 一种方法是使用几个不同电压电平的单比特数字转换器。这种方法不需要计算机，所以速度非常快。通过将多个数字转换器的输出进行组合，可以产生十分高速的多比特采样输出。

- 另一种方法是在抽头延迟线的输出端放置几个多比特数字转换器。在信号的一个周期内，抽头延迟使这些低速的数字转换器可以对信号进行多次间隔采样。然后将这些采样输出进行合成就可以获得高速多比特采样输出。

8.3　窄带 DRFM

只要窄带 DRFM 的带宽大于干扰机需要处理的最大信号带宽，就可以使用窄带 DRFM。这意味在最新的技术水平下，窄带 DRFM 可以只使用一个 ADC。

如图 8.4 所示，干扰机关注的频率范围被分成多个频段，这些频段由多个窄带 DRFM 覆盖。DRFM 的输入信号经过功分器被分配给各个窄带 DRFM。每个窄带 DRFM 调谐到一个独立的信号上，并通过 DRFM 功能来支持整个干扰行动。然后将这些窄带 DRFM 的模拟射频输出进行合路，并（相干地）转换至原来的频率范围。

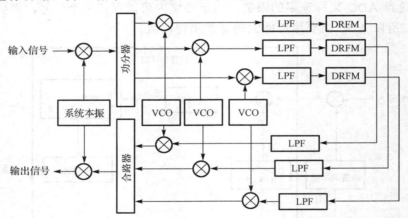

图 8.4　一个窄带 DRFM 只处理一个信号。如果面对多信号环境就需要多个窄带 DRFM

需要注意的是，杂散响应对窄带 DRFM 来说基本不是问题，因为每个窄带 DRFM 只包含一个信号。

8.4　DRFM 的功能

DRFM 在对抗脉冲压缩雷达时尤为有效。第 4 章描述了雷达通过脉冲压缩来提升距离分辨率。如果你对脉冲压缩不熟悉，本章将对其进行一些说明。这里将讨论 chirp 和巴克码两种脉冲压缩技术。

Chirp 对发射的每个脉冲进行线性频率调制。在雷达的接收机中，压缩滤波器对等效脉冲宽度进行压缩，压缩比为 FM 扫频范围与雷达带宽的比值。如果干扰信号没有进行相应的频率调制，有效干信比（J/S）将按照压缩比例降低。DRFM 能够生成 chirp 干扰脉冲，从而保证 J/S 不减弱。

巴克码脉冲压缩使用一个伪随机码对每个脉冲进行二元相移键控调制。在雷达接收机中，采用了抽头延迟线，抽头延迟线的阶数等于巴克码的位数。调制后的脉冲中的部分码元相移了 180°，因此，当脉冲准确填入移位寄存器时，所有的码元正向相加。当脉冲和移位寄存器没有对齐时，输出基本为 0。这等效于将收到的脉冲宽度压缩为单个码元的持续时间，从而使距离分辨率得到压缩，压缩系数就是巴克码的位数。因为未使用巴克码的干扰脉冲不会被压缩，所以有效 J/S 的下降因子为巴克码的位数。DRFM 能够产生具有正确巴克码调制的干扰脉冲，因此能够保持 J/S 不减弱。

8.5　相干干扰

DRFM 的优势之一在于它能够产生相干干扰信号。当对脉冲多普勒（PD）雷达进行干扰时，这点尤为重要。图 8.5 显示了 PD 雷达接收机信号处理过程中的距离—速度矩阵。矩阵的速度维由一系列窄带滤波器构成，通常通过软件实现。因为发射的信号是相干的，真实的目标回波信号将落入多个滤波器中的某一个，而且这些滤波器的带宽非常窄。然而，非相干干扰信号（如阻塞干扰或瞄频噪声干扰）将进入多个滤波器。这样雷达就可以丢弃干扰信号，保留目标信号。

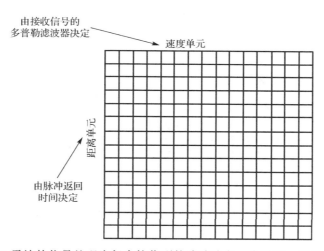

图 8.5　PD 雷达的信号处理为每个接收到的脉冲建立一个时间—径向速度矩阵

8.5.1　提升有效 J/S

PD 雷达的处理增益会大幅削弱噪声干扰的有效 J/S。假设目标指示雷达的相干处理间隔（CPI）与扫描波束照射目标的时间相同。该雷达的圆周扫描周期为 5 s，波束宽度为 5°，脉冲重复频率（PRF）为 1000 脉冲/秒。由下式可计算出雷达波束照射目标的时间（和 CPI 相等）为 69.4 ms（见图 8.6）：

照射时间=扫描周期×（波束宽度/360°）=5s×(5°/360°)=69.4 ms

PD 雷达的处理增益是其 CPI 乘以其 PRF，因此处理增益为：

处理增益=0.0694×10000/s = 694，即 28.4 dB。

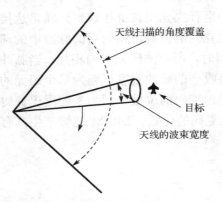

图 8.6　扫描雷达对目标的照射时间取决于雷达的波束宽度、扫描速率以及扫描的角度覆盖范围

单个多普勒滤波器的带宽很窄，可以等于相干处理间隔的倒数（即 14.4 Hz）。这意味着雷达的回波信号能够被增强 28.4 dB，而非相干的干扰信号不会被增强。因此，在干扰机具有相同的有效辐射功率情况下，落入 14.4 Hz 滤波器内的相干干扰信号（通过 DRFM 产生）比非相干噪声干扰信号具备 28.4 dB 的优势。

8.5.2　箔条

箔条反射的雷达信号会在频率上进行扩展，这种频率扩展是由大量箔条单元的运动而产生的，如图 8.7 所示。通过恰当的分析，PD 雷达能对箔条的反射进行区分，从而防止箔条破坏雷达对目标的锁定，使雷达在有箔条的情况下能够选择真实的目标回波进行处理。这样就会削弱或消除箔条的雷达对抗效能。然而，如果使用相干的干扰信号（来自 DRFM）来照射箔条，能够有效地破坏雷达对目标的锁定。

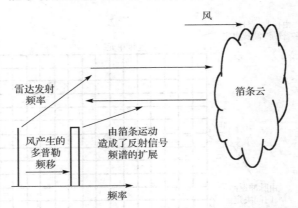

图 8.7　箔条云中偶极子的随机运动导致了回波信号频率被扩展。箔条云的随风运动会导致频率的漂移

8.5.3　距离门拖引干扰

多普勒滤波器能够确定目标的距离变化率。如图 8.8 所示，PD 雷达能够根据目标的多普勒频移对不同的目标进行区分。雷达处理过程中可以观测到信号的距离—时间历程，从而计算出不同目标的径向速度。对于真实的目标回波，距离变化率应当和多普勒频移得出的速度一致。如果使用距离门拖离（RGPO）或距离门拖近（RGPI）干扰技术来对抗雷达，干扰信号的多普勒频移与距离变化率无法保持一致。这是因为干扰机只对脉冲进行滞后或提前，频率仍为雷达的发射频率。雷达据此可以丢弃干扰脉冲，继续跟踪真实目标。

DRFM 能够同时改变雷达脉冲的时间和频率，然后进行相干转发。这使得干扰信号在雷达中表现为真实的目标回波，从而破坏雷达对目标的锁定。

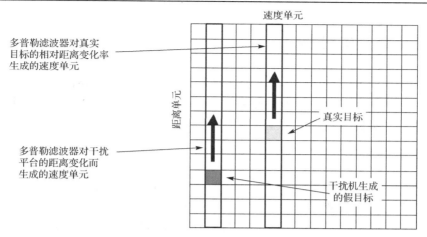

图 8.8　PD 雷达根据多普勒频移在时间−速度矩阵中将不同的目标回波分开

8.5.4　雷达积累时间

　　雷达接收机针对自身的信号进行了优化。因此，和雷达脉宽完全一致的干扰脉冲将具有和雷达信号相同的积累特性。与脉宽不等于雷达脉宽的干扰脉冲相比，脉宽严格等于雷达信号的干扰脉冲可以获得更大的处理增益。DRFM 产生的干扰脉冲的持续时间与雷达信号完全一致，从而可以获得最大的 J/S。

8.5.5　连续波信号

　　DRFM 能够持续记录连续波（CW）信号，将其转化为有序的数字信号并存储在数字存储器中。存储的数据在经过一段延迟后被重新转化成模拟信号，只要连续波信号存在，这一过程就一直持续。为了确定目标的距离，连续波雷达必须对其信号进行频率调制，如图 8.9 所示。可以使用的调频波形很多。根据所示的调频波形，波形的第一部分保持恒定的频率，因此雷达能够确定目标的径向速度。第二部分波形通过对比发射和接收信号的频率（去除了多普勒频移），来确定目标的距离。由于 DRFM 记录了连续波信号，所有的频率调制也被记录并且依次重播出来。通过加入额外的频率调制，DRFM 能够模拟任何需要的目标速度（也就是多普勒频移）。

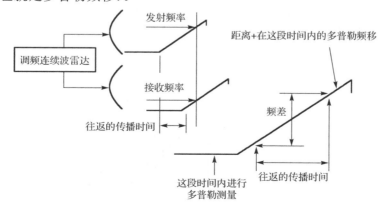

图 8.9　调频连续波雷达通过比较发射和接收信号的频率来确定目标的距离

8.6   对威胁信号的分析

对电子战作战而言，DRFM（以及相关的处理器）的一个重要优势是能够对截获的威胁信号进行快速分析。其中一项就是威胁雷达的频率分析。由于现代威胁雷达频率的多样性，对雷达发射频率的测量和复制至关重要。

8.6.1   频率多样性

频率的多样性是雷达使用的一种电子防护（EP）措施。雷达具有可选的工作频率，更加复杂的雷达能够定期改变频率。对于这两种情况，DRFM 需要对接收到的首个脉冲进行分析，随后在相同频率下发射相干的干扰脉冲。这要求 DRFM 系统能够在很短的时间内（从几微秒到 1 毫秒）快速地完成接收、分析、设置干扰参数和转发。在当前的技术水平下，宽带和窄带 DRFM 都能满足上述要求。

8.6.2   脉间跳频

更具挑战的是脉间跳频的雷达，如图 8.10 所示。这种类型的雷达使用一组伪随机选择的发射频率。总的频率变化范围可以达到标称频率的 10%，更宽的频率范围会引起天线和发射机效率的损失。

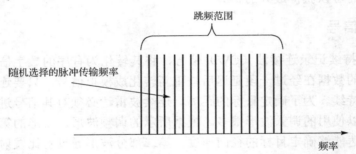

图 8.10   脉间跳频雷达在传输每个脉冲时，从多个频率中伪随机地选择某个频率作为传输频率

跳频雷达不仅能在跳频范围内为每个脉冲随机分配一个频率，而且当某些频率受到干扰导致回波信号质量下降时，雷达能够选择避开这些频率。如图 8.11 所示，雷达发射脉冲时未使用受到干扰的频率。

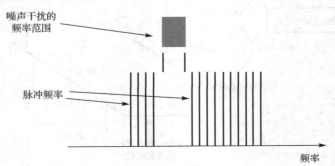

图 8.11   当存在干扰时，跳频雷达能够跳过受到干扰的频率

8.7 非相干干扰方法

非相干干扰机要对脉间频率捷变雷达的所有脉冲进行干扰时有两个选择：将干扰功率分配在所有观测到的频点上，如图 8.12 所示；或者将干扰功率分布在整个跳频带宽内，如图 8.13 所示。假设一个雷达使用 25 个跳变频率，标称频率为 4 GHz，则频率变化范围可达 400 MHz，即雷达射频频率的 10%。注意，频率范围小于 10%，能够使雷达天线和放大器的性能最优。如果我们能够将干扰功率分配在每个跳频频点上，则 J/S 将减少 14 dB（$10\log_{10}(25)$ 为 14 dB）。

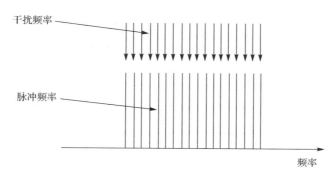

图 8.12 如果干扰机能够针对雷达的每个频点发射带宽匹配的干扰信
号，则每个频点上干扰功率的下降因子等于频点的数目

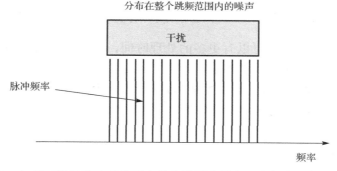

图 8.13 如果干扰机将功率分配在整个跳频范围上，在每个跳频点上干扰
信号的下降因子等于干扰带宽和雷达接收机的相干带宽的比值

考虑将干扰信号铺满整个跳频范围所产生的效果，首先我们需要确定雷达接收机的相干带宽。相干带宽是脉宽的倒数。如果脉宽是 1 μs，相干带宽是 1 MHz，最优的情况是根据雷达接收机带宽进行瞄频干扰；然而，对于非相干干扰，干扰带宽通常比雷达接收机带宽要宽一些，假设为 5 MHz。则将干扰铺满整个跳频范围（即 400 MHz）将使每个频点上的干扰功率降低为 1/80。这导致 J/S 降低了 19 dB（$10\log_{10}(80)$ 为 19 dB）。

我们可以通过仅覆盖部分的跳变频率点来获得更高的干扰功率，但雷达能够避开我们的干扰频率，从而使干扰失效。因为雷达脉冲使用未被干扰的频率进行工作，目标回波的能量将保持不变，因此干扰将完全无效。

8.8　跟随干扰

　　然而，如果我们能对每个脉冲的频率进行测量并针对该频率进行干扰，那我们就能够获得全部的 *J/S*（也就是比前面提到的两种方法分别提升 14 dB 和 19 dB）。

　　为实现脉间跟随干扰，DRFM（包括与之关联的处理部件）需要在小部分的脉冲时间内确定传输频率并将干扰设定到该频率上。假设威胁雷达的脉冲宽度为 1 μs。如果 DRFM 信号传输和处理的反应时间小于 100 ns，则干扰机能够对剩下 90% 的脉冲进行干扰，如图 8.14 所示。与不需要反应时间的干扰脉冲相比，此处干扰脉冲的能量降低了 11%。11% 等于 0.5 dB，所以反应时间为 100 ns 的跟随干扰的有效 *J/S* 只损失了 0.5 dB。请注意，这是基于非相干的噪声干扰，并且干扰参数设置的精确性有限。此外，如果雷达具备前沿跟踪能力，雷达能够在新频率受到干扰前的时间段内对目标进行跟踪。

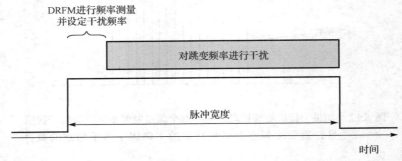

　　图 8.14　DRFM 能够对每个脉冲的频率进行测量，并将干扰设定到该频率上。其反应时间比威
　　　　　　胁脉冲的宽度小很多。反应时间之外的脉冲将被干扰，降低雷达收到的目标回波能量

　　如果脉冲更长，DRFM 就可以有更多的处理时间，可能会获得更精确的频率信息。假设雷达的跳变频率已知，则干扰能够准确设定到跳变频率上。

　　配有数字信号处理器的 DRFM 能生成具备精细的雷达波形特征的干扰信号。干扰波形如果不具备这些精细的特征，*J/S* 将显著降低。我们将讨论的首个雷达特征为脉冲压缩（PC）。

8.9　雷达分辨单元

　　雷达分辨单元是指雷达能够对多个目标进行区分的最小物理空间，如图 8.15 所示。在雷达分辨单元的横向尺寸对应的距离内，雷达无法区分多个不同角度的目标。横向尺寸可由以下表达式确定：

$$距离×2\sin(BW/2)$$

其中，距离是指雷达到目标的距离，BW 是雷达天线的 3 dB 波束宽度。

　　例如，如果距离是 10 km，雷达天线的波束宽度是 5°，分辨单元的横向尺寸为：

$$(10000\text{m})×2×0.0436 = 873\text{ m}$$

　　在雷达分辨单元的纵向尺寸对应的距离内，雷达无法对多个不同距离的目标进行区分。纵向尺寸可由以下表达式确定：

$$(PD/2) \times c$$

其中，PD 是脉冲持续时间，c 是光速。

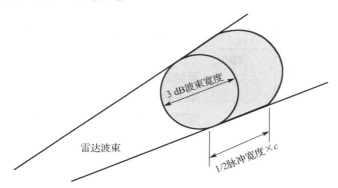

图 8.15　雷达分辨单元是指雷达能够对多个目标进行区分的最小物理空间，它
是由 3 dB 波束宽度和脉冲持续时间的一半乘以光速所确定的区域

例如，脉冲持续时间为 1 μs，分辨率单元的纵向尺寸为：

$$(10^{-6}\ s) \times 0.5 \times (3 \times 10^8\ m/s) = 150\ m$$

分辨单元中的多个目标存在以下几种可能的情况：

- 多个真实目标；
- 一个真实目标和一个诱饵；
- 一个真实目标和一个由干扰机生成的假目标。

在这些情况下，雷达很难或无法对真实目标进行跟踪（因此也无法攻击）。对于远距离搜索雷达，这个问题尤为突出，因为它通常使用大脉宽的脉冲来提升每个脉冲的能量。（注意，雷达的探测距离与雷达的有效辐射功率和雷达信号对目标的照射时间有关。）

8.9.1　脉冲压缩雷达

如上所述，脉冲压缩对雷达的脉冲进行了额外的调制。雷达接收机通过对这种调制进行处理，能够减少雷达分辨单元的纵向尺寸。这种调制既可以是被称为 chirp 的线性频率调制脉冲（LFMOP），也可以是被称为 Barker 码的二元相位调制（BPMOP）。在这两种情况下，分辨单元的纵向尺寸都会被压缩，压缩的程度取决于脉冲采用的具体调制。这两种脉冲压缩技术的压缩比最高都能达到 1000 量级。

8.9.2　Chirp 调制

如图 8.16 所示，chirp 调制是在脉冲持续时间内进行频率调制。注意，如果 chirp 波形不是单调变化的，则有可能是非线性调频的。压缩程度由以下表达式确定：

$$FM\ 宽度/相干雷达带宽$$

其中，FM 宽度是脉冲扫频范围，相干雷达带宽是脉冲持续时间的倒数。

例如，如果频率调制的宽度为 5 MHz，脉冲宽度为 10 μs，则压缩比为：

$$5\ MHz/100\ kHz = 50$$

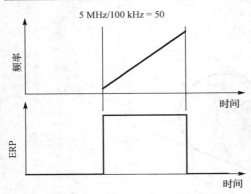

图 8.16 chirp 脉冲在其脉宽内具有线性（或单调）的频率调制

采用脉冲压缩后，分辨单元的变化如图 8.17 所示。注意，为便于理解，该图给出的是二维空间内的距离压缩，但实际上被压缩后的分辨单元是如图 8.15 所示的一个三维空间。

chirp 对干扰性能的影响如图 8.18 所示。FM 调制的目标回波脉冲被压缩，而干扰脉冲（没有采用 FM 调制）则没有被压缩。雷达在压缩后的脉冲宽度内对两种信号进行处理。干扰信号的能量被抑制（在这段处理时间内），抑制的程度为压缩因子。因此，有效 J/S 的抑制程度就是压缩比。在上述例子中，J/S 下降 17 dB。

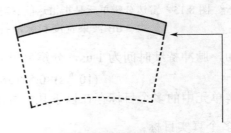

未压缩的雷达分辨单元

采用线性频率调制脉冲压缩的雷达分辨单元

图 8.17 利用 chirp 脉冲压缩，分辨单元的距离向压缩倍数等于压缩比

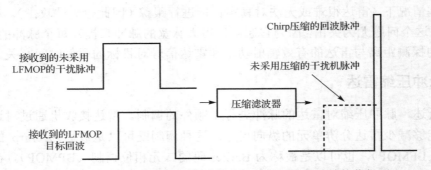

图 8.18 在雷达接收机处理的过程中，目标回波脉冲被接收机压缩，而没有采用 LFMOP 调制的干扰脉冲不会被压缩

8.9.3 DRFM 的作用

经过图 8.19 中的流程图所示的处理过程，干扰脉冲将具有与目标回波脉冲相匹配的脉冲压缩特性。

- 将接收到的雷达信号转换至 DRFM 的工作频率。
- DRFM 对接收到的首个威胁脉冲进行数字化。
- 数字化的脉冲被传送至 DSP，由 DSP 确定脉冲频率的变化历程。
- 一套包含一系列不同射频频率的信号片段被传送至 DRFM，用于产生后续的干扰脉冲。

- DRFM 产生能够以阶梯近似的方式模拟雷达 chirp 的干扰脉冲。
- DRFM 的输出相干地转换至接收时的雷达脉冲频率，并作为恰当的 chirp 干扰脉冲进行发射。

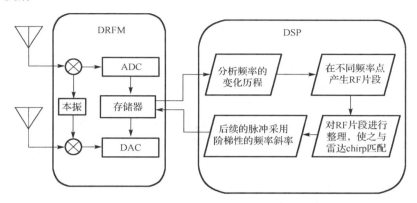

图 8.19　DRFM 将接收到的信号转换至 DRFM 的工作频率，将信号进行数字化并将其传送至数字信号处理器（DSP）。数字信号处理器确定接收到的首个脉冲的变化历程，并为后续脉冲产生阶梯性频率斜率。DRFM 产生的后续干扰脉冲使用阶梯性频率斜率

注意，如果雷达脉冲使用了线性频率调制，没有 DRFM 也可以实现这个过程。瞬时测频（IFM）接收机能够确定频率调制，serodyne 电路能够产生与之匹配的频率调制干扰信号。然而，DRFM 能提供更加精确的干扰信号，而且还能根据需要生成非线性频率调制的干扰信号。

8.9.4　Barker（巴克）码调制

如前所述，脉冲压缩的另外一种方法就是为每个脉冲增加二元相移键控（BPSK）数字调制。每个脉冲中都有一个固定位数的码，当脉冲被雷达作为目标回波接收时，被送入如图 8.21 所示的抽头延迟线组件。

调制采用的码可以是 Barker 码，也可以是其他种类的码，都属于最大长度线性移位寄存器序列码。这意味着它是伪随机的，并且数字 1 和数字 0 两者数目的差值为 0 或者−1。图 8.21 上方的脉冲使用的是 7 位 Barker 码，其中"+"代表 1，"−"代表 0。注意，这是一个短码，通常脉冲压缩雷达使用的 Barker 码要长很多（位数最多可以达到 1000）。其中一些抽头会有 180°的相移。根据设计，当脉冲与抽头延迟线严格匹配时，每个为 0 的比特都对应一个有移相器的抽头。因此，当脉冲完全填入延迟线时，对所有抽头求和，将得到满幅度的输出。其他情况下，求和后的输出将明显变小。对于图中所示的 7 位码，当脉冲与延迟线没有严格匹配上时，求和后的输出将是 0 或者−1。对于更长的代码，有时候求和结果会稍大，但仍然远小于满幅度的输出。当脉冲完全通过延迟线并完成求和处理后，输出脉冲的有效脉宽是一个码元的宽度。

图 8.22 显示了脉冲宽度压缩对雷达分辨单元的影响。分辨单元的横向尺寸依然为雷达天线的 3dB 宽度，但单元的纵向尺寸现在为码元宽度的一半与光速的乘积。因此，距离分辨率的提升因子等于脉冲内的码元数目。

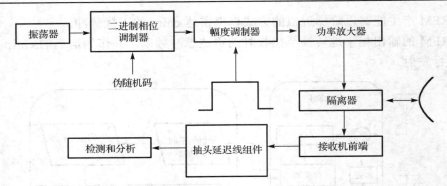

图 8.20 使用巴克码的雷达对发射的每个脉冲使用 BPSK 调制，
并将接收到的回波脉冲通过抽头延迟线进行压缩

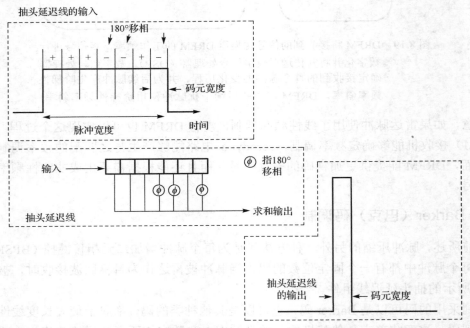

图 8.21 当编码脉冲的所有比特与抽头延迟线匹配时，延迟线的
输出最大。这将处理后的脉冲宽度降低至 1 个码元宽度

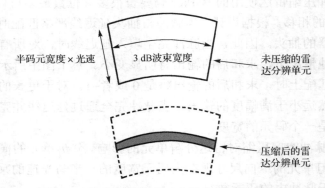

图 8.22 采用巴克码压缩后，雷达的分辨率单元在纵向缩减为码元宽度的一半与光速的乘积

8.9.5　对 Barker 码雷达进行干扰

首先考虑利用非相干干扰机来对抗使用 Barker 编码脉冲的雷达，如图 8.23 所示。目标回波脉冲具有与抽头延时线相匹配的编码。这意味着经过处理后脉冲的宽带将被压缩为码元宽度。例如，假设 Barker 码有 13 个码元，则脉冲宽度被压缩至 1/13。然而，不具备 Barker 码调制的干扰信号将不会被压缩。由于雷达处理是针对压缩后的目标回波脉冲进行了最优化设计的，因此干扰脉冲在时间上只有 1/13 参与了雷达处理。在此处理过程中，干扰功率和回波功率的比值降低了 11 dB（比值 13 对应 11 dB）。如果 Barker 码中有 1000 个码元，J/S 将降低 30 dB。

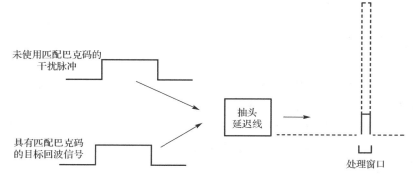

图 8.23　如果干扰不具备正确的 BPSK 调制，有效 J/S 的降低系数等于压缩因子

为解决这个问题，需要在干扰脉冲中加入 Barker 码。唯一可实现的途径就是在干扰机中使用 DRFM。

如图 8.24 所示，雷达脉冲输入到 DRFM，DRFM 将接收到的首个脉冲数字化，并送入处理器。处理器可以确定代码中的码元宽度以及码中 1 和 0 的序列，并能够产生 1 和 0 所对应的数字表示。这样，处理器就可以按照正确的顺序输出一个 Barker 码雷达脉冲的数字表示，并送回 DRFM。处理器的输出可以根据干扰的需求进行延迟或移频。

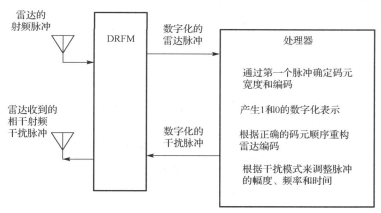

图 8.24　DRFM 干扰机能够产生具有与回波脉冲相同巴克
码的干扰脉冲，从而使雷达的 J/S 不会被降低

DRFM 产生射频干扰脉冲，并且将其相干地变频至雷达的工作频率上。干扰脉冲是通

过对接收到的雷达脉冲在幅度、多普勒频移和时序等方面进行调整而得到的，从而可以产生期望的干扰技术。

8.9.6　对干扰效率的影响

当雷达接收到使用 BPSK 编码的干扰脉冲时，雷达的处理电路对其进行与目标回波脉冲一样的处理。这意味着 J/S 没有因为脉冲压缩而降低，和非相干干扰相比，干扰效率提升了很多 dB。

使用 DRFM 进行干扰的另一个优点是，构建的干扰脉冲具有准确的脉宽。由于雷达接收机的处理电路针对特定的脉宽进行了优化，因此干扰脉冲可以获得与回波脉冲相同的处理增益。

8.10　复杂假目标

现代化的雷达，尤其是合成孔径雷达（SAR）和有源电扫描阵列（AESA）雷达，能够利用雷达截面积（RCS）对复杂目标进行特征描述。复杂目标的 RCS 包含了很多散射点，这些散射点是由目标不同部分的外形所造成的。每个散射点产生一个具有独特相位、幅度、多普勒频移和极化特性的回波。现代雷达对这些不同回波所组成的复杂目标回波进行分析，从而对目标进行精确识别。非相干干扰机所产生的简单假目标在雷达接收机中产生的波形与真实的目标回波有显著的区别。

具有最新处理能力的雷达能够排除 RCS 特征不正确的假目标。因此，要对现代雷达形成有效干扰，需要假目标（使用距离门拖近、距离门拖离或其他技术产生）具有正确的复合波形。

8.10.1　雷达截面积

图 8.25 给出了一架飞机上构成其整体 RCS 的众多散射点中的几个示例。此外，发动机进气道和排气道以及发动机的活动内部部件也对 RCS 有影响。所有因素的综合产生一个非常复杂的 RCS，并且在目标机动时 RCS 会随着视角的变化而变化。

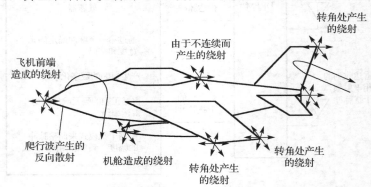

图 8.25　构成飞机 RCS 的因子很多，这些因素导致 RCS 具有复杂的幅度和相位分量

此外，还存在其他的目标特性，例如喷气发动机调制（JEM）和旋转叶片调制（RBM）。

喷气发动机调制在飞机头部产生复杂的压缩样式，在雷达回波中形成了一个很显著的谱分量。

直升机目标的雷达回波具有与直升机旋转叶片数目和旋转速率相关的谱特性。

当目标机动时，RCS 具有时变的特性。现代雷达能够分析这些时变的特性，从而发现并排除假目标。

8.10.2　RCS 数据的生成

目标的详细 RCS 能够通过在 RCS 暗室进行测量或计算机分析而得到。如图 8.26 所示，RCS 暗室是一个无反射的房间，在房间内使用低功率雷达对真实目标或目标的比例模型进行照射。房间的四周覆盖有吸波材料，从而可以消除反射。暗室表面大部分的吸波材料由锥体构成，相邻锥体的夹角很小，因此模型反射的信号直接进入吸波材料。这使雷达能够得到干净的表面回波，如同模型处于自由空间环境中的情形。如果目标尺寸小，可以在暗室中使用真实目标。如果目标的尺寸太大而暗室装不下（比如大飞机），可以使用真实目标的比例模型。当使用比例模型时，由于尺寸变小，需要同比例地提高雷达的工作频率。例如，使用 1∶5 比例的模型需要将测试频率提升至 5 倍频。这样保证了目标尺寸和雷达信号波长的比例关系不变。由于 RCS 数据的测量精度很高，模型的重要表面特征必须非常准确，这样才能获得正确的 RCS 结果。

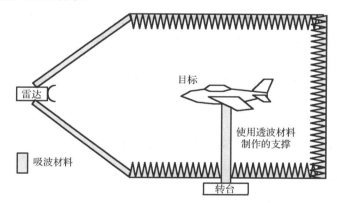

图 8.26　雷达截面积暗室是一个无回声的房间，使用低功率雷达对准暗室中间摆放的模型。
随着模型的旋转，雷达对接收到的回波信号进行测量，从而确定目标的 RCS

目标安放在暗室的中间，通过旋转目标来获得所有重要视角的 RCS 数据。通过对这些数据进行分析和描述，可以为雷达生成目标身份识别表。

8.10.3　通过计算获得 RCS 数据

生成 RCS 表的另一个方法是计算机分析。目标（假设是一架飞机）可以通过一系列平面或曲面进行描述。图 8.27 显示了构成一架飞机的几个典型形状。用于计算机分析的真实模型要复杂得多。

对于每种类型的表面都有对应的 RCS 计算公式，因此可以通过计算机生成综合的飞机模型。计算公式根据各个表面组成部分的大小和其相对雷达的角度，计算得到各个表面的

RCS 幅度和相位。还需要考虑各个部分的材料（金属、玻璃、塑料等），以及材料的表面特性。目标的计算机模型将依据各表面的相对位置，对所有表面的计算公式进行综合。

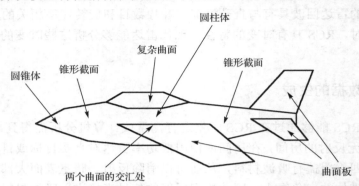

图 8.27　可以用大量分离的外形对一架飞机进行描述。每个形状的 RCS 可以用公式进行计算，公式中考虑了角度、材料、表面、频率等因素。对所有形状的公式进行综合就能得到飞机的 RCS

注意，本节中的部分信息来自文献[1]，如果需要了解更多信息，推荐阅读文献[1]。

8.11　DRFM 使能技术

ADC 一直是限制 DRFM 性能的主要因素。DRFM 的工作带宽受到采样速度和精度的限制，而重新构建信号的质量与 ADC 的位数有关。采样位数还决定了输出信号中杂散响应的电平。

当前，最新的技术水平已经能够很好地实现 2GHz、12 比特量化的采样速率。注意，当前大量研发工作正在进行，水平正在不断提升。ADC 的性能正处于快速上升期。

另一个重要的基础技术是现场可编程门阵列（FPGA）。FPGA 能够显著提升单板 DRFM 的处理性能，从而使 DRFM 基本功能的可编程性和运行速度得到显著提升。

8.11.1　捕获复杂目标

交战期间，目标相对雷达的距离和角度不断变化。此外，目标具有多个散射点。这些因素导致现代雷达接收到的回波信号不断变化并且非常复杂。现代雷达能够发现干扰机生成的假目标回波与真实目标回波之间的不同。因此，如果要对此类雷达成功进行欺骗干扰，干扰机产生的虚假回波信号必须与真实回波信号足够相似。

如前所述，精确（复杂）的 RCS 数据能够通过 RCS 暗室测量或计算机模拟的方法获得。这些数据也能够在作战环境中测量，但和所有的开放空间数据采集一样，此时需要解决如何将数据从背景环境中剥离出来的问题。

如图 8.28 所示，用专门的软件对收集到的数据进行处理，确定主要的散射点。对每个主要散射点的回波特征进行描述，具体包括回波的相位、幅度、多普勒频移和位置（取决于视角）信息。将这些数据存储在数据库中，数据库能够驱动 DRFM 通道产生精确的、动态的目标回波。

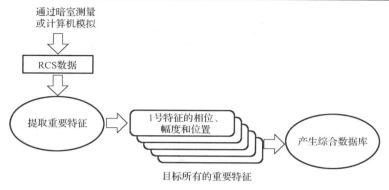

图 8.28　对目标的计算机模型进行分析，提取重要特征。每个特征的
相位、幅度、位置和多普勒频移构成综合数据库的一部分

8.11.2　DRFM 架构

图 8.29 是一个老式 DRFM 系统产生复杂假目标的过程框图。它使用多个 DRFM 卡，其中每个 DRFM 卡能够产生一个或两个回波。每个 DRFM 卡将接收机收到的输入信号数字化，然后修改信号，使其代表一个目标散射点产生的回波信号。输出的信号具有与选定散射点匹配的幅度、相位和多普勒频移（见图 8.30）。DRFM 还会根据雷达与当前目标的距离设定一个合适的时间延迟。最后，将所有 DRFM 卡的射频输出合成为一个信号，并对目标雷达实施相干转发干扰。

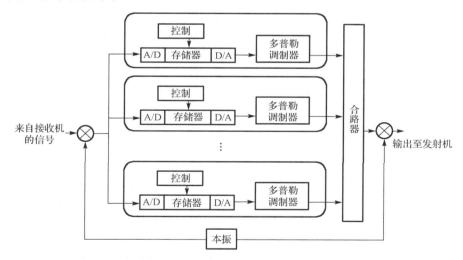

图 8.29　老式的 DRFM 系统能够使用多个 DRFM 来产生复
杂目标，每个 DRFM 能够复制一个或两个散射点

随着 FPGA 的引入，单个 DRFM 板可以产生 12 个散射点的回波信号。并且会根据目标当前的相对位置、速度和三维角速度对每个散射点的信号进行特定的调制，包括恰当的多普勒频移和距离延迟。

根据使用的欺骗干扰技术，这些散射点会按照需求进行不同的调制，从而实现对雷达的欺骗。

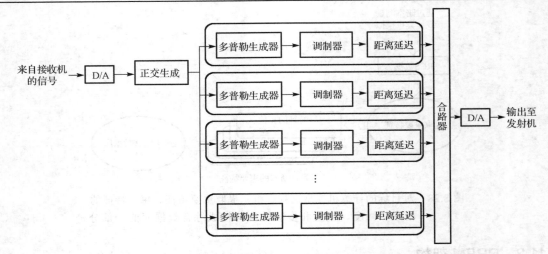

图 8.30　采用 FPGA 技术的单个 DRFM 单元能够模拟 12 个
散射点，同时具备控制功能和多普勒频移功能

8.12　干扰和雷达测试

在欺骗干扰章节中讨论的方法也可用于对现代雷达的测试。

有些雷达具备对探测到的复杂雷达回波进行处理的能力，对这类雷达进行测试需要在多种典型交战中使用准确的动态场景来描述各种目标。这些测试场景中必须包括真实的多散射点回波，回波必须具备恰当的幅度、相位和位置特性，才能对雷达的所有硬件和软件特性进行测试。

8.13　DRFM 的反应时间

在 8.9.2 节和 8.9.5 节中，我们讨论使用 DRFM 来生成 chirp 和 Barker 编码脉冲。在这两种情况下，DRFM 和其关联的 DSP 对接收到的第一个脉冲进行分析，复制第一个脉冲的参数并用于后续的转发脉冲。这其实就假定了接收到的所有雷达信号都是一样的。转发的脉冲和接收到的脉冲是相干的，并且根据干扰技术的需求在脉冲中加入了其他调制元素。例如，每个转发脉冲可能都进行了延迟和/或频移。

8.13.1　相同的脉冲

若接收到的雷达信号的所有脉冲是相同的，DRFM 及关联的处理器对收到的第一个脉冲进行分析，并通过恰当的调制产生干扰脉冲，从而对后续的每个脉冲进行干扰。这个过程的反应时间必须足够短，能够在脉间完成必要的处理。这个过程在几十微秒到几毫秒之间。

8.13.2　相同的 chirp 脉冲

如图 8.31 所示，对第一个脉冲的分析必须在脉冲间歇时间内完成。假设一个跟踪雷达的脉宽为 10μs，占空比为 10%。记住，脉冲间隔是指前后两个脉冲上升沿之间的时间间隔。

这意味着 DRFM 可用于分析的时间为 90μs。在这期间，DRFM 处理器从 DRFM 接收数字化的脉冲数据、确定脉冲调制参数、产生需要的干扰脉冲，并向 DRFM 返回调制后的信号（数字形式的信号），这些处理过程要在 90μs 内完成。

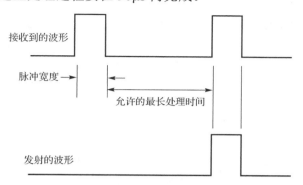

图 8.31　为了复制第一个接收到的脉冲并用于后续的脉冲，DRFM 和处理器必须在脉间内完成整个处理过程

对于 chirp 脉冲，接收到的第一个脉冲在 DRFM 中进行数字化，然后传送给处理器。如图 8.32 所示，必须测量出频率调制的斜率。注意，脉冲中的频率调制可以是线性的也可以是非线性的。整个脉宽被划分成很多个时间增量，并且对所有时间增量进行编码。通过确定接收到的脉冲在每个时间增量内的频率，再加上期望的多普勒频移，就得到了整个脉冲的数字化表示。数字化的信号然后返回至 DRFM，用于转发。这个数字化的信号采用阶梯步进的方式来描述脉冲的频率调制，并根据所使用的干扰技术的需要对频率和时间进行偏移。

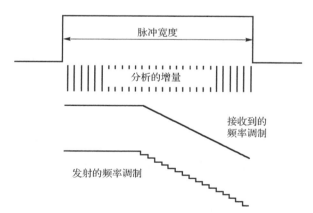

图 8.32　在脉间内，对接收到的 chirp 信号进行分析，从而确定每个分析增量的频率。生成的数字回波信号采用阶梯方式模拟频率调制。根据采用的干扰技术的需求，回波信号对频率和时间进行了补偿

8.13.3　相同的 Barker 码脉冲

当接收到的雷达信号中存在二元相移键控（BPSK）信号时，DRFM 对接收到的第一个脉冲进行数字化，然后由处理器确定：

- 编码的时钟速率（Barker 码或一些更长的最大长度代码）；
- 编码中 0 和 1 的顺序；

- 接收到的频率；
- 脉冲的到达时间。

然后处理器分别为 0 和 1 生成相应的数字信号。最终，如图 8.33 所示，处理器输出一个 BPSK 调制脉冲的数字化表示，用于对后续脉冲的干扰。生成信号的频率由接收到信号的频率和干扰技术所需的多普勒频移共同决定。对信号进行一定的延迟，使干扰脉冲相对于后续脉冲处于合适的时间，延迟需要考虑接收到信号的脉冲重复间隔（PRI）和所用的干扰技术要求的时间偏移，然后 DRFM 就可以在接收到第一个脉冲后对每个后续脉冲进行相干转发干扰。

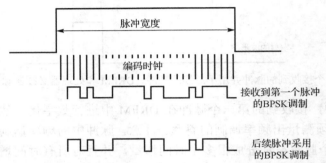

图 8.33　在接收到第一个 BPSK 调制脉冲后，处理器确定编码时钟和编码中 1 和 0 的排序。然后，使用 1 和 0 产生一个数字模型。最终，为每个后续脉冲生成一个具有正确编码的数字信号，输出至 DRFM 进行相干转发干扰，DRFM 会根据所用干扰技术的需要对时间和频率进行偏移

8.13.4　脉间变化的脉冲

更加有挑战性的需求是如何复制脉间变化的雷达信号。以脉间跳频雷达为例，这种雷达可以伪随机地选择多个频率。假设雷达能够察觉自身受到的干扰，并可以选择受干扰最少的频率作为工作频率。当雷达察觉到在某些频率上存在人为干扰或其他无意干扰时，将跳变至其他频率。这意味着如果一个干扰机不能对每个雷达脉冲进行测频，干扰机就必须覆盖整个频率跳变范围。由于功率分散，因此无法获得最大的 J/S。

干扰频率带宽的扩展导致 J/S 的下降，下降比例为雷达的接收机带宽与脉冲跳变频率范围的比值。例如，一个雷达工作在 6 GHz，接收机带宽为 3 MHz。雷达典型的跳频范围是其工作频率的 10%（也就是 600 MHz）。跳频范围和接收带宽的比值为：

$$600 \text{ MHz}/3 \text{ MHz} = 200$$

这将导致有效 J/S 下降 23dB。

DRFM 干扰机能够对接收到的每个脉冲进行频率测量。确定了每个接收脉冲的频率，干扰机就能够在正确的频率对脉冲进行干扰，从而避免有效 J/S 的损失。

由于每个脉冲的频率只有在被接收机收到以后才能确定，DRFM 和相关的处理器必须：

- 确定雷达的发射频率；
- 产生具有正确频率和时间的数字化脉冲（包括根据干扰技术的需求对频率和时间进行偏移）；

● 在正确的频率上进行相干转发干扰。

所有这些都是在雷达脉冲前沿的一小段时间内完成的，如图 8.34 所示。

干扰脉冲持续时间占雷达脉冲的比例决定了干扰脉冲能量的减小量（即相比原始的脉冲宽度，干扰机转发的雷达脉冲宽度缺少了处理响应的那段时间）。例如，如果脉冲宽度是 10μs，处理响应时间是 100 ns，干扰能量的有效比例是：

$$9.9μs/10 \ μs= 0.99$$

只减少了 0.04 dB。

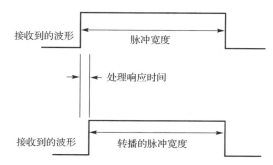

图 8.34　对于脉间变化的脉冲，转发脉冲的宽度相比雷达脉冲宽度缺少处理响应的那段时间

8.14　需要使用 DRFM 对抗措施的雷达技术

传统干扰机很难对抗以下几种雷达技术：

● 相参雷达；
● 前沿跟踪；
● 脉间跳频；
● 脉冲压缩；
● 距离变化率与多普勒频移相关；
● 目标 RCS 分析。

8.14.1　相参雷达

相参雷达的目标回波落在单个多普勒频率单元中，如图 8.35 所示。一个例子就是 PD 雷达，这种雷达在处理电路中使用了一组滤波器。对于非相参干扰机，即使工作在瞄频干扰模式，干扰能量也会分布在多个滤波器中。因此相参雷达能够检测到干扰并转入干扰源寻的模式。相参雷达通过相参脉冲处理增益还能降低有效 J/S。

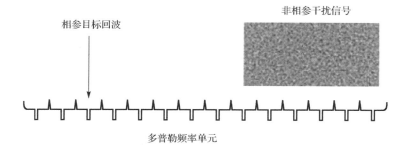

图 8.35　相参雷达的目标回波位于一个频率单元中，而非相参干扰信号占据了几个频率单元

由于 DRFM 干扰机能够产生相参干扰信号，PD 雷达对干扰信号也提供了相同的处理增益，且无法检测到干扰的存在。这一方面提升了 J/S，另一方面阻止了雷达进入干扰源寻的模式。

8.14.2 前沿跟踪

前沿跟踪可使距离门拖离干扰失效，因为干扰脉冲将逐渐落后于雷达的目标回波。雷达只使用脉冲的前沿对目标进行跟踪。由于干扰脉冲的前沿比表面回波的前沿要晚，雷达持续跟踪目标回波脉冲的前沿，从而忽略干扰脉冲，如图 8.36 所示。前沿跟踪还可以使雷达忽略掉干扰脉冲的地面反射波。因为几何关系决定了地面反射波的传输路径更长，所以到达的时间也更晚。

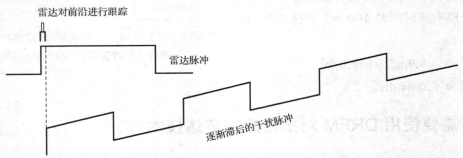

图 8.36 如果雷达使用前沿跟踪，DRFM 干扰机产生的干扰脉冲前沿与目标回波前沿相差不超过 50ns

因为现代 DRFM 的响应时间很短（大约 50ns），能够以足够快的速度产生干扰脉冲，从而可以捕获雷达的前沿跟踪器。这将使距离门拖离和地面反射干扰有效。

8.14.3 跳频

无论是脉组跳频(在相参处理间隔之间跳频)还是脉间跳频，都要求常规干扰机覆盖整个雷达的跳频范围（雷达在同一时间只使用一个频率，但干扰机不知道雷达使用的是哪个频率）。这降低了干扰机产生的 J/S。DRFM 干扰机能够在每个脉冲的前 50 ns 测出雷达的频率（见图 8.37），从而跟随跳变频率生成干扰信号，干扰信号能覆盖回波脉冲的绝大部分。

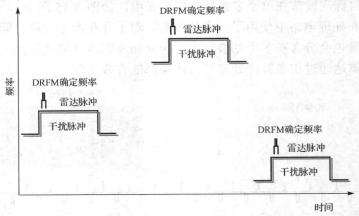

图 8.37 DRFM 的干扰机在前 50 ns 内确定跳频脉冲的频率，并将干扰脉冲匹配到该频率上

8.14.4 脉冲压缩

雷达采用脉冲压缩不仅能提升雷达的距离分辨率，还能降低干扰机产生的 J/S，两者的变

化系数都等于压缩比。这有一个前提就是干扰脉冲没有使用正确的脉冲压缩调制。脉冲压缩可以通过 chirp（也就是频率调制）来实现，也可以使用 Barker 码来实现。这两种情况下干扰机产生的 J/S 的减小比例都等于压缩因子。因此脉冲压缩能够将干扰效能降低几个数量级。

虽然可以用其他方式来产生线性 chirp 干扰脉冲，但 DRFM 干扰机能够测量雷达脉冲的频率调制（无论是线性还是非线性调制），然后可以产生频率调制特性与雷达目标回波脉冲非常相似的干扰脉冲。

DRFM 干扰机能够通过接收到的第一个 Barker 编码脉冲确定比特速率和准确的数字编码。然后就可以为所有后续的回波脉冲产生具备正确 Barker 编码的干扰脉冲，如图 8.38 所示。

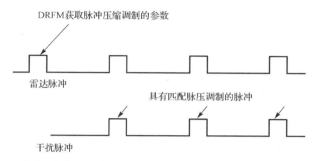

图 8.38　DRFM 干扰机通过第一个脉冲获取脉压调制参数，并产生匹配调制的后续脉冲

在这两种情况中，DRFM 都能够将对脉冲压缩雷达的有效 J/S 提升几个数量级。

8.14.5　距离变化率与多普勒频移相关

PD 雷达能够探测分离的目标，并能够记录每个目标的距离历程和多普勒频率历程。通过将目标的距离变化率与多普勒频移相关，雷达能够识别出假目标，从而保持对真实目标回波的跟踪，如图 8.39 所示。

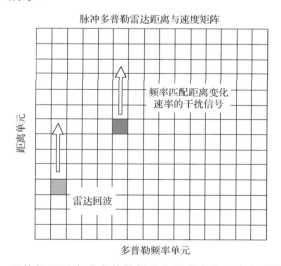

图 8.39　DRFM 干扰机可以生成多普勒频移和距离变化速率相匹配的假目标脉冲

DRFM 干扰机可以设置干扰脉冲的脉冲时序和频率，使干扰脉冲具有与真实目标回波一致的特性，进而使距离门拖离、距离门拖近和其他假目标干扰技术能够有效。

8.14.6　RCS 分析

当干扰机发射假目标脉冲时，雷达通过对 RCS 进行细致分析能够检测到回波的变化。根据这个变化，雷达能够剔除新引入的干扰信号，并重新捕获真实的目标回波信号。

由于最先进的 DRFM 干扰机能够产生具有多表面 RCS 样式的复杂脉冲，雷达很难对这些干扰机生成的假目标进行识别。

8.14.7　高占空比脉冲雷达

当用 DRFM 干扰机对抗一个具有很高占空比的雷达时，比如工作在高重频模式下的 PD 雷达，DRFM 能够在转发前一个脉冲前，完成对第二个脉冲的数据采集（见图 8.40）。这种流水线模式提供足够的时间来生成合适的干扰脉冲参数。高重频雷达通常工作在单一频率上，以增强对接收信号的快速傅里叶变换（FFT）处理能力。因此，每个脉冲都是相同的，所以能够采用流水线的方式。

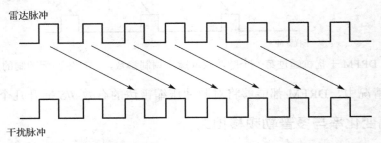

图 8.40　在流水线模式下，DRFM 可以使用大于一个脉冲间
隔的时间来完成处理过程，生成匹配的干扰脉冲

参考文献

[1]　Andrews, Oliver, and Smit, it, sModelling Techniques for Real Time RCS and Radar Target Generation,M

第9章 红外威胁与对抗

近年来，红外（IR）武器、传感器和对抗措施发展迅猛。本章将介绍一些与之相关的原理、技术及发展现状。

9.1 电磁频谱

电子战的目的是阻止敌人使用电磁频谱，同时保证己方部队对电磁频谱的有效使用。电子战涵盖了整个电磁频谱，从直流到可见光。很多电子战文献仅涉及了射频（RF）部分，本章将填补这一不足。

图 9.1 是电磁频谱的展开图，其中强调了可见光和红外部分。注意，水平刻度同时给出了频率和波长。频率和波长两者的关系由下式确定：

$$\lambda F = c$$

式中，λ 代表波长，单位为米（m）；F 代表频率，单位为赫兹（Hz）；c 代表光速（3×10^8 m/s）。

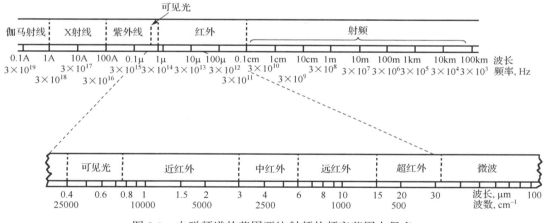

图 9.1 电磁频谱的范围要比射频的频率范围大得多

在射频部分，为方便起见大家通常使用频率。然而，可见光和红外部分的频率很高，使用起来不方便，因此谈论时通常使用波长。波长的单位用微米（μm）。电子战中主要使用的红外频谱涉及三部分：近红外（0.78～3 μm）、中红外（3～50 μm）和远红外（50～1000 μm）。

在相关文献中也有其他的波段划分方法，但本章内将使用上述划分方法。

通常，近红外信号与高温密切相关，产生中红外信号的温度要低些，而产生远红外信号的温度低很多（此时人类能够存活）。后续讨论黑体理论时将对此进行展开论述。

9.2　红外传播

9.2.1　传播损耗

在第 6 章中，我们讨论过射频信号的视距衰减，其中的计算公式源自光学。为便于射频应用，对公式的单位和假定条件进行了变换：[损耗= 32 + 20log(F) + 20 log(d)]。在红外频段，我们使用光学的原理。图 9.2 给出几何关系。发射机位于单位球体的中心，将发射孔径和接收孔径均投影到单位球体上。接收孔径和发射孔径投影在单位球面上的面积之比就是传输损耗因子。距离越远，接收孔径在单元球体上的投影就越小，对应的传输损耗越大。

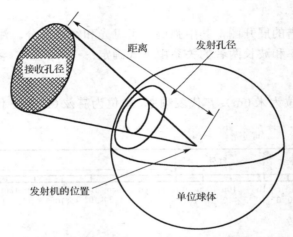

图 9.2　红外传播衰减与接收孔径和发射孔径在单位球上（发射机位于球心）的投影面积比有关

9.2.2　大气衰减

第 6 章中给出了射频频段在大气中每千米的衰减图表。射频的大气衰减随着频率的升高而增大，但受到大气气体成分的影响存在两个峰值：其中一个峰值是在 22 GHz 受到水蒸气的影响，另一个峰值是在 60 GHz 时受到氧气的影响。图 9.3 给出了红外频段的大气衰减。图中给出了红外信号波长对应的传输百分比（与大气衰减相反）。注意，由于大气气体成分的影响，在某些波长范围内大气衰减很大（也就是低传输率）。该图的意义在于给出了红外信号的传输窗（也就是高传输率的区域），红外信号可以在传输窗中传播。所有通过发射或接收红外信号来实现通信、探测、跟踪、制导或合成图像的系统，其工作带宽必须位于传输窗口中。如果发射或接收位于高损耗带宽内（例如 6～7 μm 之间），接收到的功率将会很小。

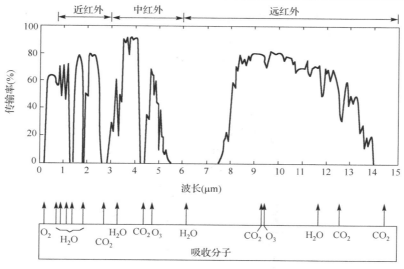

图 9.3　红外频段的大气传播存在传输窗口和高损耗区域

9.3　黑体理论

　　黑体是指不反射任何能量的物体。在实验室中，利用特定尺寸规格和特征的纯碳块来模拟黑体。黑体既是理想的吸收体也是理想的发射体，其辐射的能量与波长有关。图 9.4 给出了当黑体被加热到特定温度时，黑体辐射与波长的关系。温度使用绝对温度来表示。每条曲线表示黑体在某一温度下辐射电磁波对应的波长。注意，随着黑体温度的升高，曲线的峰值向左移动；此外，黑体温度升高，所有波长上辐射的能量均增加。

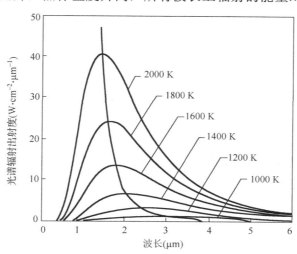

图 9.4　黑体辐射随波长而变化。随着温度升高，峰值左移。本图适用于高温

　　有趣的是，太阳就是一个黑体。太阳的表面温度为 5900 K，因此它的辐射峰值位于可见光的波长区间。

　　图 9.5 给出了更低温度下黑体辐射与波长的关系。从图 9.4 和图 9.5 可知，通过对红外

信号中各波长的能量分布进行测量和分析，就能够确定辐射体的温度。可以发现，这对于对抗红外制导武器非常重要。

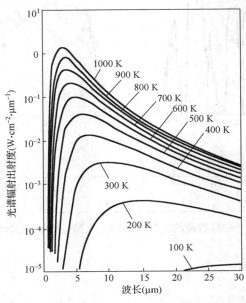

图 9.5   温度更低时，黑体辐射曲线的峰值随温度变化而持续移动

9.4   红外制导导弹

红外制导导弹是飞机的重要威胁，因为和天空相比高温的飞机十分明显，所以飞机很容易被红外制导导弹识别。红外制导导弹有空对空和地对空导弹，包括肩射单兵便携式防空系统（MANPADS）。据公开资料报道，高达 90%的战机损失是由红外制导导弹造成的。

红外制导导弹利用目标辐射的红外能量进行无源跟踪。正如 9.3 节所述，目标辐射能量的波长取决于自身的温度。目标的温度越高，红外辐射能量峰值处对应的波长越短。因此可以根据导弹作战目标的温度，选择对峰值波长响应最大的材料来制作导弹的传感器。

早期的红外导弹工作在近红外区域，这就要求目标的温度很高。传感器需要瞄准发动机的高温内部部件，这就限制了红外导弹只能从喷气式飞机的后部进行攻击。后来导弹所用的传感器可以跟踪温度更低的目标，例如发动机的尾焰或因空气摩擦而加热的机翼前沿。这样红外制导导弹就能够从任何方向发起攻击。

9.4.1   红外导弹的构成

图 9.6 是热寻的导弹框图。在导弹的前端，安装了对红外波长透明的透镜。透镜后端是红外导引头，制导和控制电路根据导引头提供的信号来确定目标的方位。制导控制组件通过导弹表面的转向装置（例如陀螺舵）来控制飞行方向。制导控制组件的后端是引信和弹头。由于红外导弹追踪目标并最终击中目标，因此在很多情况下可以使用触发引信。此外，导弹还包括了固态火箭发动机和起稳定作用的垂直尾翼。

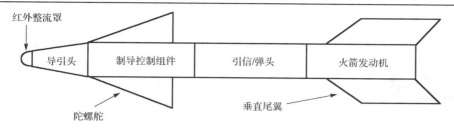

图 9.6　热寻的导弹通过内置的红外传感器进行制导

9.4.2　红外导引头

如图 9.7 所示，目标辐射的红外能量通过红外透镜被导引头接收，导引头使用多个反射镜将接收的能量聚焦到红外传感单元。经过滤波的红外信号穿过调制盘后到达红外传感单元，传感单元产生的电流强度与红外信号能量成正比。注意，导引头以光轴为方向，而光轴与导弹的推力轴相偏离。如图 9.8 所示，导弹采用比例制导以舒缓的角度来接近目标。如果导弹直接指向目标，导弹在接近撞击处需要进行高 G 值转向。

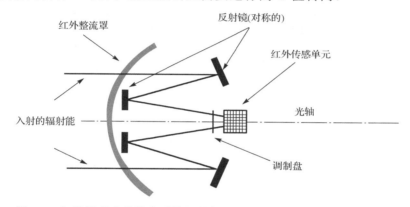

图 9.7　红外导引头将接收到的红外能量通过调制盘聚焦到传感单元上

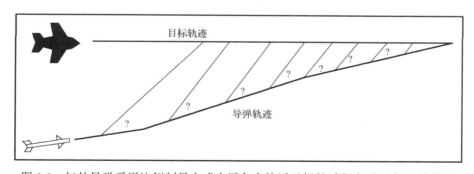

图 9.8　红外导弹采用比例制导方式来避免在接近目标的过程中需要高 G 值转向

9.4.3　调制盘

调制盘分为几种，不同的调制盘的特性不同。图 9.9 所示是早期红外导弹使用的旭日升型调制盘。这类调制盘一半表面的透射率是 50%，表面的另一半是相互交替的全透明和

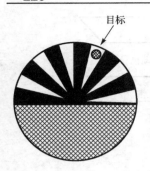

图 9.9 旋转的旭日升型调制盘的一半区域由透明和不透明楔形交替构成

不透明的楔形。使用这种调制盘时，传感单元接收到的目标红外能量与时间的典型图如图 9.10 所示。图形中方波部分的起始时间对应的是导引头指向目标的矢量从半透明区域进入调制盘的交替区域。传感单元根据能量随时间的变化样式生成具有相同样式的电流，并输出至制导和控制组件。随着目标所处方位的变化，波形中方波出现的时间会相应地改变。于是，制导和控制组件能够生成恰当的操控指令，使导引头的光轴不断接近目标。随着红外目标的方位逐渐靠近调制盘的中心，透明楔形逐渐变窄，进而导致接收到的红外能量开始减少（即有部分目标被不透明区域遮挡）。因此，信号随角度的变化如图 9.11 所示。这导致的一个问题是处于调制盘外围的目标信号产生的能量大于调制盘中心处的目标信号。因此当导弹的跟踪目标靠近调制盘的中心区域时，调制盘边缘处的曳光弹产生的信号更强，于是导弹很容易被曳光弹诱导。另一个问题就是传感单元在最后的瞄准点处接收到信号能量最小。9.5 节我们将介绍几种其他类型的调制盘。

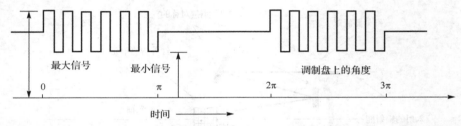

图 9.10 进入传感单元的红外能量受调制盘透明和不透明交替区域的影响，生成了占空比为 50% 的方波

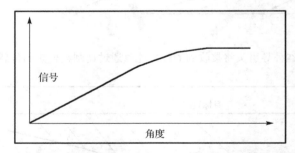

图 9.11 进入传感单元的信号幅度随着目标和导引头光轴间角度的变化而改变

9.4.4 红外传感器

早期的传感器由硫化铅（PbS）制作，其工作波长范围为 2～2.5 μm（处于近红外区域）。硫化铅传感器可以在不需要冷却的情况下工作，这样导弹就可以相对简化。之后导弹使用的硫化铅传感器被制冷到 77 K，传感器的灵敏度更好并且对目标温度的要求更低，但这些传感器仍需要从目标后方进行攻击。

后来能全方位进攻的红外导弹使用了由其他材料制作的传感器。其中硒化铅（PbSe）传感器的工作波长范围为 3～4 μm（处于近红外区域），碲镉汞（HgCdTe）传感器的工作波长接近 10 μm（处于远红外区域）。这些传感器需要被冷却至 77 K。从图 9.3 的大气透射系数图中可以看出，这些工作带宽都在传输窗口之内，因此目标的红外能量能被导弹的红外传感器有效接收。

9.5　其他类型的跟踪调制盘

9.4.3 节中给出了热寻的导弹的各个组成部分，并介绍了早期的跟踪调制盘。这里将介绍一些最新的跟踪调制盘。我们只选择了几种代表性调制盘进行介绍，未能包含所有类别的调制盘。在对每个调制盘的讨论中，谨记调制盘的作用是从跟踪方的视角来确定目标的角度位置，并指引导弹将跟踪器的光轴对准目标。

9.5.1　辐条轮调制盘

辐条轮调制盘并不旋转，而是按照圆锥扫描图形进行章动。此时，目标在跟踪窗口中的运动轨迹为圆形。如图 9.12 所示，当目标偏离轴线时，传感单元中的能量呈现为不均匀的脉冲。为了让目标位于跟踪器的中心，跟踪器的光轴必须向最窄脉冲的反方向移动。注意，当目标位于跟踪器的光轴上时，调制盘上透明和不透明部分将在传感器中产生始终如一的方波，如图 9.13 所示。当目标靠近跟踪器的光轴时，图 9.9 中的旭日升型调制盘将导致每个脉冲的能量不断变小，且当光轴正好指向目标时能量为 0。而辐条轮调制盘的优点是当目标位于中心时能够获得强的目标信号。

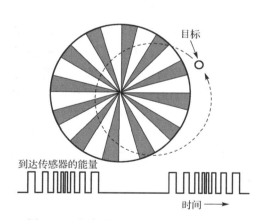

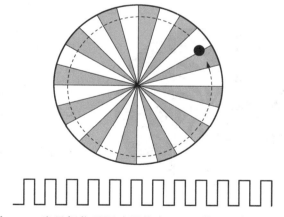

图 9.12　辐条轮调制盘不旋转，它偏离 　　　　图 9.13　当目标位于跟踪器的中心（即位于光轴上）时，
　　　　　　于光轴并按照圆锥方式移动 　　　　　　　　　　辐条轮调制盘使传感单元生成恒定的方波波形

9.5.2　多频调制盘

如图 9.14 所示的多频调制盘和旭日升型调制盘一样，有一半时间会在传感器中产生连续的能量脉冲。但目标通过调制盘透明/不透明区域时在传感器中产生的脉冲数目不同，脉冲数目取决于目标方位与跟踪器光轴之间的夹角。跟踪器只能对单个目标进行跟踪，图 9.14

中给出两个目标是为了说明能量图形间的差异。位于上方的目标相比下方的目标距离光轴更远。上方的目标产生的脉冲图形有 9 个脉冲，而下方目标产生的脉冲图形只有 6 个脉冲。跟踪器根据脉冲数目来确定跟踪夹角大小，产生正确的修正指引。和旭日升型跟踪器一样，导弹的调整方向取决于脉冲图形的起始时刻。

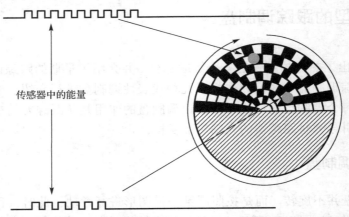

传感器中的能量

图 9.14　多频调制盘产生的能量图形其脉冲数目随着目标偏离光轴的角度而变化

9.5.3　弯曲辐条调制盘

图 9.15 所示的弯曲辐条调制盘具有弯曲的辐条和巨大的不透明区域。调制盘围绕跟踪器的光轴旋转。弯曲的辐条用来区分直线光波干扰。地平线存在明亮的光线，而且很多物体的反射以明亮直射的方式进入跟踪器，会对跟踪处理过程造成干扰。

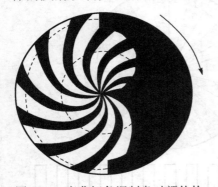

图 9.15　弯曲辐条调制盘对额外的直线输入（例如水平线）进行区分。它产生能量图形中的脉冲数目与目标偏离光轴的角度成比例

注意，目标经过的不透明区域形状是不同的，它是目标方位和光轴两者夹角的函数，对应了不同的辐条数目。如果目标靠近调制盘的外边缘，将生成 7 个能量脉冲，脉冲的总时长为旋转周期的一半。当目标向光轴中心移动时，能量脉冲的数目增加，同时脉冲的总时长在周期中的占比增加。当目标非常接近光轴时，能量脉冲的数目为 11 个，并且脉冲的总时长在调制盘旋转周期中的占比接近 100%。这样就能和多频调制盘一样按比例进行制导。

9.5.4　玫瑰型跟踪器

图 9.16 所示的玫瑰型跟踪器按照所示的图形移动传感器的焦点。这种移动通过两个反向旋转的光学器件来实现，并且玫瑰型图案能够拥有任意数目的花瓣。当传感器通过目标时，一个脉冲能量到达传感器。通过计算两个脉冲对应花瓣的交点就能得到目标位置。目标位置相对光轴的角度通过能量脉冲的到达时间来确定。

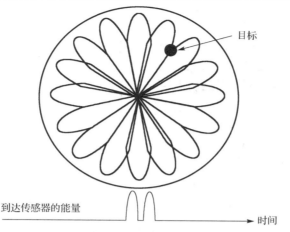

图 9.16 按照玫瑰型图案运动时能量到达传感器的时间来确定目标的角度位置

9.5.5 交叉线性阵列跟踪器

交叉线性阵列跟踪器包括四个线性传感器。阵列以圆锥扫描的方式章动。目标通过四个传感器中的任意一个都会产生一个能量脉冲。目标相对跟踪器光轴的位置由每个传感器中能量脉冲的时间来确定。

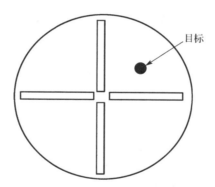

图 9.17 交叉线性阵列跟踪器包括四个线性传感器。阵列进行章动，每个传感器在经过目标所在位置时输出一个脉冲

9.5.6 成像跟踪器

成像跟踪器能够生成目标的光学图像。如图 9.18 所示，跟踪器使用两维阵列传感器，或者用单个传感器按照商用摄影机的光栅扫描方式进行移动。每个位置产生一个像素，处理器使用这些像素来表征目标的尺寸、形状以及目标位置相对于跟踪器光轴的夹角。

和所有光学设备一样，像素的数目决定了分辨率。总的来说，由于成像跟踪器的像素相对较少，搭载成像跟踪器的导弹需要在相对较近的距离处，才能获得足够的目标像素点来表征被跟踪的目标，因此成像跟踪器通常被认为属于末端制导装置。有文献表明，已经做到在最大探测距离处有 20 个左右的像素点能够接收到目标能量。稍后会对这部分展开详细论述。

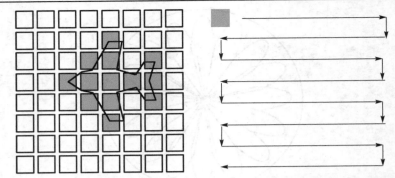

图 9.18　成像跟踪器使用两维阵列传感器，或者用单个传感器按照商用摄影机的光栅扫描方式进行移动。成像跟踪器能够生成目标的光学图像

　　在图 9.18 中，代表飞机的像素点显示为灰色。这些像素点生成的飞机图片虽然不是很逼真，但和诱饵有本质的不同。诱饵可能只占用了 1 个像素点，因此处理器能够舍弃诱饵而对目标飞机进行跟踪。

9.6　红外传感器

　　我们已经讨论了热寻的导弹，而且 9.5 节介绍了各种类型的调制盘。本节将对红外传感器进行更深入的探讨。红外传感器根据接收到的红外能量生成信号。每类传感器材料能对特定光谱范围做出响应，因此当目标温度与这一光谱范围对应时效率最高。

9.6.1　飞机的温度特征

　　图 9.19 给出了热寻的导弹能够瞄准的喷气式飞机各部分的大概温度范围。

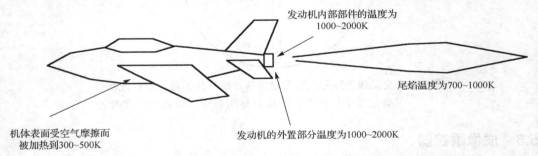

图 9.19　热寻的导弹能够对喷气式飞机高温的发动机内部零件、排气尾管、尾焰及因大气摩擦而发热的机体表面进行跟踪

　　发动机内部的压缩机叶片是最热的区域，外置的发动机尾气管温度相对低些。这两部分的温度处于 1000～2000 K 区域，这意味着对应的红外能量峰值位于 1～2.5 μm 的波长范围。发动机尾焰的温度范围为 700～1000 K，所以能量峰值位于 3～5 μm 的波长范围。飞机蒙皮受空气摩擦而发热，例如机翼前沿的温度可能达到为 300～500 K，这些区域的能量峰值位于 8～13 μm 的波长范围。第 9.3 节中论述了峰值温度与波长的关系。

9.7　大气窗口

第 9.2.2 节中提及的一个重要方面就是大气传播系数。图 9.20 给出了红外能量能够良好传播的四个主要窗口。近红外区域有两个窗口，波长位于 1.5～1.8 μm 和 2～2.5 μm。中红外区域在波长 3～5 μm 范围有两个窗口。远红外区域在波长 8～13 μm 范围为一个大的窗口。

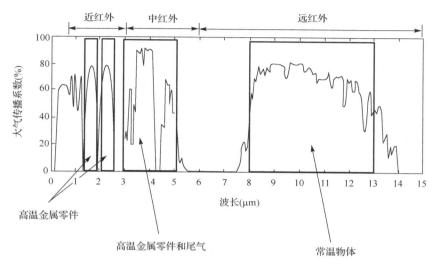

图 9.20　红外波长的大气传播按照波长范围分为传播窗口和高损耗区域

排气尾管及发动机内部零件等高温目标能用近红外区域进行跟踪，尾焰使用中红外区域进行跟踪，发热的机体目标能够被远红外区域跟踪。总之，热寻的导弹会对较热的目标进行跟踪。

9.8　传感器材料

表 9.1 给出了几种重要传感器材料的峰值响应波长及其典型应用。

表 9.1　传感器的材料特性

化学符号	材料	峰值响应波长（μm）		典型应用
		300K 时	77K 时	
PbS	硫化铅	2.4	3.1	常温下对热目标进行跟踪
PbSe	硒化铅	4.5	5	跟踪飞机尾焰
HgCdTe	碲镉汞		10	必须冷却至 77K。应用于导弹跟踪器和焦平面阵列。在中、长波长窗口均能工作
InSb	锑化铟	3.5	3	跟踪飞机尾焰

除硫化铅外所有的传感器材料通过降温至 77 K（77 K 是氮在一个大气压下的沸点）来提升灵敏度和信噪比，还能有效辨别来自太阳的能量。最早的热寻的导弹使用硫化铅材料来跟踪飞机发动机的内部零件，这些部件是飞机上温度最高的部分。为实现有效跟踪，导

弹需要从飞机的尾部接近飞机, 以获得对跟踪点的良好视角。早期的传感器虽然不需要冷却, 但灵敏度有限。

使用冷却的硒化铅或锑化铟传感器能够对飞机的尾焰进行跟踪。由于从飞机的前端或侧面也能看到飞机尾焰, 所以导弹能够从任何角度进行跟踪, 成为全方位热寻的导弹。

使用碲镉汞传感器的导弹能够跟踪因空气阻力而被加热的机体表面, 从而实现全方位跟踪。这种材料也能够用来制作焦平面阵列, 实现后面将讨论的图像跟踪。

9.9　单色与双色传感器

热寻的导弹面临的一个难题是如何将目标与曳光弹、太阳以及其他高温干扰物进行区分。通常的干扰物比目标飞机被跟踪部分的温度高很多。镁曳光弹的温度是 2000～2400 K, 太阳的温度是 5900 K。因此干扰物发射的能量比目标要高很多。注意, 图 9.21 的黑体辐射曲线 (在第 9.3 节中进行了阐述) 表明, 温度升高则所有波长下的辐射能量增强。因此, 高温镁曳光弹将捕获导弹的跟踪器, 从而诱使导弹偏离目标。

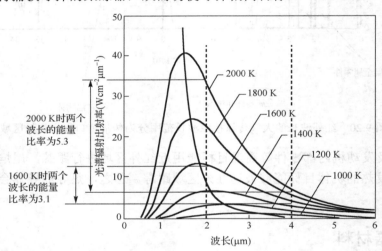

图 9.21　物体的黑体辐射随波长而变化。随着温度的升高, 能量峰值向左移动。使用两
个波长来观察不同温度的目标, 两个波长的能量比率随温度改变而变化巨大

然而, 如果导弹使用两个波长对目标进行探测, 导弹就能计算得出被跟踪目标的温度。导弹就能对具有设定温度的目标进行跟踪, 或者至少能够无视那些比真实目标温度高很多的虚假目标。图 9.21 给出在两个波长下 (2 μm 和 4 μm) 对两个发热目标进行比较处理, 干扰目标的温度为 2000 K、真实目标的温度为 1600 K。注意, 选用的温度和波长并不代表某友方或敌方传感器的真实数值。温度为 2000 K 的曳光弹在 2 μm 波长处发出的能量为 4 μm 波长能量的 5.3 倍。而温度为 1600 K 的真实目标在 2 μm 波长处发出的能量仅为 4 μm 波长能量的 3.1 倍。如果导弹处理器能够只处理在适当能量比率范围内的跟踪波形, 导弹将无视与目标温度不相符的曳光弹而只跟踪具有正确温度的目标。

所选的两个波长必须都位于大气窗内, 并且这两个波长在曳光弹和目标飞机被跟踪部分两者间存在明显的比例差异。

9.10　曳光弹

保护飞机对抗热寻的导弹的一个重要方法是使用曳光弹。曳光弹按其作用分为三种，这三种作用（或战术目的）分别是引诱、迷惑及冲淡。

9.10.1　引诱

引诱就是在热寻的导弹跟踪器可见的物理区域和波长范围内部署曳光弹。曳光弹必须能够（在导弹跟踪器内）提供比导弹正在跟踪的目标更强的信号。除非导弹跟踪器采用的防护措施能够无视曳光弹，否则导弹会将注意力从目标转移至曳光弹。于是导弹跟踪器将引导导弹飞向曳光弹而不是目标。随着曳光弹远离目标飞机，导弹将如图 9.22 所示跟随曳光弹。

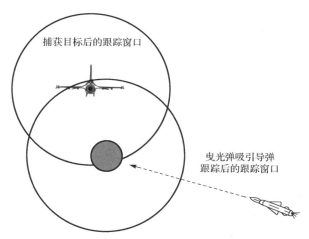

图 9.22　引诱模式的曳光弹捕获威胁导弹的跟踪器，并引导导弹远离目标飞机

9.10.2　迷惑

迷惑模式下，曳光弹在热寻的导弹开始对目标飞机进行跟踪前就已经部署，曳光弹的位置要保证导弹跟踪器首先看到曳光弹而不是飞机。此时，曳光弹不需要产生比目标更大的信号，但曳光弹需要离导弹足够近让导弹跟踪器认为曳光弹是一个有效的目标。如果迷惑成功，导弹将跟踪曳光弹，并且实际上根本不会发现真实目标，如图 9.23 所示。注意，舰船也用这项技术来对抗热寻的反舰导弹；需要使用多个曳光弹（或热诱饵）来增大在导弹看到目标舰船前捕获导弹跟踪器的概率。

9.10.3　冲淡

冲淡战术用来对抗具有成像功能或者具有边跟踪边扫描能力的导弹威胁。这些导弹跟踪器能够处理多个潜在目标。如图 9.24 所示，冲淡防御战术的目的是让敌方在很多个可信目标中进行选择。曳光弹（或热诱饵）必须足够逼真，以免被导弹的跟踪器识别出来。

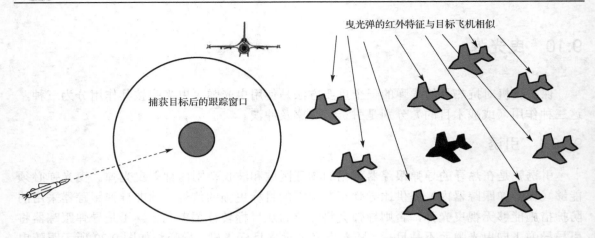

图 9.23　在迷惑模式下，曳光弹在导弹截
获目标飞机前捕获导弹的跟踪器

图 9.24　冲淡模式下，导弹需要在很多假
目标中选择真实目标进行攻击

　　当然，这种方法的难度取决于进攻导弹的先进性。注意，这种方法相比于引诱或迷惑要差些，因为导弹有可能恰好选择了真实目标而非其中的任一诱饵。当为保护单个目标使用 n 个诱饵来对抗单个导弹时，冲淡场景中的生存概率为 $n/(n+1)$。

9.10.4　时机问题

　　虽然讨论基于引诱技术，但在限定条件下也适用于其他技术。

　　曳光弹必须在图 9.25 所示的进攻导弹跟踪区域内，达到有效的能量等级。曳光弹的速度衰减取决于曳光弹自身的设计以及飞机的速度，速度衰减可能达到 300 m/s^2。在部署曳光弹时，导弹视野范围的直径通常小于 200 m。这就要求在大约半秒钟的时间内，曳光弹的能量必须足够大，确保导弹将跟踪对象从目标转为曳光弹。注意，这种能量等级必须是在该时间段内、在威胁导弹能够跟踪的所有波长上实现。

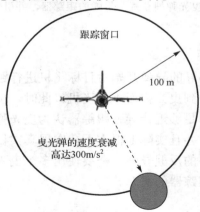

图 9.25　曳光弹的速度衰减可达到 300 m/s^2，而导弹在捕获目标时其跟踪窗口的直径只有约 200 m。
所以曳光弹必须在大约半秒钟的时间内达到足够的能量等级，从而成功引诱导弹远离目标

　　图 9.26 给出目标飞机从 3 千米高空发射曳光弹的分离场景。从图中可以看出，两者在水平和垂直方向的分离距离是飞机速度的函数。

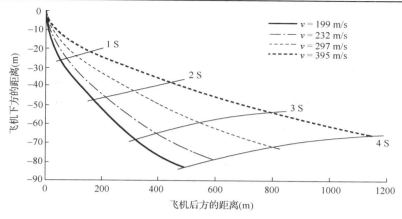

图 9.26 飞机投放曳光弹后，飞机的速度和高度影响了两者在垂直和水平方向上的分离距离

　　诱饵必须持续地提供充足的能量来压制导弹跟踪器中接收的目标能量，直至目标不在导弹的跟踪区域内，这样导弹将不会再次截获目标。最可取的方法是曳光弹一直提供这种程度的防护，直至导弹已经越过目标或者无法通过机动来命中目标。

9.10.5 频谱和温度问题

　　为实现高效，曳光弹需要在导弹传感器使用的波长上进行辐射。参照第 9.1 节、第 9.9 节中讨论的黑体辐射和大气传输，导弹跟踪器一定工作在某个大气传输窗口，但大气传输窗口涵盖了大量的频谱。为了提供防护，曳光弹必须在导弹跟踪器使用的波长范围内提供足够的能量。

　　通常根据黑体辐射能量的特性，确定曳光弹辐射使用的燃料和黏合剂。因此，温度决定了能量的频谱分布情况。然而，在任何波长上，黑体辐射的能量随着温度的升高而增大。为了让小体积的曳光弹能够产生足够捕获导弹跟踪器的能量，曳光弹需要使用燃烧时能产生非常高温度的材料（比如使用增强燃烧的镁粉）。如果曳光弹的温度比目标的温度高很多，曳光弹将在导弹跟踪器中产生很强的信号从而捕获导弹跟踪器。正如第 9.9 节所述，双色传感器能够确定曳光弹的温度。导弹跟踪器可以使用该技术来区分曳光弹。

　　曳光弹是对抗热寻的导弹十分有效的手段，因为曳光弹与目标相比能投送更多的能量进入导弹跟踪器。因此，曳光弹捕获导弹跟踪器并引导导弹远离目标。然而，导弹跟踪器可以使用多种技术手段来区分曳光弹和目标。如果成功了，导弹跟踪器可以无视曳光弹并持续跟踪预定的目标。

9.10.6 温度感应跟踪器

　　之前已经讨论过双色传感器，它能够确定目标及曳光弹的真实温度。跟踪器能只对具有正确温度的目标进行跟踪。正如第 9.10.9 节所介绍，双色传感器对两个不同的波长进行感应。如果两个波长的能量具有正确的比率，跟踪器判定正在跟踪的目标是真实目标。如果曳光弹工作在更高温度，跟踪器将舍弃曳光弹，这样曳光弹就无法引导导弹远离真实目标。

　　曳光弹想要有效对抗双色传感器，就必须生成正确的能量比率。为满足这一点，曳光弹需要在适当的温度或更高的温度上辐射能量，但要在导弹传感器感应的两个波长上具有正确的能量比率。

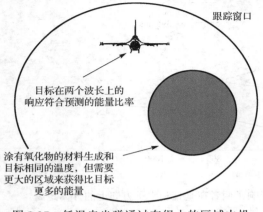

图 9.27　低温曳光弹通过在很大的区域内投放易燃材料，以在导弹传感器中生成高能量，引诱跟踪器远离目标

如图 9.27 所示，低温曳光弹可以在合适的温度上辐射能量，但此时曳光弹需要通过覆盖更大的空域来产生比导弹跟踪目标更高的能量。这可以通过喷射由涂有快速氧化化学成分的小片材料构成的云团来实现，这种材料在恰当的温度下自燃。点燃一团易燃的蒸汽也能产生同样的效果。低温曳光弹的优势是不易被察觉，并且在撞击地面的森林或城市后不会引发火灾。

另一种途径就是用两种不同的化学物质来制造曳光弹，曳光弹的燃烧温度虽然比目标的温度更高，但能在导弹传感器感应的两个波长上产生正确的能量比率。正确的能量比率使得跟踪器认为曳光弹是一个真实目标，同时比真实目标更高的温度将吸引跟踪器，从而引诱导弹远离既定目标。这种曳光弹被称为双色曳光弹，如图 9.28 所示。

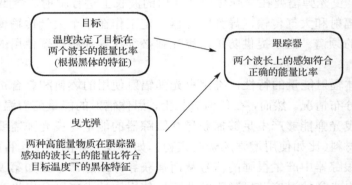

图 9.28　双色曳光弹工作时具有与目标匹配的正确能量比率

9.10.7　时间相关的防御手段

正如第 9.10.4 节所讨论的，曳光弹按照 300 m/s² 进行减速而导弹截获目标的跟踪窗口只有约 200 m 宽。曳光弹必须在约半秒钟的时间内达到最大能量。这就要求曳光弹选用的化学材料必须能够在非常短的时间内释放能量。这比喷气飞机发动机燃烧室的能量提升速率高很多。因此在给定时间间隔中，如果跟踪窗口中目标的能量提升速率超过某特定门限，跟踪器将停止跟踪。然后当跟踪器中的能量回落至之前的水平（曳光弹离开跟踪窗口），跟踪器可以再次开始跟踪（见图 9.29）。使用主动曳光弹能够克服此类曳光弹对抗措施，主动曳光弹是对导弹的攻击进行预测而不是对已发现的导弹做出反应。

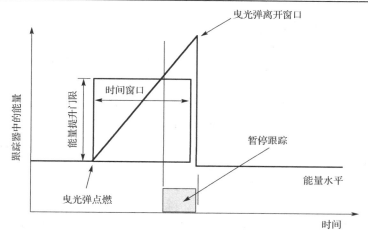

图 9.29　当曳光弹造成跟踪器中的能量在某设定时间间隔中的提升速度超过设定值，跟踪器停止跟踪直至曳光弹离开跟踪窗口

9.10.8　位置相关的防御手段

如果导弹从飞机的横向进行攻击，曳光弹的角变化率将比目标飞机大很多。导弹跟踪器能够通过方位角的变化率，察觉到曳光弹的存在并停止跟踪直至曳光弹离开跟踪窗口。注意，当导弹从飞机前向或后向进行攻击时，角度间隔将会非常小，此时这种防御手段的效果要差很多。

图 9.30 表明曳光弹的速度降低与发射平台相关，因此导弹横向攻击时导弹跟踪器将看到两个目标。这种情况下，如果跟踪器关注靠前的目标，曳光弹将被忽略。

如图 9.31 所示，曳光弹发射后将位于发射飞机的下方。跟踪器可以在跟踪窗口的下部放置滤波器，如果导弹是横向跟踪可以在第四象限放置滤波器。这样能降低跟踪器接收到的曳光弹能量，从而使跟踪器跟踪预定目标。

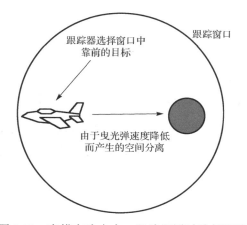

图 9.30　在横向攻击中，跟踪器通过选择跟踪窗口中靠前的目标从而忽略曳光弹

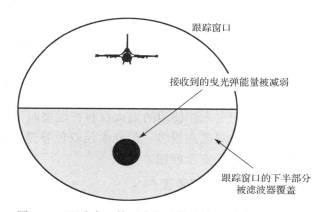

图 9.31　跟踪窗口的下半部分被滤波器覆盖，跟踪器接收到的曳光弹能量被减弱，从而锁定预定目标

注意，如果曳光弹被向前或向上推进，这种基于位置的防御手段将会失效。

9.10.9　曳光弹的操作安全问题

红外曳光弹产生极大的能量，并且在非常短的时间内释放热量。因此，在曳光弹的应用中必须认真地考虑安全问题。在本节中，我们将讨论用于帮助飞机对抗热寻的导弹的各种曳光弹，以及与其相关的安全问题。此外还将介绍部分必要的测试及安全装置。

曳光弹安装于飞机的炮管中。曳光弹放置在由铝和支撑纤维制作的弹药仓中，并从弹药仓中发射。美国海军使用的圆形曳光弹有统一的尺寸（直径为 36 mm、长度为 148 mm）。美国空军和美国陆军使用的曳光弹尺寸规格为 1×1 英寸或 1×2 英寸，长度为 8 英寸。此外美国空军还使用北约尺寸标准的曳光弹，尺寸为 2×2×8 英寸。更大的曳光弹能产生更多的能量，从而克服更大飞机发动机的红外截面。除此之外，其他国家和飞机还使用很多其他尺寸和形状的曳光弹。所有的曳光弹都从飞机发射，并生成热目标来吸引热寻的导弹远离被保护的目标。曳光弹的原料可以是烟火剂或者自燃剂。

9.10.9.1　烟火剂曳光弹

烟火剂曳光弹通过电控喷射指令从飞机发射。烟火剂曳光弹的示意图见图 9.32。曳光弹的填充物是需要点燃的烟火弹丸，弹丸可以由发射曳光弹的指令点燃，或者由发射指令引发的次级指令点燃。早期曳光弹的弹丸是镁-聚四氟乙烯（MT）加上其他粘结材料，粘结材料能提供物理上的整体性并增强性能。镁-聚四氟乙烯曳光弹燃烧时的温度很高。虽然这种曳光弹仍在使用，但正如之前讨论的，现在还有一类曳光弹，能够对抗不对燃烧的镁做出反应的双色传感器，这类曳光弹被称为频谱匹配曳光弹。

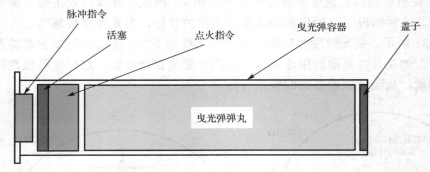

图 9.32　烟火剂曳光弹的填充物需要被点燃。填充物可以是镁-聚四氟乙烯或者其他形式的混合物。有些曳光弹的发射指令直接点燃填充物，而有些通过发射指令引发次级指令然后再点燃填充物

频谱匹配曳光弹使用的烟火材料在燃烧时能够在低、中红外波段生成更正确的能量比，尽管实际燃烧温度高很多，但能满足双色导弹导引头设定的标准。总之，最新开发的各类曳光弹都考虑了安全问题。

9.10.9.2　自燃诱饵装置

自燃诱饵装置有时也被称为冷曳光弹，其实称其为曳光弹并不准确，因为它们并不燃烧。实际上它们是因为氧化速度非常快，从而产生肉眼不可见的红外辐射，从而使导弹传感器将其认作目标。图 9.33 给出了自燃诱饵装置的示意图。

图 9.33　自燃诱饵装载了大量金属薄片，薄片投放后迅速氧化，形成热寻的导弹的热目标

早期，有些自燃诱饵装置使用液体材料，但后来发现液体十分危险并且使用困难，因此目前普遍使用自燃金属薄片填充物。此类曳光弹的基本方法是制作具有良好透气表面的薄金属片，保证当金属片接触空气后能够非常迅速地氧化。这些薄金属片并不燃烧，它们闷烧并产生晦暗的红色光亮。因此，无论白天还是夜晚在作战距离上此类曳光弹是不可见的，只有将填充物喷出的瞬间会产生闪光。圆形或方形的诱饵弹体内填满了薄金属片，弹体发射后薄片扩散产生很大的截面积，从而对导弹导引头生成显著的目标。如果诱饵工作在正确的温度，其能量与波长的特性将满足图 9.4 的黑体辐射特性。自燃诱饵有时候也被称作黑体曳光弹；然而，因为薄片并不具有和真实黑体一样理想的发射率，其实更准确的叫法为灰体曳光弹。

自燃诱饵同烟火剂曳光弹一样，能够在半秒钟内完成温度的提升。

9.10.9.3　安全问题

除了要防止弹体碰撞导致走火外，曳光弹还有抗电磁辐射功率的标准。这是因为点燃发射命令的引爆管可能会被雷达信号激活；射频能量不会激活点燃命令，但射频能量可能耦合进引爆管的电桥标准导线。对于空军装备来说这并不存在问题，但对航空母舰而言情况要严重很多，因为航空母舰的高功率雷达与准备起飞的飞机距离非常近。已经有事故报告称（在航空母舰上）因为雷达能量导致曳光弹发射。这类危险被称为 HERO（对军械的电磁辐射危险）。尚未有曳光弹在空中被雷达能量点燃的报告。

根据最低的安全要求，大部分的引爆管需要能够承受 1 安培的非功能电流。因为其电阻为 1 欧姆，1 瓦特产生 1 安培。不走火的标准通常是 1 安培，全力开火通常是 4~5 安培。此外存在"HERO 防护"引爆管，此类引爆管使用低通滤波器来降低从射频源（例如雷达）接收的能量，目前这种引爆管还没有得到普遍应用。

9.10.9.4　密闭功能测试

由于担心无意发射或者投放失败的情况，所以需要对曳光弹进行密闭的功能测试。在此类测试中，封闭发射管，发射曳光弹并使其完全燃烧。不同机构的合格标准可能差异很大，但基本准则是不会对曳光弹发射器之外造成损害。

9.10.9.5　弹膛安全

烟火剂曳光弹可以使用称为滑片的弹膛安全装置（如图 9.34）。这种装置的作用是在曳光弹离开弹仓之前阻止点火。这种装置并没有广泛使用，因为通常曳光弹在弹仓之内时已经被点火。燃烧产生的气体会被马上排出，几乎不会对曳光弹发射管或飞机造成损害。

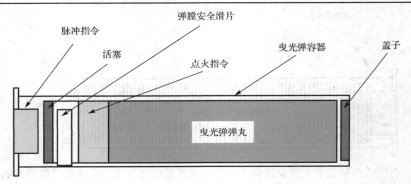

图 9.34　烟火剂曳光弹使用弹膛安全装置在曳光弹完全脱离发射管前阻止曳光弹点火

9.10.10　曳光弹组合

曳光弹通常是两种或三种组合使用，以提升对导弹的对抗效率。图 9.35 给出了典型的曳光弹组合。通过设定曳光弹的部署种类及部署顺序来对预期威胁实现最优响应。

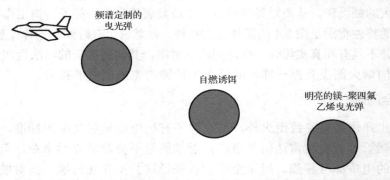

图 9.35　飞机通过发射多种类型的曳光弹，生成能应对各种红外导弹跟踪器的最佳防护

9.11　成像跟踪器

商用焦平面阵列的发展为导弹红外成像跟踪器带来了巨大的帮助，当前红外成像跟踪器在作战中越发重要。成像跟踪器对看起来像飞机的目标进行追踪。因此成像跟踪器能够排除红外诱饵。

之前已经讨论过，红外诱饵通过生成更大的热剖面从而捕获导弹的跟踪器，并介绍了容易受到此种诱饵干扰的导弹跟踪器的类型。现在我们来讨论一种新型的导弹跟踪器，它能根据导弹跟踪器探测到的能量图来对诱饵进行辨别。早期的成像跟踪器使用线性扫描阵列来获得跟踪器视野内的场景。这种跟踪器体积和重量都很大（大约有 40 磅重）。随着焦平面阵列（FPA）的发展，目前跟踪器中 256×256 像素的凝视阵列只有大约 8 磅重（其中包括了保证系统能够长时间工作的循环冷却装置）。

目标飞机涵盖的像素数目是距离的函数，如图 9.36 所示。在典型的 10 千米截获距离处，目标是 1 或 2 个像素点；在 5 千米处目标涵盖了 4×4 像素点；在 1 千米处目标涵盖 20×20 像素点；在 500 米处目标涵盖 80×80 像素点。

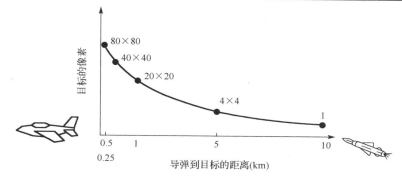

图 9.36 随着导弹逐渐接近目标，图像的分辨率显著提升

成像跟踪器工作在 3 μm 的大气窗口，这是飞机尾焰的特征峰值所处的位置。焦平面阵列使用冷却到 77 K 的锑化铟（InSb）传感器。

9.11.1 成像跟踪器的交战

如图 9.37 所示，交战分为三个阶段：目标截获、中段和末段。每个阶段面临的挑战各不相同。

图 9.37 成像跟踪器的交战分为三个截然不同的阶段，目标截获、中段和末段

9.11.2 目标截获

在目标截获阶段，目标类似于灰色背景下的白色斑点。目标截获阶段的主要挑战是信噪比。大气阻力造成跟踪器发热是主要的热噪声源，因此很多研发工作聚焦于整流罩材料。整流罩材料需要在物理上足够坚韧，能够承受雨滴的碰撞，并且在感兴趣的光谱范围内具有良好的透光能力。目前最流行的材料是人造蓝宝石，人造蓝宝石被切割成扁平的透镜，其安装位置与飞行路线成一定的角度，如图 9.38 所示。

9.11.3 中段

在交战的中段，紫外、红外以及某些情况下的导弹告警系统（MWS）发现来袭导弹并启动对抗措施。中段的最大挑战就是战胜这些对抗措施。这些措施可以是引诱导弹远离目标飞机的诱饵，或者是阻碍导弹跟踪器正常工作的

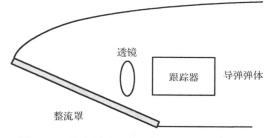

图 9.38 整流罩是用某种材质制作的平板，其与导弹弹体呈现一定的角度从而使气动阻力和发热最小，增强信噪比。透镜安装在整流罩后端的万向节上，从而获得宽广的视角

干扰。为了继续跟踪目标，跟踪器必须能够识别诱饵并将其排除。正如之前所述，诱饵通过在跟踪窗口区域内以及跟踪波长上生成比目标飞机更大的能量，从而获得跟踪器的注意。先进的诱饵技术能够战胜双色跟踪器，克服跟踪器利用角度或提升时间来鉴别诱饵的能力。然而，成像跟踪器对诱饵技术提出了全新的挑战，因为成像跟踪器通过物理尺寸和形状来对诱饵和既定目标进行辨别。

当成像跟踪器正对目标进行跟踪时，这时目标部署了一枚诱饵，跟踪器通过先进的软件实现对比跟踪。在实施中，跟踪器判断新的能量源是否具有与之前的被跟踪目标相同的形状。如果没有，新的能量源被舍弃，导弹持续对之前的能量源进行跟踪。

在中段中，跟踪焦平面阵列中采用 7×7 或 9×9 个像素点来显示目标飞机。图 9.39 给出了 7×7 像素阵列对目标飞机、发热的曳光弹和灰体诱饵的显示结果。注意，接收到目标能量的像素点生成了表征目标的复杂图形。发热的曳光弹物理尺寸很小，因此很多能量集中在一个像素点上。灰体诱饵将大量能量均分到多个像素点上，这种诱饵使用分布在巨大体积内的能够迅速氧化的箔条。然而，灰体诱饵与目标的空间能量分布不同。关键是灰体诱饵的形状和之前存储的飞机图像不同。此外，跟踪器能够根据前后能量分布的关联性对诱饵进行排除。

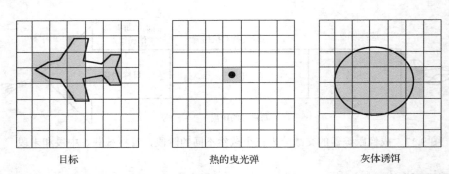

　　　　　目标　　　　　　　　　　　　　热的曳光弹　　　　　　　　　　　　灰体诱饵

图 9.39　目标、曳光弹和灰体诱饵在焦平面阵列像素中的能量分布，这种分布为关联跟踪提供支持

激光干扰机是成像跟踪器面临的一个巨大挑战，因为激光干扰机能够将巨大的能量注入到焦平面阵列。激光干扰机通过使阵面饱和甚至破坏阵列，阻止跟踪器对目标的跟踪。有意思的是，过去的四五十年中，红外导弹与各种诱饵不断对抗，然而激光干扰机在最近 10 年才开始被应用。当前正寻求重大的硬件和软件发明来提升跟踪器在红外对抗中的性能。

9.11.4　末段

在末段阶段，导弹跟踪器接收到大量的能量，并使用很多像素点来表征目标。这个阶段的挑战（飞行的最后一秒钟）是选择撞击目标的最佳角度，从而获得最大的杀伤力。如图 9.40 所示，高杀伤力瞄准点包括飞机的驾驶舱、发动机或油箱。如果将焦平面阵列中单元传感器的能量等级按照 10 个比特进行量化，焦平面阵列的动态范围为 30 dB 左右，足够选择驾驶舱及其他重要的薄弱点来进行撞击。

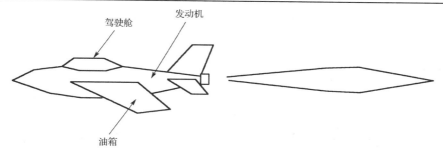

图 9.40　在末段阶段，弹道跟踪器能够瞄准目标飞机最脆弱的部分，例如驾驶舱、发动机或油箱

9.12　红外干扰机

经常处于红外制导导弹攻击范围的平台可能需要大量的曳光弹来提供足够的防护。此时，使用红外干扰机成为最佳方案。

如图 9.41 所示，红外导弹对目标飞机某部分的红外能量进行跟踪。目标飞机上的干扰机向来袭导弹发射调制的红外能量。导弹对接收到的红外能量进行处理，从而确定跟踪目标需要调整的方向。图 9.42 给出了导弹跟踪器的组成。红外能量通过透镜和调制盘到达传感单元，传感单元产生视频信号并传输给处理器，处理器根据视频信号产生制导指令。

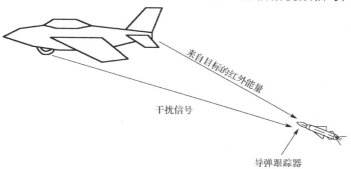

图 9.41　红外干扰机通过向导弹跟踪器发射调制的红外能量，
造成导弹无法识别有效目标或者引导导弹偏离目标

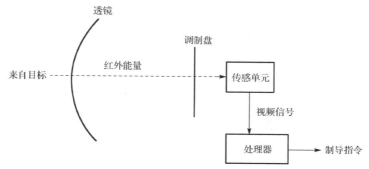

图 9.42　导弹中的跟踪器让目标发出的红外能量通过调制盘到达传感单元，传感
单元产生视频信号并传输给处理器，处理器根据视频信号产生制导指令

红外干扰机产生调制的红外辐射，并向来袭导弹方向发射，使调制的能量进入导弹的

传感单元。这些能量造成处理器输出不正确的跟踪信息，从而解除对目标的锁定或者操控导弹远离既定目标。

9.12.1　热砖干扰机

最初的红外干扰机使用加热后能产生大量红外能量的硅/碳块。如图 9.43 所示，这些硅/碳块放置在圆柱形的罩子内，圆柱的垂直表面装有透镜。每个透镜使用一个机械快门，通过快门的开关产生类似于导弹跟踪器中调制盘生成的能量波形。这样，导弹跟踪器中的处理器会认为干扰信号是一个有效的红外目标。这种类型的干扰机，有时被称为热砖干扰机，其输出的干扰信号覆盖了很宽的角度区域，因此它不需要来袭导弹的准确位置信息，并且能够同时对多个来袭导弹进行干扰。

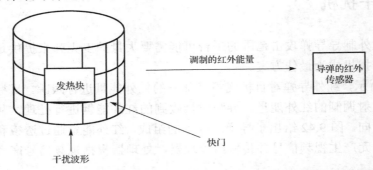

图 9.43　早期红外干扰机发热块安放在外罩内，外罩四周 360° 安装有机械快门。干扰机产生类似脉冲的爆发性红外能量，能量穿过调制盘后到达导弹跟踪器的传感器

9.12.2　对跟踪器的干扰效果

图 9.44 给出了之前讨论的几种类型的调制盘以及与之对应的输出至传感单元的能量图。处理器根据传感单元产生的视频脉冲的时间或宽度，来确定为跟踪目标飞机导弹需要调整的方向。对于有些导弹，每次脉冲的幅度或数目决定了跟踪器光轴偏离目标方向的角度大小。

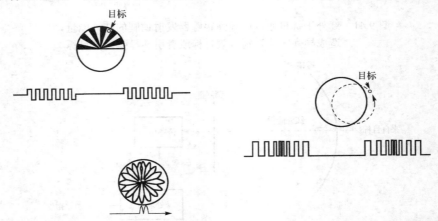

图 9.44　每种类型的调制盘接收到红外能量后，在跟踪器的传感单元上产生不同的调制波形

图 9.45 给出了某类导弹根据目标的红外能量（在通过调制盘后）生成的视频信号，同时给出了一个干扰信号。两个红外能量图都进入了传感单元，在处理器中这两个图结合产

生一个复杂的视频信号。请留意结合后的图案是如何阻止处理器准确确定脉冲的数目、脉冲的时间或者视频脉冲的幅度。同时注意，干扰机产生的视频信号比目标产生的视频信号幅度上大很多。和信噪比相类似，此时关注的是接收到的干扰能量与目标信号能量的比值。

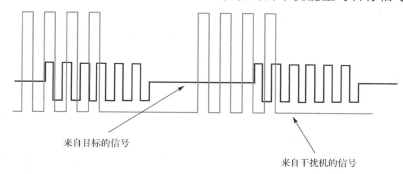

　　来自目标的信号

　　来自干扰机的信号

图 9.45　导弹接收机里的处理器接收到重叠的视频波形，波形分别来自于目标和干扰机的红外能量。干扰机产生的视频信号阻止了跟踪器确定目标飞机的相对位置

　　第 9.11 节中讨论了成像跟踪器，成像跟踪器的能量图样有很大不同。干扰方法因此更加复杂，这一问题将在后续讨论。

9.12.3　激光干扰机

　　图 9.46 给出了另一种类型的红外干扰机，这种干扰机能够生成非常高的信噪比。在此类干扰机中，红外激光产生需要的干扰能量样式，并通过可操控望远镜将激光波束瞄准来袭导弹。这种干扰机被称为定向红外对抗措施（DIRCM）系统。当前有几个项目正在使用这种技术，包括：通用 ICRM（CIRCM），大飞机 IRCM（LAIRCM）及其他。望远镜能保证非常多的红外能量进入导弹跟踪器（也就是高的信噪比），但这也对干扰系统提出两个重要需求。其一，激光必须产生能够被导弹跟踪器认可的具有正确波长的信号。这要求系统能够在多个波长下工作。其二，系统必须知道导弹的位置，从而正确引导望远镜。因此，系统必须具备导弹跟踪能力。可以使用雷达来实现对导弹的跟踪，但绝大多数的激光干扰系统是通过导弹的紫外能量或因大气摩擦发热产生的红外信号来对导弹进行定位和跟踪。无论使用哪种技术，必须能够对来袭导弹进行足够精确的定位，保证干扰机的望远镜将足够的红外能量注入到导弹的跟踪器，从而产生满足要求的信噪比。

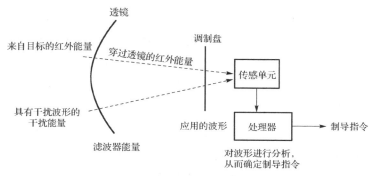

图 9.46　激光干扰机对导弹进行探测和定位。激光按照正确的干扰波形进行调制，望远镜将激光干扰信号对准来袭导弹

9.12.4　激光干扰机的操作问题

现在我们考虑激光干扰机的几个特点。因为激光干扰机直接瞄准导弹的跟踪器，激光能够在导弹跟踪器的传感单元上产生非常高的能量，从而获得非常大的信噪比。然而，由于导弹跟踪器越来越先进，需要使用的干扰样式也要改进。干扰的目的是造成导弹逻辑错误，从而使导弹远离目标或者使导弹处理器认为那是一个无效的目标，这样导弹在受到干扰后将被拒止。

曳光弹已经出现几十年了，导弹的目标跟踪器针对曳光弹已经开发并应用了很多的对抗手段。然而，红外干扰机相对较新，带来了新的挑战。红外导弹跟踪器和红外干扰机目前处于你争我赶的竞赛中，未来几年，双方都会不断出现各种对抗和反对抗手段。

如上所述，激光干扰机需要对来袭导弹进行探测和定位，这样望远镜能够瞄准导弹从而将能量注入导弹的跟踪器。跟踪器中的滤波器只允许工作带宽内的信号进入跟踪器。短波长跟踪温度更高的目标，例如发动机的内部零件；长波长用于跟踪温度稍低的目标，例如尾焰及因空气阻力而发热的机体表面。图像跟踪也需要使用长波长。这些使用长波长的跟踪器需要冷却，通常是冷却至 77K。因为导弹的工作时间只有几秒钟，通常可以通过气体膨胀来制冷。而如果交战时间更长，就需要使用制冷器进行长期冷却。激光干扰机中的导弹探测部分就需要这种长期冷却系统，这对于工作在抢先模式的红外干扰机尤为重要。抢先模式下干扰机阻止导弹对目标的截获。为了减少跟踪器冷却到合适温度的时间，目前正在研究能在更高温度下工作的传感器，工作温度大约为 100K。对冷却系统进行简化能够降低跟踪器的复杂程度，同时提升系统的可靠性。

9.12.5　干扰波形

先进的干扰机存储有多种干扰码，并能快速对干扰码进行尝试。干扰机中负责对导弹进行跟踪的子系统在关注到导弹的不规则运动后，确定干扰机使用了正确的干扰码。正确的干扰码与来袭导弹调制盘生成的波形相似，将对跟踪器的正常运作产生干扰。首先，考虑旋转和章动的调制盘。干扰波形必须得到跟踪器的认可，并能够导致跟踪器操控导弹远离目标。这里有两个例子。

9.12.5.1　章动跟踪器调制盘

章动跟踪器的波形如图 9.47 所示。在左图中，由于导弹锁定目标，目标位于调制盘的中心。传感单元中生成的能量样式为方波。在右图中，目标在调制盘之外，能量样式有很大差异。如果干扰机使用具有很高能量的右侧能量图形，跟踪器为了将目标置于中心将向右移动。这将导致导弹的瞄准点向右移动，偏离既定目标。

9.12.5.2　比例制导调制盘

图 9.48 给出了一个旋转的调制盘。目标离调制盘中心的角度不同，对应的调制盘上透明和不透明区域的数目不同。在左侧的图片中，因为目标被导弹锁定，所以目标位于调制盘的中心。因此调制盘的能量图形为零。在右侧的图片中，目标位于调制盘的边缘，在调制盘每个旋转周期中传感器的能量波形具有 10 个脉冲。因此如果具有 10 个脉冲的强干扰

信号进入传感单元，跟踪器将按照将目标从边缘放置到中心的方向移动（也就是将能量波形变为零），因此跟踪器将偏离实际目标的位置。

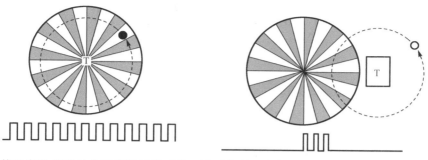

图 9.47　对使用章动调制盘的跟踪器进行干扰，需要按照一定的图样发送能量从而将目标移出调制盘

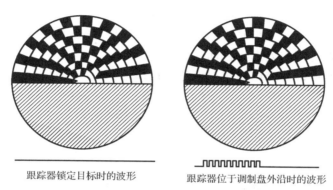

跟踪器锁定目标时的波形　　　　　跟踪器位于调制盘外沿时的波形

图 9.48　对具有多个频率的调制盘跟踪器来说，干扰信号必须使跟踪器的处理器认为跟踪点需要按照一定的方式移动，这将导致其偏离目标

9.12.5.3　图像跟踪

图像跟踪需要使用图 9.49 所示的焦平面阵列，未来趋势是阵列像素点的数目将越来越多，这样能够使用更精确的图像对目标进行更好的描述。之前已经讨论了图像跟踪。焦平面阵列热图像的位置决定了弹道锁定目标需要调整的方向。当使用曳光弹来诱使跟踪器远离飞机时，先进的跟踪器会将图像与前一秒左右的图像做对比，从而拒绝曳光弹。这对红外导弹防御系统提出了巨大挑战。被跟踪飞机的红外图像随着飞机的机动而不断变化，所以生成一个从焦平面阵列中心移出的标准图形十分困难。一种貌似可行的方法（通过与行业人员的讨论）是向焦平面阵列中注入非常强烈的信号使其饱和，造成显示屏全亮，从而无法对飞机进行探测。谈论中提及的另一种方法是使用更高的能量将焦平面阵列的像素点烧穿。需要明确注意的是，破坏电路需要的能量比使电路临时无法工作需要的能量要高 3 个数量级。

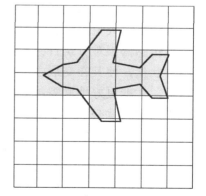

图 9.49　图像跟踪器的焦平面阵列生成一个数字信号来捕捉飞机能量像素点的图案。图案的形状随着飞机的机动而改变

第10章 雷达诱饵

10.1 简介

任何诱饵的目的都是使传感器认为其探测到的是真实目标。当然，这取决于传感器接收信息的方式。如果传感器是光学或热测量装置，那么诱饵就必须要生成合适的光学图像，包括大小、形状和颜色（或波长）。例如，在第二次世界大战诺曼底登陆前，盟军就建造了一些伪装设施，从而使敌方机载图像侦察系统判断登陆会发生在法国北部加来市。

雷达是通过分析从发射机照射的目标反射回来的信号来识别潜在目标的。因此，雷达诱饵必须生成能让雷达判定为真实目标的假回波。

在本章中，我们将讨论诱饵的作战任务、在雷达中生成假目标的方法，以及诱饵的部署方式等。

10.1.1 诱饵的任务

雷达诱饵有三项基本任务：饱和、诱骗和探测，如表 10.1 所示。

表 10.1 诱饵的类型、任务和平台

诱饵的类型	任务	要保护的平台
投掷式	诱骗和饱和	飞机和舰船
拖曳式	诱骗	飞机
独立机动式	探测	飞机和舰船

如图 10.1 所示，饱和式诱饵能生成很多非常类似于真实目标的假目标，从而迫使雷达耗费时间和处理资源以从假目标中分辨出真实目标。理想情况下，雷达分辨不出真假目标，因此必须使用大量武器去摧毁众多假目标中的真目标。即使诱饵无法完全欺骗传感器，也可以使传感器很难分辨目标从而极大地延长其探测过程。因此，诱饵的任务是饱和敌方的信息吞吐量，使其在交战中没有时间对攻击实施防御。这样，诱饵就必须看起来非常像真实目标，才能更好地欺骗雷达。雷达的分析能力决定了诱饵必须具备的特征，即雷达处理越先进，诱饵就必须越复杂。

诱骗式诱饵连同要保护的真实目标一起被放置在雷达的分辨单元内，如图 10.2 所示。分辨单元就是雷达无法确定出现的是单目标还是多目标的一个空间。为简单起见，分辨单元以二维方式表示，但实际上它是一个三维空间。在诱骗任务中，诱饵必须更像真实目标。为了获得成功，诱骗式诱饵必须诱使雷达的跟踪电路远离真实目标、靠近诱饵。这样，雷达就会跟踪诱饵而不是其预定的目标，同时雷达会将其分辨单元对准诱饵。随着诱饵远离被保护的目标，它将吸引雷达分辨单元跟随它。当分辨单元不再包含真实目标时，雷达制导武器将被引导到诱饵上。

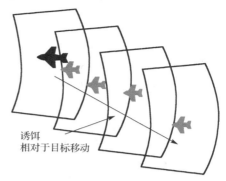

图 10.1　饱和式诱饵生成很多假目标，从而
使目标传感器或其控制的武器过载

图 10.2　诱骗式诱饵诱使雷达的跟踪远离
其预定目标，指向另一个位置

　　探测式诱饵看起来很像真实目标，从而使雷达截获和跟踪它们。在雷达搜索目标时，假目标能导致雷达执行其设计的功能。若雷达是专用搜索雷达，那么目标将被转给跟踪雷达。如第 4 章所讨论的，地基防空网目前的作战理念是"隐蔽、发射、快速撤离"。即，在武器发射前雷达尽可能久地保持静默，然后尽可能迅速地撤离其发射位置。如果雷达诱饵看起来像真实目标，那么敌方将被迫启动跟踪雷达。如图 10.3 所示，可以用反辐射导弹攻击这些跟踪雷达。

反辐射导弹

图 10.3　探测式诱饵诱使截获雷达捕获诱饵，这通常需要启动跟踪雷达，从而使其被反辐射导弹瞄准

　　我们将在本章后面部分讨论现代雷达的复杂性，它使得诱饵必须生成非常细致的雷达截面积，从而看起来很像可信的潜在目标。

10.1.2　无源与有源雷达诱饵

　　无源诱饵能从物理上产生雷达截面积。很显然，如果诱饵的大小、形状和材料与其模拟的真实目标相同，那么它将具有与目标相同的雷达截面积。不过，也有办法使诱饵看起来更大。一个常用的方法就是采用角反射器。角反射器产生的雷达截面积远大于其实际尺寸。图 10.4 所示圆边反射器的雷达截面积公式如下：

$$\sigma = (15.59L^4) / \lambda^2$$

式中：σ 为雷达截面积（平方米），L 为边长，λ 为照射信号的波长。

　　如果边长为 0.5 m，照射信号的频率为 10 GHz（波长为 3 cm），那么雷达截面积为 1083 m^2。

箔条，由大量的半波长铝箔或电镀玻璃纤维组成，可部署形成具有极大雷达截面积的"箔条云"，从而起到诱饵的作用。

有源诱饵包含了产生雷达截面积的电子增益，如图 10.5 所示。这可以是能生成强信号的放大器或主振荡器，模拟从一个远大于诱饵的物体反射的雷达回波，但与目标雷达信号具有相同的频率和调制。如后面要讲述的，这种返回到雷达的信号有时必须采用复杂的调制，以避免被雷达当为假信号抑制掉。

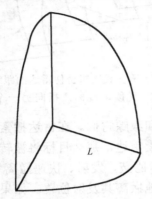

图 10.4　角反射器能产生远大于其实际尺寸的雷达截面积

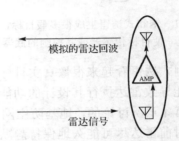

图 10.5　有源诱饵通过放大和转发所接收的目标雷达信号来生成较大的雷达截面积

10.1.3　雷达诱饵的部署

雷达诱饵必须在物理上与被保护平台分离，以防平台被雷达制导武器击中。如图 10.6 所示，这种分离可通过从平台上投掷诱饵、在平台后拖曳诱饵或诱饵独立机动的方式实现。后面将给出采用上述诱饵部署方式的例子。正如你将看到的，现代雷达的特征与能力对每种类型的诱饵都产生了巨大影响。

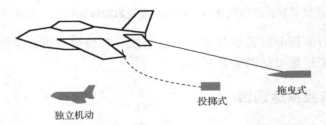

图 10.6　诱饵可通过投掷、拖曳或自主机动方式与被保护平台分离

10.2　饱和式诱饵

饱和式诱饵通过向敌方武器提供假目标来保护己方设施。这些诱饵可以是机载、海基和陆基的。在每一种模式下，诱饵都必须能被敌武器系统的传感器当作可信的目标。如果敌传感器不先进，诱饵可能只需生成与被保护设施同等量级的 RCS 即可。但是，许多现代武器系统的传感器已经非常先进，而且其先进程度在可以预见的未来还将继续增长。

在本章中，我们不只讨论已有的系统，还将考虑在可预测的技术发展水平下所有可行的武器和诱饵手段。我们的观点是：即使某些手段目前尚未开发，但也很快会得到发展。因此，我们应为此做好准备。

10.2.1　饱和式诱饵保真度

为达成效果，饱和式诱饵要生成可信的假目标。考虑一下雷达是如何区分诱饵与真实目标的。首先，目标平台有大小与形状。诱饵通常比所模拟的飞机或舰船小得多，因此必须增大其雷达截面积（RCS）。这可以通过增加角反射器或其他一些具有强反射特征的外形来实现。但是，通常最可行的方法是通过提供增益，用电子的方式增强返回到照射雷达的信号来提高 RCS。敌方雷达看到的 RCS 用下式表述：

$$\sigma = \lambda^2 G / 4\pi$$

式中，σ 为诱饵产生的 RCS（平方米）；λ 为雷达信号波长；G 为诱饵的接收天线、发射天线及其内部电子设备的增益之和，如图 10.7 所示。

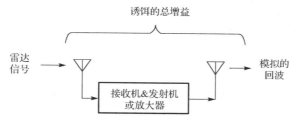

图 10.7　接收天线增益、发射天线增益与有源诱饵的处理增益之和决定了其将模拟的 RCS

下面是该公式的 dB 形式表达式：

$$\sigma = 38.6 - 20\log_{10}(F) + G \quad \text{(dB)}$$

式中，σ 为 RCS（dBsm）；F 为雷达频率（MHz）；G 为诱饵中的组合增益（dB）

例如：如果雷达信号频率为 8 GHz，诱饵的接收天线和发射天线的增益均为 0 dB，且其内部电子增益为 70 dB，那么诱饵模拟的 RCS 为 1148.2 m²。

$$\sigma(\text{dBsm}) = 38.6\,\text{dB} - 20\log(8000) + 70\,\text{dB} = 38.6 - 78 + 70 = 30.6\,\text{dBsm}$$

$$\text{Antilog}(30.6 / 10) = 1148.2\,\text{m}^2$$

10.2.2　机载饱和式诱饵

图 10.1 示出了大量机载目标，其中包括了一个真实目标和大量诱饵。要使敌雷达把诱饵当目标对待，诱饵就必须看起来非常像真实目标。这意味着诱饵必须拥有与目标大致相同的 RCS。当然，也要考虑其他一些因素。

第 4 章讨论过脉冲多普勒雷达，它是现代威胁雷达的典型代表。脉冲多普勒雷达的处理电路包括时间与频率关系矩阵，如图 10.8 所示。据此，可以截获多个目标的到达时间和接收到的频率。对每个目标而言，到达时间代表了目标距离，接收到的频率由接收信号的多普勒频移确定。由于多普勒频移与目标的距离变化率有关，因此该图表可被看作是距离与速度的关系矩阵。频率数据来自一组滤波器，通常用软件实现。注意，该滤波器组还可对接收信号的频谱进行分析。

由于飞机速度很快，所以其多普勒频移较大。若诱饵是从飞机上投放的，则诱饵的飞行速度会因大气阻力而迅速降低。这将使多普勒频移大幅变化，在转发雷达信号时必须对该频移进行补偿。如果诱饵返回的时变信号频率具有大气阻力减速曲线的特征，敌雷达可能会剔除这样的诱饵。这意味着诱饵要返回具有适当频移的雷达信号，以准确模拟真实目标的多普勒频移。图10.9示出了从运动飞机上投放的物体（如诱饵）其速度与时间的关系，以及使雷达认为投掷物与载机速度相同所需要的频移。

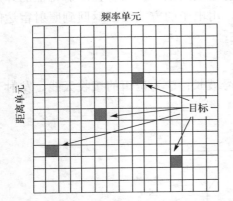

图 10.8 脉冲多普勒雷达处理包括距离与
频率单元关系矩阵，从而可以确
定接收到的每个回波信号的频率

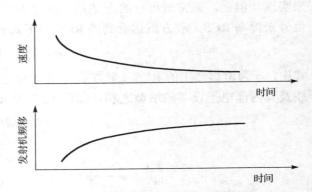

图 10.9 从飞机上投放的诱饵会因大气阻力而
减速，阻力也随着诱饵减速而降低。
为模拟投放诱饵的飞机的速度，诱饵
发射的频率必须增加一个时间变化量

喷气发动机调制（JEM）是一个源自喷气发动机内部部件运动的复杂调幅和调相。它随方位角而变化，并且可在偏离喷气式飞机60°飞行路径的雷达回波中探测到。如果敌雷达能探测到JEM调制，它就会注意到无喷气发动机的诱饵没有该调制特征，因此就很容易将诱饵剔除。因此，必须将JEM调制放置在诱饵模拟的回波中。

在第8章，我们讨论过用数字射频存储器（DRFM）模拟战术飞机复杂RCS的方式。如图10.10所示，如果敌雷达具备分析回波频谱的能力，那么它就能确定比飞机回波简单得多的诱饵回波波形，从而将诱饵迅速排除在潜在目标之外。为了应对先进雷达的这种能力，诱饵必须调制其输出信号，以生成复杂、真实的RCS特征。

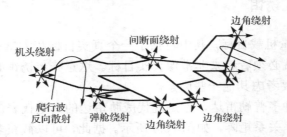

图 10.10 影响飞机RCS的因素很多，它们组合在一起生成了具有复杂幅度与相位分量的RCS

10.2.3 雷达分辨单元

下面讨论一下雷达分辨单元。这是雷达无法确定出现的是一个目标还是多个目标的特定空域。为简单起见，图 10.11 给出了二维的雷达分辨单元，但实际上它是三维的，包括了在天线波束宽度内圆锥空域的距离维。分辨单元各维通常由下式计算：

$$距离分辨单元宽度=R×2\cos(BW/2)。$$

其中，R 为雷达至目标的距离，BW 为雷达天线的 3 dB 波束宽度。

$$距离分辨单元高度=c×PW/2。$$

其中，c 为光速，PW 为雷达脉冲宽度。

图 10.11　雷达分辨单元是雷达无法确定是一个目标还是多个目标的空域

对连续波雷达而言，其距离分辨单元高度可用同样的公式计算，但要用雷达的相干处理间隔代替脉冲宽度。

在第 4 章，我们讨论过两种改善距离分辨率的方法（线性调频和巴克码）。注意这些方法以及一些多脉冲方法都可能会降低分辨单元的有效尺寸。

10.2.4 舰载饱和式诱饵

有源或无源诱饵可用于保护舰船不受反舰导弹的攻击。如图 10.12 所示，与被保护舰船雷达截面积相当的诱饵被放置在舰船周围。当从飞机或岸上阵地向舰船发射反舰导弹时，导弹将通过惯性制导到达舰船位置附近。然后，导弹进入其弹载雷达的作用距离范围后，弹载雷达对目标进行截获，如图 10.13 所示。捕获距离取决于导弹和目标的类型，通常为 10～25 km。从导弹角度来讲，理想情况下，导弹上的雷达会捕获其预定目标，并将导弹引导到目标中心处。但是，如果导弹无法从诱饵中分辨出目标，那么它捕获的就有可能是诱饵

图 10.12　迷惑式诱饵生成许多假目标，从而使目标传感器或其控制的武器过载

而不是舰船。如果有 n 个诱饵，那么导弹捕获舰船的概率将下降 $n/(n+1)$。

如同飞机饱和式诱饵一样，用于舰船防护的饱和式诱饵必须呈现出与舰船大致相同的 RCS。由于诱饵远小于被保护舰船，因此其 RCS 必须增大。这可以通过采用角反射器或以电子方式生成大信号回波特征来实现。注意，与飞机一样，舰船也拥有相当复杂的 RCS。如果反舰导弹能够从诱饵中分辨出舰船的 RCS 特征，那么它就能迅速地将诱饵剔除。要对付这种导弹，诱饵就必须呈现出复杂的 RCS 样式。当然，生成复杂、多特征的 RCS 需要具备很强的处理能力，通常采用多个数字射频存储器（DRFM）来实现。

如图 10.14 所示，箔条云也可用作饱和式诱饵。每个饱和箔条云的 RCS 都与被保护舰船相当，并且被设置在舰船附近、弹载雷达的距离分辨单元以外。若来袭导弹在发现舰船前看见饱和箔条云，并且无法分辨出舰船与箔条，则导弹将寻的箔条云。

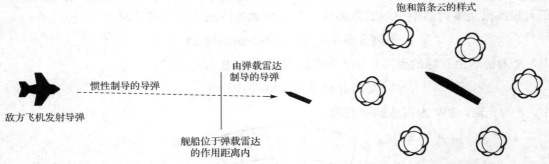

图 10.13   反舰导弹远距离发射，被惯性制导到舰船附近。当进入弹载雷达的作用距离时，弹载雷达将导弹引导到目标处

图 10.14   饱和式诱饵生成许多假目标，使目标传感器或其控制的武器过载

注意，饱和式诱饵或箔条云的设置要确保不会将导弹引向友方另一艘舰船的位置，如图 10.15 所示。导弹配备有延迟触发引信，因此不会被诱饵或箔条云引爆。如果导弹通过箔条云或诱饵，则会返回到捕获模式。如果导弹接着捕获到另一个舰船目标，那么这艘重新被瞄准的舰船就没有时间采取有效的对抗措施。

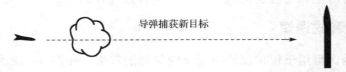

图 10.15   反舰导弹不会被箔条云触发，因此能在穿过箔条云后捕获新的目标

10.2.5   探测式诱饵

探测式诱饵的用途不同于饱和式诱饵，其目的是促使敌方暴露其电子设备。如图 10.16 所示，敌截获雷达捕获到诱饵，将其作为有效目标转交给跟踪雷达，保持静默的敌跟踪雷达然后开始发射信号，己方装备便可对其进行探测和定位，然后，即可采用雷达制导导弹（如反辐射导弹）或其他类型的炸弹或导弹来摧毁敌方的跟踪雷达。

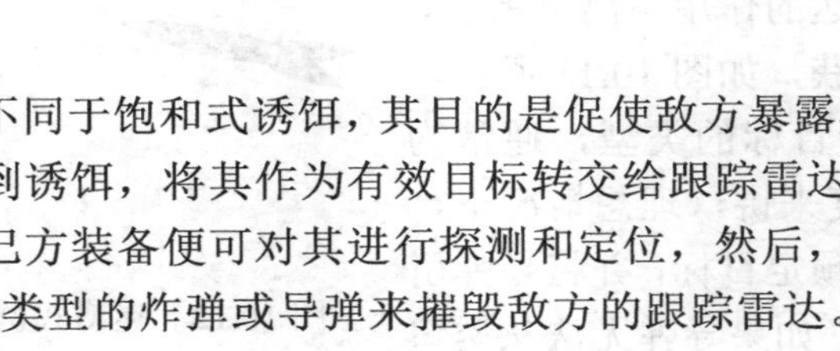

图 10.16   截获雷达探测到探测式诱饵后，转交给保持静默的跟踪雷达，促使跟踪雷达开机，从而导致其被探测和攻击

10.3　诱骗式诱饵

诱骗式诱饵的任务是截获威胁雷达的跟踪，使雷达丢失对其所选目标的跟踪而去捕获作为假目标的诱饵。这类诱饵可用于保护舰船和飞机。诱骗式诱饵在雷达的分辨单元内启动，如图 10.17 所示。在分辨单元内，雷达无法探测到第二个目标的存在，它假设只有一个目标位于分辨单元内的两个目标之间。这一假定的目标位置距离 RCS 更大的目标更近一些，如图 10.18 所示。这意味着诱饵必须呈现出比真实目标更大的 RCS，最好是 RCS 大两倍。

图 10.17　威胁雷达在跟踪时将其分辨单元对准
目标。诱骗式诱饵在威胁分辨单元内
开启，呈现出比目标大得多的 RCS

图 10.18　当诱骗式诱饵在威胁分辨单元内开
启并呈现出远大于目标的 RCS 时，
分辨单元则按照诱饵 RCS 与目标 RCS
的比例对准更靠近诱饵的位置

在第 4 章我们讨论过，如果雷达采用脉冲压缩，诱饵则必须在减小的分辨单元内开始工作。

如果雷达开始跟踪目标，它将看到如图 10.19 所示的目标 RCS。那么，当诱饵启动时，雷达将看到诱饵与目标合成的 RCS。诱饵将移离目标，因此目标最终会离开分辨单元。于是，雷达将只看到诱饵的 RCS。

雷达可能会探测到 RCS 的变化从而剔除诱饵，这样的担心很正常。众所周知，实际测量的舰船或飞机的 RCS 通常看起来就像一个"绒毛球"，在很小的角度变化范围内 RCS 的变化非常快。在绘制 RCS 图形前要先对数据进行平滑，即在很小的方位或仰角范围内取平均值。因此，当目标和/或雷达平台机动时，观测到的 RCS 可能变化很大，但平均的 RCS 变化非常慢。而随着处理技术的进步，未来先进的雷达很有可能可以实现反对抗。参见第 9 章中红外导弹所应用的一些处理技术。

图 10.20 示出了诱饵成功部署不久后分辨单元的位置。这是一种非常有效的对抗措施，因为雷达在诱饵离开分辨单元后甚至无法发现目标。

图 10.17 和图 10.20 显示一部雷达正在跟踪一架飞机。图 10.21 显示一艘舰船正遭到反舰导弹的攻击。当舰船位于导弹上雷达的作用距离内时，弹载雷达启动。反舰导弹利用该雷达进行主动制导对舰船实施攻击。当雷达在跟踪舰船时，弹载雷达的分辨单元是对准舰船的。

舰船发射一枚诱饵，比如"纳尔卡"有源诱饵，它在雷达分辨单元内开启，然后机动，远离舰船。由于诱饵拥有比舰船更大的 RCS，因此能诱使雷达的跟踪远离目标。如图 10.22

所示，弹载雷达的分辨单元跟随诱饵。当然，诱饵移离舰船的方向要确保导弹不会对准己方的另一艘舰船。

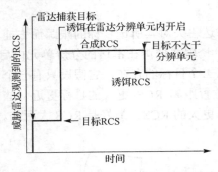

图 10.19　当诱饵开始工作时，敌雷达看到 RCS 大幅增长。当诱饵离开分辨单元时，雷达将只看到诱饵的 RCS

图 10.20　当诱饵离开目标时，RCS 较大的诱饵导致威胁雷达的分辨单元去跟踪诱饵

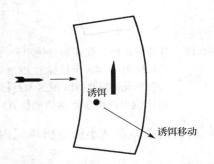

图 10.21　舰船发射的诱骗式诱饵在来袭导弹的雷达分辨单元内启动，并且移离舰船位置

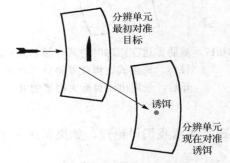

图 10.22　当诱饵离开舰船位置时，弹载雷达的分辨单元始终对准诱饵

同所有诱饵一样，诱骗式诱饵必须向导弹雷达呈现出可信的雷达回波（具有适当的RCS）才能有效发挥作用。

10.4　投掷式诱饵

投掷式诱饵用于保护舰船和飞机，它们可以完成迷惑或诱骗任务。

这些投掷式诱饵是比其所保护平台小得多的有源诱饵。因此，诱饵必须利用如图 10.23 所示的直通式转发器或如图 10.24 所示的主振荡器以电子的方式增大其 RCS。注意，接收机不必安装在诱饵上。无论采用哪一种方式，其有效 RCS 均可利用下列公式由诱饵直通增益计算得出：

$$\sigma = 38.6 - 20\log_{10}(F) + G$$

式中：σ 为 RCS（dBsm）；F 为雷达频率（MHz）；G 为诱饵直通增益（dB）。

如果诱饵是一个转发器，则 G 等于接收天线增益、放大器增益和发射天线增益之和，损耗较小。

如果诱饵是一个主振荡器，那么 G 等于诱饵发射天线的有效辐射功率除以（或从其 dB

值中减去）到达诱饵接收天线的雷达信号强度。到达诱饵接收天线的信号强度由下式确定：

$$P_A = \text{ERP}_R - L_P$$

式中，P_A 为到达诱饵接收天线的信号强度（dBm）；ERP_R 为雷达在诱饵方向的有效辐射功率（dBm）；L_P 为从雷达到诱饵的传播损耗（dB）。

转发器能够诱骗多部雷达，并对每部雷达产生同样的 RCS。主振荡器的有效辐射功率恒定，所以微弱的接收信号有更大的增益，因而能获得更大的模拟 RCS。

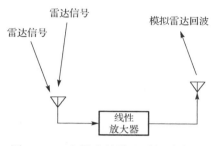

图 10.23　直通式转发器诱饵放大并
转发一个或多个雷达信号

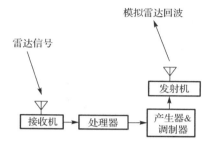

图 10.24　主振荡器诱饵接收一个雷达信号并
且确定其频率和调制方式。然后，
生成具有较大有效辐射功率的匹配
回波信号，以呈现出更大的 RCS

10.4.1　飞行式诱饵

投掷式飞行诱饵可以采用投放箔条或曳光弹的投放器进行发射。美国空军和陆军的飞行式诱饵采用 1×1 平方英寸、长度为 8 英寸的柱体，如图 10.25 所示。美国海军的飞行式诱饵采用直径为 36 mm、长度为 148 mm 的圆柱体，如图 10.26 所示。两种诱饵，都是通过电子方式发射到滑流中，一经投放就开始工作。

图 10.25　美国空军飞行式诱饵采用 1 平方英寸、8 英寸长的柱
体，其形状与空军的箔条弹仓和最小的曳光弹仓相同

图 10.26　美国海军飞行式诱饵采用直径 36 mm、长度 148 mm
的圆柱体，从机载曳光弹和箔条弹投放器投放

由于尺寸较小，这种射频诱饵采用寿命为几秒钟的热电池供电，这一时间足够诱饵完成任务。

10.4.2　天线隔离度

　　如果诱饵是一个转发器，则接收天线与发射天线之间必须具有足够的隔离度，如图 10.27 所示。没有足够的隔离度，系统就会发生振荡，如同麦克风距离放大器太近会啸叫一样。由于机载投掷式诱饵的尺寸较小，要获得足够的隔离度可能会是一个巨大的挑战。隔离度必须大于诱饵的直通增益。

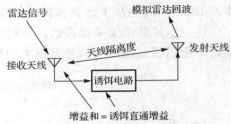

图 10.27　诱饵要正常工作，其天线隔离度必须至少等于诱饵的直通增益

10.4.3　机载迷惑式诱饵

　　若诱饵成功实施迷惑，截获雷达就会捕获到它并将其移交给跟踪雷达。跟踪雷达将在诱饵移离目标飞机时跟踪诱饵，因此就不会捕获或跟踪目标飞机。迷惑诱饵必须拥有与目标飞机相当的 RCS，并且必须呈现出足够真实的雷达回波，使威胁雷达处理器无法将其与目标分辨开来。根据威胁雷达的不同，这可能需要诱饵呈现出复合的 RCS 或喷气发动机调制（JEM）这样的信号特征。

10.4.4　机载诱骗式诱饵

　　若要执行诱骗任务，诱饵就要对付正在跟踪飞机的威胁雷达。威胁雷达的分辨单元将对准目标飞机。为完成其功能，诱饵必须在离开分辨单元前处于完全工作状态。如果诱饵的有效 RCS 是飞机的两倍，那么雷达就将其分辨单元设置在距飞机比距诱饵远两倍的地方。然后，当诱饵移离飞机时，诱饵将诱使雷达分辨单元跟随它。因此，如果敌方发射导弹，那么将会对着诱饵发射。

10.5　舰船防护诱骗式诱饵

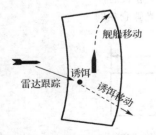

图 10.28　为成功实施诱骗，诱饵在分辨单元内捕获雷达的跟踪装置。然后舰船和/或诱饵移动，以使诱饵离开目标舰船

　　与飞机防护诱骗式诱饵一样，舰船防护诱骗式诱饵捕获威胁雷达的跟踪装置，促使其远离预定目标。诱饵必须在威胁雷达的分辨单元内启动，并且模拟出比目标舰船更大的 RCS。威胁雷达被安装在反舰导弹上，能从其攻击方向观测舰船的 RCS。图 10.28 示出了对反舰导弹实施诱骗的几何位置。

10.5.1　舰船诱骗式诱饵的雷达截面积

　　同机载诱骗式诱饵一样，模拟的 RCS 最好是目标 RCS 的两倍。由于舰船的尺寸较大，所以诱饵模拟的 RCS 必须达到数千平方米量级。

　　通常，舰船在中部受到横向攻击时呈现的 RCS 远比其船头或船尾受到攻击时呈现的 RCS 大。图 10.29 是老式舰船的典型 RCS 与方位角的关系图，图 10.30 则是具有低雷达反射外形的现代舰船的 RCS。

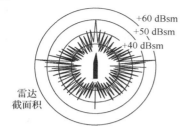

图 10.29　老式舰船拥有许多外部特征，成为复杂和有效的雷达反射器，从而使舰船的 RCS 又大又复杂

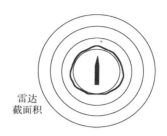

图 10.30　新型舰船拥有旨在降低雷达反射的外部特征，其 RCS 比老式舰船小很多而且简单得多

10.5.2　诱饵的部署

诱饵（包括箔条弹和红外诱饵弹）可以用超快速散开舷外箔条（SRBOC）发射器发射，也可以从舰上以火箭弹的方式发射。SRBOC 弹的直径为 130 mm。舰载雷达告警系统探测到敌跟踪雷达时，发射 SRBOC 弹或火箭弹。

诱饵可以朝水中发射，也可以进行独立机动。如果发射到水中，在舰只开走时，诱饵将留在固定位置。舰只将进行机动以使来袭的反舰导弹观测到的 RCS 最小，同时使导弹脱靶距离最大，如图 10.31 所示。

如果诱饵进行独立机动，它可搭载在直升机或无人机上，悬停在水面上。也可以将诱饵安装在带动力的小船上。无论采用哪种方式，诱饵将沿着最佳路径进行机动，以诱骗来袭导弹远离舰船，如图 10.32 所示。

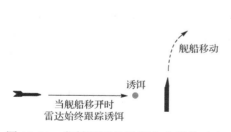

图 10.31　发射漂浮的诱饵在分辨单元内捕获雷达的跟踪装置。当舰船移开时雷达继续跟踪固定诱饵

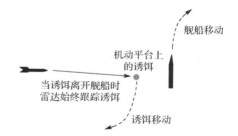

图 10.32　独立机动式诱饵可安装在悬停火箭、无人直升机、有人直升机、函道风扇飞行器或无人小船上

正如前面所讨论的，反舰导弹在进入目标舰船的雷达作用距离内时启动跟踪雷达。由于诱饵呈现出比舰船更大的 RCS，因此若诱饵成功，则导弹将对诱饵实施攻击。

如果攻击导弹载雷达处理对接收信号的波形进行分析，那么它就可能比较舰船回波与诱饵模拟回波的细节。因此，导弹雷达就有可能会剔除简单的诱饵回波，同时接收更为复杂的舰船回波。舰船的 RCS 可能包含很多具有不同物理特性的分量。要解决这个问题，诱饵就必须采用多个 DRFM 来生成被雷达认为是有效回波的复杂波形。第 8 章讲述了这个处理过程。

10.5.3 转移模式

如果诱骗式诱饵位于攻击雷达的分辨单元之外，如图 10.33 所示，那么舰船欺骗式干扰机就可将雷达的跟踪中心移动到诱饵位置。诱饵然后截获雷达的跟踪并使其远离目标舰船，如图 10.34 所示。这种方法被称为"转移模式"（dump mode）。

图 10.33　在转移模式中，诱饵位于分辨单元之外，但相当靠近

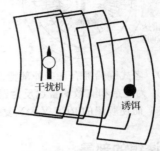

图 10.34　在目标舰船上的欺骗干扰机将雷达跟踪中心移动到诱饵位置

10.6　拖曳式诱饵

拖曳式诱饵可以为受到雷达制导导弹攻击的飞机提供末端防御。在威胁导弹具备干扰寻的能力，或飞机必须飞到至雷达的距离小于获得干扰支持所允许的烧穿距离时，这是非常重要的。拖曳式诱饵从飞机上投放，用拖曳电缆拖在飞机后面。当诱饵处于电缆最末端时，开机工作。

诱饵产生的 RCS 远大于被保护飞机的 RCS。这将促使雷达制导导弹去跟踪诱饵而不是跟踪飞机。因此，拖曳电缆必须足够长，以使飞机位于攻击导弹的爆炸半径以外。

拖曳式诱饵担当诱骗任务。这意味着诱饵必须位于在捕获状态的攻击雷达的分辨单元内。RCS 较大的诱饵将诱使雷达去跟踪（并引导其导弹去攻击）诱饵而不是目标飞机。

有些拖曳式诱饵是一次性装置。当不再需要时，就从飞机上丢弃。还有一些诱饵可在不再需要时进行回收。这些可回收诱饵还有一个特点，就是可选择其到被保护飞机的距离。近距离便于捕获威胁雷达的跟踪装置，远距离则诱骗导弹在更远的距离上对其进行攻击，可以据此进行最佳折中。

如图 10.35 所示，拖曳式诱饵系统包括拖曳飞机上的接收机和处理器以及诱饵本身。接收机和处理器确定诱饵模拟的雷达回波的频率和最佳调制，并且将实际诱饵信号发射到拖曳电缆中。如图 10.36 所示，诱饵只携带放大器和天线。放大器的电力通过拖曳电缆从飞机传送到诱饵。天线位于诱饵的前后方，其波束宽度相当大，因此诱饵可被定向到距雷达几度范围并且仍然有效。

图 10.37 示出了与威胁雷达交战的情景。飞机和诱饵被攻击雷达看作是一个目标。雷达信号由飞机进行接收和分析，诱饵发射具有足够功率的模拟回波信号，以生成比飞机大得多的 RCS。利用以下公式可以确定诱饵的有效 RCS，其中增益 G 是诱饵模拟的回波信号的有效辐射功率与到达拖曳飞机接收天线的信号强度之差（分贝）。

$$\sigma = 39 - 20\log_{10}(F) + G$$

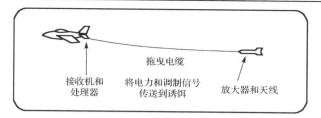

图 10.35　拖曳式诱饵通过拖曳电缆连接到飞机上，该电缆还将飞机上接收机/处理器的信号传送到诱饵中的放大器和天线

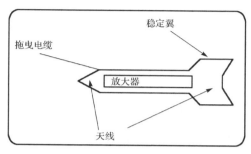

图 10.36　诱饵中只安装有一个放大器以及前后向发射天线

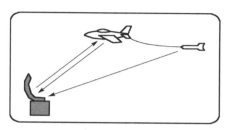

图 10.37　飞机接收雷达信号，诱饵转发经过放大的回波信号，回波信号进行了调制以使诱饵回波更加可信

10.6.1　分辨单元

图 10.38 示出了攻击雷达的分辨单元和采用线性调频或巴克码脉冲压缩的分辨单元的有效面积。在第 4 章中，讨论了分辨单元和脉冲压缩。这里要强调的是，拖曳飞机和诱饵两者都必须位于分辨单元（包括压缩）以内才能有效。

当雷达脉冲被高度压缩时，分辨单元的宽度远大于其深度，如图 10.39 所示。这意味着雷达不仅能够探测到飞机和诱饵而且能忽略诱饵。为了防止这种情况发生，必须首先捕获雷达的跟踪，之后雷达就只能在其阴影区分辨单元中看见诱饵。能够达成这一目标的一个战术就是给雷达"开槽"。即，飞机以相对于雷达旋转 90° 的方向飞行，以使飞机和诱饵均处于压缩的阴影区分辨单元中。然后，当飞机再转向雷达时，只有诱饵仍处于分辨单元中。

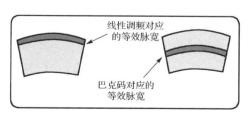

图 10.38　攻击雷达的分辨单元可采用线性调频或巴克码在距离上进行压缩

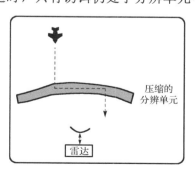

图 10.39　通过以相对于跟踪雷达旋转 90° 的方向飞行，拖曳飞机能够将拖曳式诱饵带到压缩的雷达分辨单元的距离维阴影区

10.6.2   应用实例

考虑图 10.40 所示的情况。RCS 为 10 m² 的飞机与有效辐射功率（ERP）为 100 dBm 的 8 GHz 雷达相距 10 km。到达飞机接收天线的信号强度为–30 dBm。诱饵的 ERP 为 1 kW（+60 dBm）。因此，诱饵的增益为 90 dB。

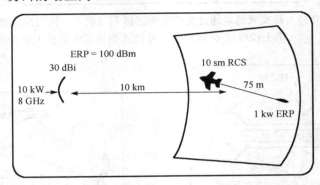

图 10.40   与 8 GHz 雷达（ERP 为 100 dBm）相距 10 km 的拖曳式
诱饵（ERP 为 1 kW）将生成 125893 平方米的有效 RCS

因此，诱饵模拟的 RCS 为：39+90–20log(8000)=51 dBsm，即诱饵产生的模拟 RCS 为 125893 平方米。与飞机的 10 平方米 RCS 相比，这一 RCS 值足以证明该拖曳式诱饵具备保护飞机的能力。

第 11 章　电子支援与信号情报

11.1　引言

本章我们将讨论电子支援（ES）系统与信号情报（SIGINT）系统之间的差别。SIGINT 与 ES 系统均设计用于接收敌辐射源的信号，其差别与接收这些信号的动因有关，表 11.1 对此进行了汇总。这些系统的工作环境也有一些区别，因而决定了其在系统设计方法、系统硬件及软件上均有所不同。

表 11.1　SIGINT 与 ES

	SIGINT 系统	ES 系统
任务	COMINT：截获敌方通信，并根据信号携载的信息确定敌方的能力与意图； ELINT：发现并识别新的威胁类型	通信 ES：识别并定位敌方通信辐射源，以生成电子战斗序列，支持通信干扰； 雷达 ES：识别并定位敌雷达辐射源，以提供威胁告警，支援雷达对抗措施
时机	输出的及时性并不非常关键	信息的及时性对任务非常重要
搜集数据	搜集接收信号的所有可能数据，为详细分析提供支持	只搜集足够确定威胁类型、工作模式及位置的数据

11.2　SIGINT

SIGINT 旨在从接收信号中提取重大军事信息，它通常分为通信情报（COMINT）和电子情报（ELINT），如图 11.1 所示。这两个子领域都与图 11.2 所示的电子支援（ES）有关。ES 分为通信 ES 和雷达 ES。通信信号与雷达信号的性质决定了这两个子领域的任务不同。下面将重点讨论系统处理每类信号的方法，以区分情报与 ES 的作用。

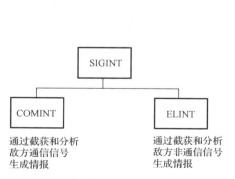

图 11.1　SIGINT 包括 COMINT 和 ELINT，以从敌方的通信信号和非通信信号中提取情报

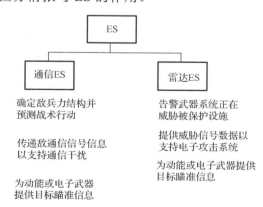

图 11.2　ES 包括通信 ES 和雷达 ES。两者都提供正在工作的敌方辐射源的信息，以支持电子攻击和武器交战

11.2.1 COMINT 和通信 ES

图 11.3 是一个流程图，表明了 COMINT 与通信 ES 系统之间的关系。

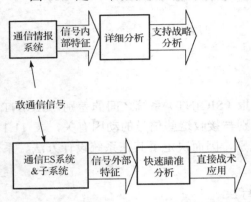

图 11.3 COMINT 通常处理信号内部特征，以
支持战略行动；通信 ES 则处理信号
外部特征，以支持直接战术决策

COMINT 的目的是"通过截获有线和无线通信信号来搜集情报"。从本质上讲，它是通过监听敌方的谈话内容来确定其能力、兵力结构和意图的。这就意味着 COMINT 系统要处理敌发射信号的内部特征（即调制中携载的信息）。由于军事通信的性质，重要信号肯定会以敌方的语言进行加密。解密和翻译这些信号预计会推迟获取信息的时间。因此，对战略和高级战术问题而言，COMINT 比确定合适的直接战术响应更有价值。

通信 ES 聚焦于通信信号的外部特征：调制类型与水平、发射机的位置。通过确定敌辐射源的类型与位置为对目前态势作出战术响应提供支持。针对敌方使用的辐射源类型进行建模，可以评估敌方将部署的兵力结构。通常，被探测辐射源的位置及位置变化可以用于指示敌方部队的位置和动向。发射机的总部署情况被称为电子战斗序列（EOB），对此进行分析即可确定敌方的能力甚至意图。

总的来说，COMINT 是通过监听通信内容（即信号内部信息）来确定敌方的能力和意图的，通信 ES 则是通过分析信号的外部特征来确定敌方的能力和意图的。

11.2.2 ELINT 和雷达 ES

ELINT 旨在通过截获和分析非通信（主要是雷达）信号来确定新遇到的敌方雷达的能力和弱点。如图 11.4 所示，ELINT 系统将搜集足够多的数据，为后续详细分析提供支持。接收到新的雷达信号类型时，首要任务就是要确定所接收的信号是否确实是新的威胁。也有另外两种可能，即：它可能是发生故障的老式威胁雷达；也可能是截获系统出了问题。如果接收到的信号是一种新型雷达或新的工作模式，那么详细分析将有助于 ES 系统做出相应改变，以便能识别这种新的威胁类型。

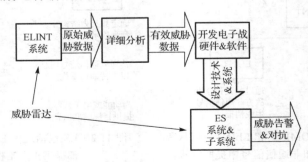

图 11.4 ELINT 系统搜集威胁数据，为开发用于威胁告警与对抗的 ES 系统和子系统提供支持

雷达 ES 系统也接收敌雷达信号，但其目的是迅速确定敌方此刻针对目标部署的是哪些已知武器。在完成威胁类型和模式的识别之后，将信息以及威胁辐射源的位置显示给操作员，和/或传送给其他电子战系统或子系统，以支持对抗行动。如果接收到不熟悉的信号类型，则被认为是未知信号。在有些 ES 系统中，仅告知操作员收到了未知威胁；在另外一些系统中，则要推测威胁类型；还有一些 ES 系统会将未知威胁记录下来用于后续分析。

总之，ELINT 确定敌方具备哪些能力，雷达 ES 则确定敌方此刻正在使用的雷达类型以及辐射源（与其所制导的武器）的位置。

11.3   天线和距离

考虑到任务和环境因素，ES 和 ELINT 系统之间有一些技术差异。这些差异与预计的截获位置、从所截获的敌信号中提取的信息类型以及截获的时敏性有关。

11.4   天线

天线可以被描述为定向天线或非定向天线，但这过于简单化了。鞭状和偶极子之类的天线有时（错误地）被称为全向天线。这并不准确，因为这两种天线在其覆盖范围中存在着零点。但是，这两种天线如果垂直放置，则可提供 360° 的方位覆盖。由定向天线构成的圆形阵列也能提供 360° 方位覆盖。但是，定向天线（包括但不限于抛物面天线、相控阵天线或对数周期天线）通常将其覆盖范围限定在一个较小的角度扇区。

角度覆盖对到达方向未知的敌方信号的截获概率影响很大。如图 11.5 所示，360° 覆盖范围的天线（或天线阵）对所有方向进行全时观察，因此新信号一出现就会被此天线输送到接收机中。定向天线必须在新信号被接收前扫描到其到达方向。由于敌信号出现的时间有限，所以截获概率与天线波束宽度和天线的扫描速度有关。为确保能截获到该信号，天线必须转动，使信号的到达方向位于天线波束的覆盖范围。

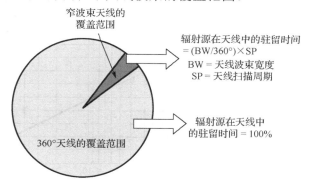

图 11.5   偶极子或鞭状天线之类的 360° 天线能提供 100% 的全到
达方位覆盖，窄波束天线则必须扫描到正确的到达方向

如图 11.6 所示，波束宽度决定了天线对到达角的覆盖比例。利用此图，从波束宽度向上画一条直线至实线，然后向右延伸至右侧纵坐标值。这只考虑了一维搜索（如方位搜索）的情况，二维搜索情况更复杂。在该图中，扫描天线驻留在信号到达角（也仅在方位上）

的时间是不同圆周扫描周期下的波束宽度的函数。利用此图，从波束宽度向上画一条直线至所选的扫描周期虚线，然后向左延伸至左侧纵坐标值。值得注意的是：频率搜索必须在天线对准每个可能到达角的时间内进行。天线波束越窄，接收天线就必须扫描得越慢，以便进行频率搜索。因此，发现频率与到达角均未知的感兴趣信号所耗费的时间就越长。频率搜索将在 11.5 节进行讨论。

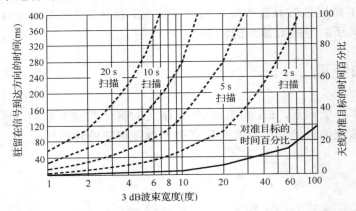

图 11.6　天线波束对到达角的覆盖与波束宽度成正比。天线波束驻留在信号到达角的时间同样与波束宽度成正比

　　通常，SIGINT 截获对时间的敏感性没有 ES 截获那么强。因此，扫描一个窄波束天线所引起的截获延迟或许可以接受。但是，由于 ES 系统通常必须在几秒时间内截获敌信号，通常需要覆盖范围大的天线或天线阵。

　　如图 11.7 所示，天线的半功率（3 dB）波束宽度和天线增益之间要折中考虑。该图给出了一个效率为 55% 的抛物面天线，但这种折中适用于所有类型的窄波束天线。在能够截获到敌信号的距离上，接收天线增益是一个重要因素，后面将展开讨论。

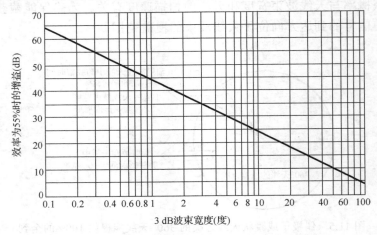

图 11.7　窄波束天线的增益与其波束宽度成反比

　　这意味着 ES 系统始终需要覆盖范围大（因而增益低）的天线，而窄波束（因而增益高）天线或许是 SIGINT 系统的最佳解决方案。

11.5　截获距离

图 11.8 示出了 ES 或 SIGINT 系统的截获情况。注意，接收系统能够截获到敌方信号的距离取决于目标信号的有效辐射功率、适当的传播模式、辐射源方向的接收天线增益以及接收系统的灵敏度。传播模式在第 5 章进行了详细讨论。

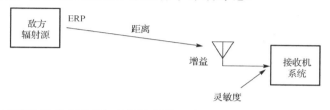

图 11.8　接收系统能够截获到敌辐射源信号的距离与天线增益和接收机系统灵敏度有关

雷达和数据链信号通常都以视距模式进行传播。在这种模式下，截获距离由下式给出：

$$R_\mathrm{I} = \mathrm{antilog}\{[\mathrm{ERP_T} - 32 - 20\log(F) + G_\mathrm{R} - S]/20\}$$

式中，R_I 为截获距离（km），$\mathrm{ERP_T}$ 为目标辐射源的有效辐射功率（dBm），F 为发射信号频率，G_R 为接收天线在目标辐射源方向的增益，S 为接收机系统的灵敏度（dBm）。

通信信号将以视距模式或双程模式进行传播，取决于链路距离、天线高度和频率。如果传播是双程模式，则截获距离由下式给出：

$$R_\mathrm{I} = \mathrm{antilog}\{[\mathrm{ERP_T} - 120 - 20\log(h_\mathrm{T}) + G_\mathrm{R} - S]/40\}$$

式中，R_I 为截获距离（km），$\mathrm{ERP_T}$ 为目标辐射源的有效辐射功率（dBm），h_T 为发射天线高度（m），G_R 为接收天线在目标辐射源方向的增益，S 为接收机系统的灵敏度（dBm）。

从这些公式可以发现，截获距离始终受接收天线增益和接收系统灵敏度的影响。注意：灵敏度是实施成功截获所需的信号强度。接收系统的灵敏度越高，其数值就越小。例如，高灵敏度接收机的灵敏度可能为–120 dBm，而低灵敏度接收机的灵敏度为–50 dBm。

目标辐射源的有效辐射功率（ERP）是其在截获接收机方向的辐射功率。战术通信威胁通常采用增益与方位几乎恒定的 360° 天线，ERP 为发射机功率（dBm）与天线增益（dB）之和。不过，雷达威胁预计会采用窄波束天线。如图 11.9 所示，窄波束天线有一个主瓣和若干个旁瓣。旁瓣简单地表示为强度相等的波瓣，而实际天线的旁瓣电平是不同的。但用该图表示是实际可行的，因为波瓣之间的零点比波瓣窄得多。这意味着截获接收机指向远离其主波束的雷达辐射源时会遇到一个处于平均旁瓣电平的 ERP。这一电平通常可表述为：S/L=–N dB，其中 N 为平均旁瓣电平低于视轴增益的分贝数。

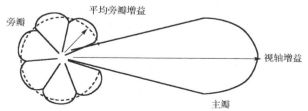

图 11.9　雷达 ESM 系统通常接收来自威胁雷达天线视轴的信号，
而 ELINT 系统通常接收来自威胁雷达天线旁瓣的信号

尽管不一定都是这样，但用 ES 系统专门接收雷达威胁的主瓣，而用 ELINT 系统专门截获威胁雷达的旁瓣还是很常见的。这意味着 ES 系统对灵敏度和/或接收天线增益的要求通常都比 ELINT 系统低。

通常假设，SIGINT 系统需要的截获距离比 ES 系统更大，但总的来说，这取决于特定任务和态势。如果认可 SIGINT 系统需要更大的截获距离，则其接收天线增益和/或灵敏度都必须比 ES 系统的大。窄波束天线的增益更高，但截获概率（在短时间周期内）更低。因此，它们更适合于 SIGINT 应用。全覆盖天线尽管增益较低，但在短时间周期内的截获概率很大，所以更适用于 ES 系统。

11.6　接收机

接收机问题可以针对 ES 和 SIGINT 系统的不同需求进行考虑。同以前讨论的问题一样，这些差异与预计的截获位置、从被截获敌信号中提取的不同信息类型以及截获的时敏性有关。

可以用于 ES 或 SIGINT 系统的接收机类型有很多。表 11.2 列出了在 ES 或 SIGINT 应用中最常见的类型以及其特征。这些接收机类型在其他书籍中（如参考文献[1]的第 4 章）进行了详细讨论。

表 11.2　接收机类型与特征

接收机类型	灵敏度	动态范围	带宽	信号数	特征与局限
晶体视频	低	高	宽	1	仅幅度
瞬时测频（IFM）	低	高	宽	1	仅频率
超外差	高	高	窄	1	恢复调制
信道化	高	高	宽	多个同时	恢复调制
布拉格小盒	低	非常低	宽	多个同时	仅频率
压缩	高	高	宽	多个同时	仅频率
数字	高	高	灵活	多个同时	恢复调制、独特的分析能力

晶体视频接收机主要用于雷达告警接收机系统。因为它覆盖了一个宽的瞬时频率范围，通常为 4 GHz，因此是 ES 应用的理想接收机，为系统提供了在非常短的时间内接收任何信号的能力。通常，该接收机的带宽很宽，能接收非常短的脉冲。但缺点是灵敏度较低，无法确定接收信号的频率，并且无法在其整个带宽内接收多个同时到达信号。尽管晶体视频接收机在特殊情况下已用于侦察系统，但这些几乎都是雷达 ES 接收机。

瞬时测频（IFM）接收机能在一个倍频程的带宽上快速（通常是 50 ns）确定任何接收信号的频率，其灵敏度与晶体视频接收机大致相同。不足之处就是当其波段覆盖范围（即同样在 50 ns 内）存在功率近似相等的多个信号时，输出无效。由于其灵敏度较低，主要用于雷达 ES 系统。

超外差接收机广泛应用于所有的通信系统，在 SIGINT 和通信 ES 系统中都能找到它，有时也用于雷达 ES 系统。超外差接收机的主要优势是：

- 灵敏度高；
- 能在密集的信号环境中接收信号；
- 能恢复任何类型的调制；
- 能测量接收信号的频率。

超外差接收机的主要缺点是它一次只接收一个频率范围有限的信号，因此必须扫描搜索威胁信号。正如下面将叙述的，要在灵敏度和发现一个频率与带宽未知的信号所需的时间之间进行折中。

信道化接收机可以同时恢复多个同时到达信号。其主要缺点是信道数太多，增加了复杂性。

光电或布拉格小盒接收机可确定密集环境中多个同时到达信号的频率（且只有频率），其灵敏度适中，但对 ES 与 SIGINT 应用来说，最大的不足是动态范围极其有限，只能用于非常有限的应用中。

压缩接收机能提供密集环境中多个同时到达信号的频率（且只有频率），其灵敏度很高，可与超外差接收机配合应用于 ES 与 SIGINT 系统。

数字接收机应用于许多 ES 与 SIGINT 系统，尽管会根据目前模数转换器的技术发展水平进行一些折中，但它仍能提供更高的灵敏度和更大的动态范围。数字接收机还提供独特的分析能力。例如：

- 快速傅里叶变换（FFT）电路能完成非常快速的频谱分析；
- 采用时间压缩算法可以检测似噪声信号；
- 可配置成能接收任何调制类型。

灵敏度与带宽

下式给出了接收机系统的灵敏度（dBm）：

$$S = kTB + NF + \text{所需的 RFSNR}$$

式中，S 为灵敏度（dBm），kTB 为系统热噪声（dBm），NF 为噪声系数，RFSNR 为所需的检波前 SNR（dB）。

这确定了接收机以一定的质量接收信号时所收到的信号功率。灵敏度也可用最小可分辨信号（MDS）来表示，可由上式确定，但 RFSNR 取为 0 dB（即在接收机的输入端，信号与噪声相等）。

由于 kTB 与接收机的有效带宽有关，利用图 11.10 中示出的图表，由接收机有效带宽以及其噪声系数即可确定最小可分辨信号灵敏度。借助该图，从横坐标的带宽开始，画一条直线向上至噪声系数，然后向左至纵坐标，即可得出最小可分辨信号灵敏度（dBm）。为了确定达到特定输出性能的灵敏度，只要将所需 RFSNR 加到最小可分辨信号灵敏度上即可。

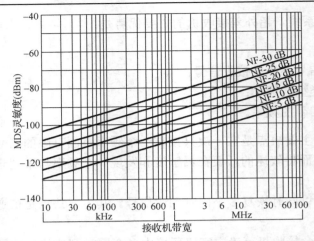

图 11.10　接收机系统的 MDS 灵敏度与其有效带宽和噪声系数有关

11.7　频率搜索问题

　　第 11.3 节论述了与窄波束天线有关的搜索问题。从图 11.6 可以推测出信号的驻留时间，它是天线带宽和扫描速率的函数。现在，讨论其他搜索问题，以从频率上发现未知的威胁信号。一个很好的经验法则就是检测信号的存在，因为信号必定会在接收机带宽内驻留一段时间（这个时间等于接收机有效带宽的倒数）。例如，带宽为 1 MHz 的接收机，在其步进到新的频率前必定会在一个频率上驻留 1 μs 的时间。

　　从图 11.11 可以确定覆盖指定频率范围（以合适的带内驻留时间）所需的时间与带宽和扫描范围有关。利用该图，从横坐标上接收机带宽处向上画一条直线至扫描的频率范围，然后向左至纵坐标即可得到发现信号所需的总时间。

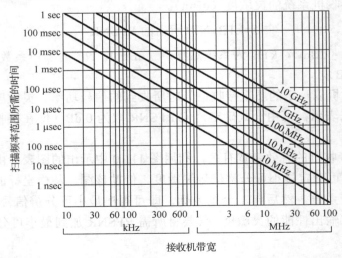

图 11.11　以合适的带内驻留时间扫描一个频率范围所需的时间与接收机带宽有关

11.8　处理问题

现在考虑由 ES 和 SIGINT 系统需求不同而带来的处理问题。这些差别与从感兴趣信号中必须采集的信息的性质以及输出报告的时敏性有关。

或许区分 ES 和 SIGINT 系统任务最重要的一个方面在于其必须搜集的威胁信号的特征和数据量。

图 11.12 总结了雷达和通信 ES 与 SIGINT 系统的数据需求。

	ES 数据搜集	SIGINT 数据搜集
雷达威胁信号	只搜集足以确定雷达类型&工作模式的数据； 已知威胁的数据范围； 足以解决识别模糊的参数分辨率	搜集足以支持详细分析的数据； 受未来任何威胁实际范围限制的数据范围； 足以确定未来任何威胁能力的参数分辨率
通信威胁信号	只搜集外部数据（频率、调制类型&电平、接收信号强度、辐射源位置、截获时间）； 仅足以支持威胁 ID、EOB 和干扰活动的参数范围和分辨率	搜集外部与内部数据； 与 ES 需求相同的外部数据； 足以从解调信号恢复所需军事信息的内部数据

图 11.12　ES 与 SIGINT 系统的数据搜集需求差别很大

总的来说，ES 系统只搜集足以确定敌方正在使用的武器且能选择适当对抗措施的数据。所有这些发生在几秒时间内。图 11.13 示出了接收数据的搜集和使用。注意：存储在接收机系统威胁识别表（TID）中的威胁参数是对 ELINT 系统以前搜集到的大量数据进行分析的结果。

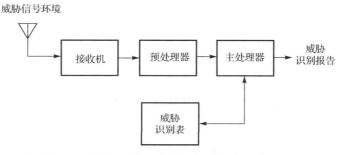

图 11.13　在雷达 ES 系统中，信号参数是根据每个接收到的信号确定的，
比较信号参数文件与威胁识别表，同时输出威胁识别报告

ELINT 系统（即针对雷达威胁的 SIGINT 系统）必须在预期的整个参数范围内搜集更加完整的数据。可以通过延长时间和/或进行多次截获来搜集详细的数据，为雷达 ES 系统必须立刻识别所需进行的详细分析提供支持。表 11.3 列出了 ELINT 系统搜集的典型脉冲雷达威胁信号所需的数据。

表 11.3　典型脉冲雷达威胁的 ELINT 数据

参数	范围	分辨率	比特数
脉冲宽度	0.1～20 μs	0.1 μs	9
脉冲重复间隔	3～3000 μs	3 μs	11
射频	0.5～40 GHz	100 MHz	10

续表

参数	范围	分辨率	比特数
扫描周期	0~30 s	0.1 s	9
BPSK 时钟速率	0~50 Mpps	100 pps	16
脉内 BPSK 比特数	0~1000	1 比特	10
脉内调频范围	0~10 MHz	100 kHz	7
每个信号的总比特数			78

通信 ES 系统处理威胁信号的外部特性，以支持电子战斗序列的制定、对抗措施的应用和火力与机动战术的选择。通常，因为战术行动的动态特征，这一过程必须迅速地完成。数据量（通常是数字式的）取决于必须搜集的参数数量和支持战术分析所需的分辨率。表 11.4 给出了通信 ES 搜集每个威胁所需的典型参数。

表 11.4 通信 ES 截获的典型威胁信号参数

参数	范围	分辨率	比特数
射频	10~1000 MHz	1 MHz	12
调制类型			3
加密类型			3
到达方向	0°~360°	1°	9
每个信号的总比特数			27

如果存在 250 个信号且以 10 次/秒的速率对环境进行搜集，则所需的数据带宽为：

250 个信号×27 比特/信号×10 次搜集/秒=67500 比特/秒

通常，假定 COMINT（即针对通信威胁的 SIGINT）提取通信信号携带的有用军事信息。但该信息必定与辐射源的位置和类型联系在一起。因此，在大多数情况下，COMINT系统必须截获外部和内部信号数据，如图 11.14 所示。除外部数据外，还必须对调制进行截获。因此，需要的总比特数为若干分辨率比特数（3～6）乘以两倍的音频输出带宽（或中频带宽）再乘以有效的信道数。例如，如果采用 6 比特数字化，且有 20 个带宽为 25 kHz的感兴趣信道，则总的比特率为：

20 个信道×2×25000 次采样/s×6 比特/采样=6 Mbps

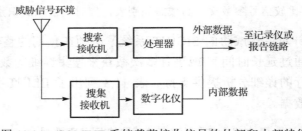

图 11.14 COMINT 系统截获接收信号的外部和内部特征

重要的是，要记住适用于电子战和 SIGINT 系统的一句对场景的古老描述："对任何战术问题存在一个且只有一个正确答案，那就是：它取决于态势和地形"。具体来说，正确的答案取决于威胁信号调制、威胁工作特征、环境密度、部署位置、威胁运动、接收设施和战术态势。这样，不会只有一个唯一正确的答案。本章的主要目的是帮助你进行折中，对结果进行优化。

11.9　增加一台记录仪

有些雷达 ES 系统包含了数字记录仪，以截获在正常 ES 工作中可能遇到的新型信号特征，如图 11.15 所示。于是有人认为有了这种系统就不再需要 SIGINT 系统了。这是有可能的，但它取决于态势和地形。总的来说，针对搜集和分析新型威胁信号类型以及在做出某种决策前必须搜集的数据类型，分别考虑这两种不同情况是比较明智的做法。

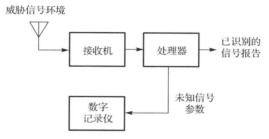

图 11.15　可将数字记录仪包含在雷达 ES 系统中，以截获新型信号的参数

参考文献

[1]　Adamy, D., EW 101: A First Course in Electronic Warfare, Norwood, MA: Artech House, 2001.